CHOUSHUI XUNENG DIANZHAN SHEBEI SHESHI
DIANXING GUZHANG ANLI FENXI

抽水蓄能电站设备设施典型故障案例分析

水工建筑物分册

国网新源控股有限公司　组编

中国电力出版社
CHINA ELECTRIC POWER PRESS

内容提要

本书为《抽水蓄能电站设备设施典型故障案例分析　水工建筑物分册》，选取抽水蓄能电站水工建筑物部分典型缺陷隐患案例，深入剖析缺陷隐患产生原因，总结相关的处理方案及过程，为建筑物的稳定运行提出建议。

本书内容主要包括抽水蓄能电站上水库、下水库、输水系统、厂房及地下洞室群和其他水工建筑物典型缺陷隐患的案例概况、原因分析、处理方案及过程和案例点评。

本书对抽水蓄能电站在建设、运行过程中水工建筑物缺陷发生和隐患处理具有重要的借鉴意义，也可作为设计、施工时期重要的参考资料。

图书在版编目（CIP）数据

抽水蓄能电站设备设施典型故障案例分析．水工建筑物分册/国网新源控股有限公司组编．—北京：中国电力出版社，2020.9

ISBN 978-7-5198-4708-1

Ⅰ.①抽…　Ⅱ.①国…　Ⅲ.①抽水蓄能水电站—设备故障—案例　②水工建筑物—设备故障—案例　Ⅳ.①TV743　②TV6

中国版本图书馆 CIP 数据核字（2020）第 101402 号

出版发行：中国电力出版社
地　　址：北京市东城区北京站西街 19 号（邮政编码 100005）
网　　址：http：//www.cepp.sgcc.com.cn
责任编辑：杨伟国　安小丹　（010-63412367）
责任校对：黄　蓓　王海南
装帧设计：赵姗姗
责任印制：吴　迪

印　　刷：北京瑞禾彩色印刷有限公司
版　　次：2020 年 9 月第一版
印　　次：2020 年 9 月北京第一次印刷
开　　本：787 毫米×1092 毫米　16 开本
印　　张：15.5
字　　数：320 千字
印　　数：0001—2000 册
定　　价：130.00 元

《抽水蓄能电站设备设施典型故障案例分析》

序

在建设资源节约型、环境友好型社会的大环境下，加快抽水蓄能电站建设是我国能源结构转型的需要。抽水蓄能电站在功率和储能容量上可以满足储能规模大、运行时间长的要求，与风电、太阳能发电、大型火电、水电、核电相配合，可以加大对新能源的消纳，减少大型火电、核电低效率运行时间，减少污染物排放及其治理成本，成为提供优质电力的“稳定器”和最佳保障，在电网安全稳定、电力工业节能、电力系统经济运行及能源利用可持续发展中发挥不可或缺的作用。但是，电网越大，保证电网安全稳定运行的难度越大。一旦发生事故，造成的损失也越大。因此，抽水蓄能电站的安全和快速反应特性等一系列动态功能，是电网排除重大事故和确保安全稳定运行的保障。

抽水蓄能机组安全稳定运行涉及水力、机械、电气、结构等诸多方面，是多场耦合的复杂非线性系统。抽水蓄能电站电气、水力机械设备和水工建筑物设施的安全状况直接影响电站效益的发挥和电网安全稳定运行。我国抽水蓄能发展经历了学习和消化吸收、技术引进、自主创新等阶段，20世纪90年代以来，电力体制改革推动抽水蓄能建设步入快速发展阶段。国家电网范围内国网新源控股有限公司陆续投产了北京十三陵、浙江天荒坪、安徽响洪甸、河南回龙、山东泰安、浙江桐柏、安徽琅琊山、江苏宜兴、河北张河湾、山西西龙池、河南宝泉、湖北白莲河、湖南黑麋峰、安徽响水涧、辽宁蒲石河、福建仙游、江西洪屏、浙江仙居、安徽绩溪等近20座大中型抽水蓄能电站，成为目前世界上最大的抽水蓄能电站运营公司。

当前，抽水蓄能机组正在向大型化、复杂化的方向发展，在如何高效进行运行检修和故障处理方面仍然存在诸多问题。国网新源控股有限公司组织编制了《抽水蓄能电站设备设施典型故障案例分析》丛书，结合代表性案例社会化公开程度，对公司系统各生产单位电气、水力机械设备和水工建筑物设施缺陷隐患处理实例进行分析，按照故障部位进行分类，深入剖析缺陷隐患产生原因，总结相关的处理工艺和方案，这对从事抽水蓄能电站技术研究和运维检修人员加深认识和了解十分有益。

设备设施的本质安全是企业安全生产的基础。对抽水蓄能电站在生产过程中出现的设备故障进行汇总分析，可以为今后抽水蓄能电站的建设和安全运行提供有价值的参考和借鉴。希望此丛书能为抽水蓄能电站设计、制造、施工、安装调试及生产运维等相关人员提供一些帮助，以促进我国抽水蓄能事业又好又快地发展。

中国水力发电工程学会常务副秘书长

2020 年 6 月

前　言

当前抽水蓄能电站的建设与管理正朝着标准化、精细化、专业化方向快速发展，电站基建和生产管理水平不断提高，设备设施运行更加稳定，尤其是设备生产初期各类故障发生概率相较于20世纪90年代我国抽水蓄能电站运行初期大大减小，电站生产运行人员普遍缺乏电站各类故障的处理经验，导致其故障识别和故障消除能力相对较弱，且短时间内无法得到很大提高。

电站在运行过程中，水工建筑物会受到自然环境、人为因素等影响，随着时间的推移，水工建筑物老化、病变、裂缝等问题不断涌现。这些缺陷和隐患若不能被及时发现并采取有效的预防措施，将会影响电站的安全运行。为了提高各电站安全生产水平，促进各电站水工建筑物缺陷及隐患处理经验的分享和交流，在新源公司各级领导的高度重视下，国网新源控股有限公司（简称“新源公司”）特组织编写了《抽水蓄能电站设备设施典型故障案例分析　水工建筑物分册》。

本书主要以近些年间新源公司所属抽水蓄能电站运行发生的水工建筑物缺陷隐患报告为基础，融合了部分兄弟单位的缺陷隐患案例，在其中挑选典型缺陷隐患案例，并组织大量具有丰富经验的工程师，以水工建筑物缺陷隐患处理原则为基础，对缺陷隐患处理全过程进行深入解析。案例具有非常强的警示借鉴作用，既可作为抽水蓄能电站和常规水电站在建设、运行过程中防范设备事故发生和处理的参考，也可作为设计、制造等行业在项目规划设计、设备选型、设备设计制造时的参考资料。

本书涵盖了新源公司管理范围内各生产单位的水工建筑物缺陷隐患实例共计48例，其中包含上水库17例、下水库7例、输水系统12例、厂房及地下洞室群4例和其他8例，具有很强的针对性、实用性和全面性。除此之外，本书还将系统缺陷隐患整体分析与具体案例相结合，对于不同系统不同缺陷隐患部位进行解析与处理，最后进行总结与点评，对抽水蓄能电站建设、运行过程中水工建筑物缺陷发生和隐患处理具有重要的借鉴意义，也可作为设计、施工时期重要的参考资料，希望此书对使用者有所裨益。

2010年以来，新源公司多批次开展了抽水蓄能电站设备设施典型故障汇编工作，为本书编制提供了部分基础素材。黄祖光、倪晋兵、吴耀富、邢继宏、张衡、王霆、朱兴兵、周军、樊玉林、张永会、毕扬、张鑫等专家，并不限于以上专家参加过本丛书基础素材的编审工作，在此一并表示感谢。

鉴于水平和时间有限，编写过程中难免有疏漏、不妥或错误之处，恳请广大读者批评指正。

编　者

2020年1月

CONTENTS

目录

第二章 下水库

第三章 输水系统

第四章 厂房及地下洞室群

第五章 其他

第一章　上　水　库

案例 1-1　某抽水蓄能电站上水库钢筋混凝土面板裂缝

一、案例概况

某抽水蓄能电站上水库区域地处北方寒冷地区，气象条件恶劣，附近气象站实测最低气温－22.6℃，最大风速 23m/s，每年最低气温小于 0℃的天数达 120 天左右；电站运行期间，上水库水位涨落频繁，每天 2～3 个循环，最大水位降速 7～9m/h。上述运行环境对库盆钢筋混凝土面板运行极为不利。

2011 年第二次大坝定检专家组提出上水库面板混凝土裂缝较多并持续发展，影响面板耐久性，需重点关注、定期检查，对典型裂缝进行编录建档，电站于 2012 年、2014 年、2016 年、2018 年开展上水库面板裂缝普查，结果显示面板裂缝呈现较大幅度的增长，而北部和东北部区域岩坡面板裂缝数量最多、分布最密，且面板结构缝止水出现钢板压条翘起、螺钉及角钢脱落等现象，为防止裂缝进一步发展造成钢筋的锈蚀，降低混凝土面板的承载力和耐久性，电站于 2018 年按照第三次大坝定检专家组的建议对裂缝较多且缝宽大于 0.2mm 裂缝集中的东北坡岩坡面板进行表面防渗处理。

通过对容积法测得库盆渗漏量进行分析（2012～2018 年），上水库库盆渗漏量与环境温度呈现负相关关系（渗漏最大值 11.10L/s，出现于 2016 年 1 月），每年同期渗漏量相差不大，面板裂缝显著增长并未造成库盆渗漏量的突增，面板裂缝并未造成库盆的明显渗漏，但裂缝发展到一定深度会造成钢筋的锈蚀，降低混凝土面板的承载力和耐久性，从而影响面板的整体安全。

二、原因分析

电站上水库位于严寒大风地区，已经运行超过 20 年，冬季面板混凝土每天将遭受 1～2 个冻融循环，即每年将遭受 120～240 次的冻融循环，且目前机组运行强度加大，运行期间上水库水位涨落频繁且落差较大，上水库自然条件和运行条件对钢筋混凝土面板的耐久性十分不利。对于水位变化区部位的面板，在电站冬季运行发电时，水位下降导致面板裸露在空气中，受空气冷击作用产生的温度应力超标，主要是顺坡向应力超标，容易引起横向（水平向）裂缝。

冬季运行期温度应力是电站上水库正常蓄水位以上（常年裸露在空气中）和水位变化区面板裂缝产生的主要原因。此外，由于岩体的弹性模量大于堆石体的弹性模量，岩体对面板的约束更强，从而导致面板产生的温度应力更大，出现的裂缝更多。

面板结构缝止水出现钢板压条翘起、螺钉及角钢脱落等现象，主要是因为止水保护结构经过长时间运行，冬季水面结冰所致。

三、处理方案及过程

1. 面板裂缝缺陷处理

采用表面涂刷 2mm 厚的防渗型手刮聚脲对面板进行防护。

施工工序：混凝土表面清理打磨→清洗→专用腻子修补孔洞→涂刷专用底涂→刮涂单组分聚脲→养护。

具体施工工艺如下：

（1）基面处理：采用角磨机加装金刚石磨片对混凝土面板表面进行打磨，用高压水枪冲洗表面的灰尘、浮渣，待水分完全挥发后，对混凝土表面局部孔洞用高强找平腻子填补，待腻子固化后，要求混凝土表明平整、坚固、无孔洞。混凝土面板基面打磨处理及清洗分别如图 1-1-1、图 1-1-2 所示。

图 1-1-1　混凝土面板基面打磨处理

（2）涂刷专用底涂界面剂：单组分聚脲涂层与底材的黏结面采用潮湿型专用界面剂，基面处理后，在混凝土表面涂刷专用潮湿面界面剂，涂刷厚度要求薄而均匀，无漏涂现象。涂刷专用底涂界面剂情况如图 1-1-3 所示。

（3）涂刷单组分聚脲：在大面积涂刷 SK 单组分聚脲前，对面板裂缝部位涂刷单组分聚脲并复合胎基布，大面积涂刷单组分聚脲厚度为 2mm，首先待界面剂表干（沾手不拉丝）时涂刷第一遍单组分聚脲，大面积聚脲刮涂遍数为 2～3 遍，厚度应大于设计厚度 2mm。单组分聚脲涂层厚度要均匀，施工间隔时间在 24h 之内，确保各层之间的黏结。裂缝粘贴胎基布和大面积涂刷单组分聚脲情况分别如图 1-1-4、图 1-1-5 所示。

图 1-1-2　混凝土面板基面清洗

图 1-1-3　涂刷专用底涂界面剂

图 1-1-4　裂缝粘贴胎基布

图 1-1-5　大面积涂刷单组分聚脲

（4）单组分聚脲养护：在涂刷单组分聚脲施工过程中，如果遭遇到大风和下雨，必须立刻停止施工，用帆布等防护材料对聚脲涂层进行遮盖保护，待雨停后，擦干净单组分聚脲涂层上的附着物方可继续涂层施工。聚脲涂刷完工后，12h 内不要有水浸泡，常温养护 24h 即可。

涂刷第一遍单组分聚脲要在界面剂初始固化（沾手而不拉丝时）时实施，以后间隔时间不大于 24h，如果时间过长，需要增加 HM 活化剂；单组分聚脲宜采用刮涂、涂刷或辊涂的方法施工，涂刷聚脲施工应在基层界面剂允许的时段内进行，斜面或立面宜采用多遍涂刷，一次涂刷厚度不宜大于 1mm，后序涂刷应在前一道涂刷表干后进行，直至厚度达到设计要求。涂层厚度应不小于 2mm。

2. 面板结构缝缺陷处理

面板接缝处盖板破坏表面采用“面板接缝涂覆型柔性止水新型结构”修补。

具体施工工艺如下：

（1）拆除原面板接缝表层盖板、柔性填料、不锈钢压条，对盖板区域和两侧混凝土表面各 50cm 以及压条表面的污物进行打磨，打磨后对横向伸缩缝表面和膨胀螺栓孔用高压水枪冲洗表面的灰尘、浮渣，待水分完全挥发后，对混凝土表面局部孔洞用高强找平腻子填补，进行冲洗至干净。拆除原面板表层止水情况如图 1-1-6 所示。

（2）对螺栓孔采用微膨胀水泥砂浆进行充填，孔口抹平。然后对混凝土基面检查，要求混凝土表面平整、干净、坚固、无孔洞。

（3）将 ϕ30PVC 棒依次压入缝底部（铺设前以丙酮棉纱除去表面油迹），张直，使棒壁与接缝嵌紧，PVC 棒轴心与缝中心线一致。

（4）沿缝进行 GB 塑性填料回填，填料施工要求密实、连续；鉴于本工程量较小，采用人工施工，张性缝适当增加填料用量。

图 1-1-6 拆除原面板表层止水

（5）缝两侧打磨混凝土部分涂刷聚脲专用界面剂，涂刷厚度要求薄而均匀，无漏涂现象。

（6）待界面剂表干后直接刮涂第一层单组分聚脲。

（7）待第一层聚脲表干后，涂刷第二遍聚脲，并粘贴第一层胎基布。

（8）然后再涂刷两遍单组分聚脲，粘贴 1 层胎基布，最后再涂刷两遍单组分聚脲，最终单组分聚脲厚度大于 5mm。聚脲施工间隔时间在 24h 内可直接涂刷进行下一遍施工，单组分聚脲涂层厚度要均匀，与接缝两侧混凝土黏结宽度不小于 20cm。接缝止水涂刷单组分聚脲并复合胎基布情况如图 1-1-7 所示。

图 1-1-7 接缝止水涂刷单组分聚脲并复合胎基布

（9）在涂刷单组分聚脲施工过程中，如果遭遇到大风和下雨，必须立刻停止施工，用帆布等防护材料对聚脲涂层进行遮盖保护，待雨停后，擦干净单组分聚脲涂层上的附着物方可继续施工。聚脲涂刷完工后，12h 内不要有水浸泡，常温养护

24h 即可。

电站对裂缝较多且缝宽大于 0.2mm 裂缝集中的东北坡岩坡面板及结构缝止水表面保护结构进行整体处理后，经过 3 个月运行，未出现任何裂缝、鼓包等缺陷，目前运行状况良好（见图 1-1-8）。

图 1-1-8　缺陷处理后的东北坡岩坡面板

四、案例点评

由本案例可见，在抽水蓄能电站运行过程中，电站需要加强库盆钢筋混凝土防渗面板缺陷的持续检测及跟踪分析工作，并关注库盆渗漏情况分析，及时开展面板缺陷的处理工作，防患于未然，以保障库盆钢筋混凝土防渗面板的安全稳定运行。

案例 1-2　某抽水蓄能电站上水库混凝土重力坝坝体层间缝渗水

一、案例概况

某抽水蓄能电站上水库主坝为混凝土重力坝，位于库盆南侧狮子口大冲沟 V 形峡谷中。主坝长 104.1m，宽 7.0m，高 42.5m，坝顶溢流。大坝共分 5 个坝段，从左至右依次为 1 号坝段 21.55m，2 号坝段 20m，3 号坝段 21m，4 号坝段 20m，5 号坝段 21.55m。3 号坝段为溢流段，顶部为两跨交通桥。坝体内部设有灌浆廊道、交通廊道和 1 道生态放生管。在主坝左、右两岸山体内分别布置灌浆平洞和观测洞。主坝坝体混凝土采用吊罐入仓方式，1、2、4、5 号坝段浇至 735.0m 高程和 3 号坝段浇筑至 725.0m 高程时，发现迎水面层间缝局部出现渗水现象、层间缝存在渗水通道。

主坝迎水面层间缝及施工冷缝渗水情况如图 1-2-1 所示。

图 1-2-1　主坝迎水面层间缝及施工冷缝渗水情况

二、原因分析

经过研究分析认为，坝体层间缝渗水的主要原因是：坝体分层浇筑时，层间缝处理未按照批复的施工方案处理，上层混凝土浇筑前，浇筑表面的浮浆、软弱混凝土层及松动的石子未清理干净，浇筑面接浆措施处理不到位。

次要原因是：施工单位未严格按照批准的配合比进行生产混凝土，导致入仓混凝土坍落度偏大、和易性差，同时混凝土供应不及时，出现冷缝，入仓混凝土未及时摊平振捣；现场监理人员责任心及技术水平差，对混凝土施工质量管控不严。

三、处理方案及过程

（一）处理方案

在距上游迎水面 1.50m 处，沿坝轴线布孔，孔间距 2.0m，采用水泥浆液充填灌浆方法，孔内阻塞、自下而上分段孔内循环式灌浆，阻塞器位置阻塞在每层混凝土中间部位，以避开层间缝坝体，灌后第三方压水检查，检查结果均应满足不超过 1Lu 的设计要求；灌浆合格后，在坝体迎水面采用手刮聚脲防护层防渗（710.0m 高程以下聚脲厚度为 5mm，以上均为 2mm）。

（二）处理过程

1. 水泥浆液充填灌浆处理（见图 1-2-2）

（1）钻孔。钻孔包括先导孔、灌浆孔、质量检查孔，其施工先后顺序为：先导孔→Ⅰ序孔→Ⅱ序孔→质量检查孔。每个坝段各布置一个先导孔，以指导各坝段后续孔的施工。

图 1-2-2　灌浆处理

各灌浆孔、检查孔的终孔应入岩 0.5m，先导孔孔深与常规孔一致，采取并保留混凝土芯样。采用 XY-2PC 型钻机，人造金刚石钻头钻进，先导孔孔径为 75mm，常规孔为 59mm。取芯孔钻进时应控制钻速、钻压，确保芯样的采取率。由于灌浆孔距临水面仅 1.50m，钻孔严格控制孔斜。当孔斜超过要求时，及时采取纠偏等补救措施处理或重新钻孔。

（2）孔壁冲洗。钻孔一段结束或全部结束后，及时用钻进的清水进行孔壁冲洗，直到孔口返清水为止。

（3）压水试验。先导孔每段钻进结束后采用单点法压水，其他灌浆孔在全孔钻进结束后进行简易压水试验，判断层间缝渗漏情况及指导后续的灌浆作业。压水试验压力为灌浆压力的 80%。

（4）制浆。

灌浆材料：灌浆水泥采用 P.O 42.5，出厂日期不超过 3 个月。

浆液配制：采用集中制浆，集中制浆站拌制水灰比为 0.5∶1 浓浆，在低速搅拌桶内调到所需的水灰比浆液灌注。

（5）灌浆。

灌浆方法：灌浆采用自下而上、孔内循环灌浆法。

灌浆分段及压力：根据混凝土浇筑层厚为 1.50m 或 3.00m，每 3.00m 为一个灌注段，灌注 1～2 个层间缝。因为孔距临空面只有 1.5m，为避免将混凝土压裂，灌浆压力的最大值不大于 0.5MPa。

灌浆管路安装：孔口采用钢丝编织胶管，安装耐蚀高压灌浆阀门、压力表等；孔内射浆管下端距孔段底部小于 0.5m。

（6）灌浆孔封孔。帷幕灌浆结束后采用全孔灌浆封孔法进行封孔。封孔灌浆压力采用该灌浆孔的最大灌浆压力，封孔使用新鲜的普通水泥浆液，水灰比采用 0.5∶1 的浓浆。进行全孔灌浆法封孔后，待孔内水泥浆液凝固后，清除孔内污水、浮浆，若灌浆孔上部空余孔段大于 3m 时，采用“机械压浆封孔法”进行封孔；小于 3m 时，使用水泥砂浆封填密实。

（7）特殊情况处理。灌浆过程中，灌浆压力或注入量突然改变较大时，立即查明原因，采取措施处理。当发现回浆失水变浓（回浓一个比级）时，换用相同水灰比的新浆进行灌注，若效果不明显，延续灌注 30min 停止灌注。发现层间缝、横缝冒浆、漏浆时，根据具体情况采用低压、浓浆、限流、限量、间歇灌注等方法处理，如无法达到结束标准，则应先进行嵌缝，表面采用环氧砂浆封缝后再进行灌浆，嵌缝处理深度 3.00cm、45° V 形槽口。

2. 手刮聚脲施工处理

（1）对混凝土表面凹坑、麻面处理。

1）深度小于 0.5cm，凿除凹坑表面松散混凝土并打磨表层基面，用水洗擦干净，表面无污物，自然风干或用热风枪吹干后，刮涂 HK-EQ 环氧胶泥（其性能指标表见表 1-2-1），并找平坑洞。

表 1-2-1　　HK-EQ 环氧胶泥性能指标表

项目	指标	备注
黏结强度（MPa）	≥4.0	
抗压强度（MPa）	≥60	
抗拉强度（MPa）	≥12	
抗冲磨性能（h·m²/kg）	7.0	
抗冲击性能（kJ/m²）	11	
耐腐蚀性能	>6 个月	耐盐碱酸性

2）深度大于 0.5cm 的如螺杆孔等，先清理坑洞，如坑洞周边出现尖角则进行打磨，槽边要求平顺，清洁坑洞表面直到露出新鲜的混凝土表面，涂刷 1 道 HK-958 弹性环氧底胶，底胶面干后嵌填 HK 弹性环氧砂浆（其性能指标表见表 1-2-2），表面处理平整，为手刮聚脲施工做好准备工作。

表 1-2-2　　HK 弹性环氧砂浆性能指标表

项目	指标	备注
黏结强度（MPa）	≥30	
抗压强度（MPa）	≥12	
抗折强度（MPa）	≥3	
压缩弹性模量（MPa）	小于 4000	

（2）手刮聚脲施工。

1）材料要求。根据设计下发技术要求，SK 手刮聚脲（其性能指标表见表 1-2-3）为单组分涂料。

表 1-2-3　SK 手刮聚脲的主要性能指标表

项目	技术指标	项目	技术指标
	防渗型		防渗型
拉伸强度（MPa）	≥15	潮湿面附着力（MPa）	≥2.5
扯断伸长率（%）	≥300	吸水率（%）	＜5
撕裂强度（kN/m）	≥40	颜色	浅灰色，可调
硬度（邵 A）	≥50		

2）主要施工工艺。

a. 混凝土面处理。混凝土底面处理首先用角磨机对混凝土表面进行打磨，清除原水泥基涂层及表面的棱角，用高压水枪冲洗表面的灰尘、浮渣，待水分完全挥发后，对混凝土表面局部孔洞用高强找平腻子填补，使用的腻子要求不流淌，并且与混凝土黏结良好，找平材料固化后，再使用角磨机对混凝土表面进行打磨、清洗，要求混凝土面平整、坚固、无孔洞。

对施工缝、层间缝及缝宽大于 0.15mm 的混凝土裂缝表面，要增加胎基布。

b. 界面剂施工。SK 手刮聚脲涂层与底材的黏结面采用 BE14 专用潮湿面界面剂，是一种 100%固含量的环氧底漆，该底漆可在饱和水或干表面施工。底面处理后，在混凝土表面涂刷 BE14 界面剂，涂刷厚度要求薄而均匀，无漏涂现象。

c. 防冲磨层涂刷。大面积聚脲刮涂遍数为 3 遍，第一遍涂刷 0.5mm 厚，第二遍涂刷 0.8mm 厚，第三遍涂刷 0.7mm 厚，三遍厚度不小于设计厚度 2mm。SK 手刮聚脲涂层厚度要均匀，涂刷一次成型，不要来回涂，防止出现小包。其中止水鼓包表面及锚固螺栓表面需采用手刮聚脲进行封闭。

（3）施工质量控制。

1）刮涂前必须检查混凝土表面的状况，确认修补混凝土表面及打磨混凝土基面固化、干燥、清洁方可施工。

2）提前检查确认环境的温度及天气变化情况，符合要求时才进行施工，否则停止施工，若因特殊原因停止施工，做好停工的接缝处理平整。

3）雨天严禁施工。

4）施工前检查各种设备、工器具的状况及数量，确认满足施工要求。

5）加强对作业人员的交底及现场作业面的检查，分部位做好质量检查记录台账，保证手刮聚脲施工分层厚度。手刮聚脲处理如图 1-2-3 所示。

图 1-2-3　手刮聚脲处理

（三）处理效果

利用灌浆工艺对主坝混凝土层间缝渗水部位进行处理，并在每个坝段布置一个检查孔。灌浆结束 14 天后，采用单点法压水试验，试验结果合格，未有异常现象发生。水库蓄水至正常水位后，坝体无明显渗水现象，渗漏量为零。结果表明，经处理后坝体层间缝防渗效果达到既定方案要求，处理方案有效可行。

四、案例点评

通过本次坝体层间缝渗水缺陷的处理，发现在施工过程中应加强对拌和系统的管理，严格控制混凝土的拌和生产质量；编制合理的混凝土浇筑方案，处理好施工缝新老混凝土接触面的结合；加强施工质量控制，确保混凝土振捣密实。以上举措能够有效避免此类问题的发生。

案例 1-3　某抽水蓄能电站上水库碾压混凝土重力坝裂缝

一、案例概况

某抽水蓄能电站上水库主坝为碾压混凝土重力坝，最大坝高 54.0m，共分 7 个坝段，总长 208.0m；库盆采用混凝土面板与挂网喷混凝土面层相结合的全封闭防渗形式，2005 年库盆表面采用熔抹改性沥青防渗层、浇筑砂浆保护层进行防渗优化处理，2017 年对全库盆进行聚脲喷涂防渗处理。

2002 年 1 月，上水库工程开工，2004 年 3 月，完成碾压混凝土重力坝施工，发现大坝迎水面 5 条裂缝，随即进行化学灌浆、碳纤维布表面封闭处理，同年 8 月发现 6 条新增裂缝，并且部分原裂缝向上发展，再次进行化灌和封闭处理，水位蓄至875m时大坝廊道渗漏量小于0.02L/s；2007年大坝渗漏量增大至1.04L/s，2009年对873m以上的表层和深层裂缝进行化灌处理，2010年7月，大坝渗漏量稳定在0.24L/s，但873m以下大坝廊道内部分部位及对应大坝背水面混凝土块仍有渗水。2012年以来大坝渗漏量有增大趋势，2016年1月，大坝最大渗漏量达到2.05L/s。2017年，对主坝裂缝进行灌浆、聚脲封闭处理；迎水面890m高程以下满刮环氧腻子，890m高程以上涂抹环氧砂浆。2018年2月，蓄水初期，水位升至890m时，大坝渗漏量达到5.38L/s，较处理前冬季同水位时渗漏量明显增加。当时水位在881～893m之间变动，渗漏量在2.92～4.21L/s之间。

二、原因分析

（1）2018年3月，通过水下检查，发现上水库主坝迎水面3－1（原2号）、3－2（新2号）与4－2（原4号）裂缝为大坝渗水主要通道；巡检发现以上3条裂缝位置对应的大坝廊道与大坝背水面有明显渗水。

（2）大坝分缝设计不合理。主坝结构缝间距过大，大坝总长208m，每30m设置一道结构缝，共将坝体分为7个坝段，结构缝间距过大，不利于抵抗坝基不均匀沉降与坝体温度应力，易产生裂缝。

（3）大坝基建期施工温控存在问题。2002年1月上水库工程开工，2004年3月完成坝体施工，2002年与2003年基建期夏季碾压混凝土施工未做好温控措施，混凝土内部水化热而产生温度拉应力，坝体受混凝土温度拉应力作用而产生裂缝。

（4）水库放空时间过长造成裂缝发展。2016年9月～2018年1月，上水库进行了放空防渗处理，经历了两次冬季极低气温与一次夏季极高气温，且大坝失去水体调节作用，温差影响进一步增大，造成大坝原有裂缝发展与新裂缝产生，大坝渗漏量增加。

（5）大坝防渗处理存在时间安排不当与局部施工缺陷。大坝防渗处理时间为2017年夏季，大坝裂缝处于收缩状态，化学灌浆无法达到理想效果；大坝裂缝表面单组分聚脲封闭存在局部施工缺陷。

三、处理方案及过程

（一）处理方案

2018年4月15日～5月14日，进行主坝裂缝防渗消缺处理，主要对大坝迎水面所有裂缝进行化灌、表面单组分聚脲复合网格布封闭处理；对结构缝进行聚硫密封胶回填、表面聚脲复合网格布处理；对迎水面多处水平层间施工缺陷（狗洞）进行环氧砂浆修补、化学灌浆、表面聚脲复合网格布处理；对整个大坝迎水面进行打磨、双组分聚脲喷涂处理。

（二）处理过程

大坝迎水面裂缝处理主要施工过程与工艺要求：在裂缝部位凿 V 形槽，槽深 3cm，槽宽 2cm，槽内填充环氧砂浆，采用改性环氧灌浆材料对裂缝进行化学灌浆，然后表面粘贴 20cm 宽度六角涤纶网格布并涂刮 3mm 单组分聚脲封闭。

施工工艺：裂缝普查→刻槽→环氧砂浆回填→化学灌浆→基面打磨→界面剂涂刷→单组分聚脲涂刮→网格布粘贴→单组分聚脲涂刮→养护。

1. 切槽

在裂缝部位切 V 形槽，槽深 3cm，宽 2cm，切槽完毕后将槽内松软杂物进行清理干净，并用吹风机将槽内浮灰清理干净。

2. 回填柔性单组分专用聚脲填料

槽内清理干净后，涂刷基液。底层基液涂刷前，再次清除混凝土基面上的浮尘。先将称量好的 A 组分倒入广口容器中，再按 A∶B=2.2∶1 的配比称量后将 B 组分倒入容器中搅拌，搅拌均匀后方可施工。用毛刷均匀地涂在基面上，尽可能薄而均匀、不流淌、不漏刷。基液固化后分层回填柔性单组分专用聚脲填料，待填料涂抹完毕后，养护期 3 天左右，防止硬物撞击等。

3. 化学灌浆

施工准备→缝内清理→钻孔→安装灌浆嘴→灌浆→灌后检查→封孔→质量检查与验收。

（1）缝内清理。从裂缝一端朝另一端沿统一方向连续使用高压风清理缝内灰尘、颗粒，确保裂缝内清净、无污物。

（2）钻孔。钻孔之前要专人布孔，对孔位进行标注，灌浆孔距一般为 50cm，采取沿缝两侧穿插造孔的方式进行。孔径为 20mm，钻孔垂直深度为 30～40cm，一般原则为：孔向与水平面成 50°夹角，一定要穿过裂缝，孔中心距离裂缝一般为 25cm。

（3）清孔。钻孔结束后，用轻型化学灌浆泵向孔内注入高压水，进行清洗，至回水变清为结束条件。

（4）埋设灌浆嘴。灌浆嘴使用自闭式灌浆嘴，使用前重点检查顶端止回阀是否完好。孔内清洗完毕后将灌浆嘴旋转埋入孔内，外露长度为 4～5cm，将灌浆嘴下部的密封胶圈压紧并固定牢固。

（5）灌浆。自缝一端向另一端逐一进行灌浆。单孔灌浆压力控制在 0.2～0.4MPa。结束条件为浆液均匀从缝面溢出或者进浆量小于 0.02L/min 时。灌浆使用进口高压脉动灌浆泵，以防止灌浆过程中混凝土崩裂等损坏混凝土现象。

（6）结束灌浆。灌浆结束标准为：环氧灌浆浆液从渗水裂缝均匀连续的溢出；进浆量小于 0.02L/min 时，可结束灌浆。

结束灌浆工作后关闭灌浆机电源，先关闭灌浆管开关并移除灌浆管，打开灌浆管开关泄压，将高压管和注浆头卸下，用丙酮清洗设备，然后用机油保养。

（7）可能的补钻及补灌。对明显与其他孔相比进浆量少的孔段，需要重新钻孔补灌，并检查钻孔是否穿过渗水裂缝。若无明显进浆，则可停止灌浆。

（8）封灌浆孔。采用环氧砂浆封孔，以保证灌浆孔部位强度。

（9）质量控制。

1）钻孔控制。钻孔时若遇到钢筋时需另换孔，尽量避开蜂窝面，若遇到蜂窝需及时清渣并放慢钻进速度，防止破坏混凝土表面。

2）密实度控制。复合灌浆后需持续观察，如发现依然存在渗水情况，需及时的补灌，最终达到缝面干燥的效果。

3）原材料检测。施工期对到场的每批次原材料进行抽检。

4）密实度检测。施工期间应定期对施工完毕的裂缝进行钻孔取芯检测，如取芯不合格，应对其裂缝进行及时的补灌。

化灌施工工艺及质量控制参照《水工建筑物化学灌浆施工规范》（DL/T 5406—2010）、《混凝土裂缝用环氧树脂灌浆材料》（JC/T 1041—2007）、《混凝土坝灌浆、补强加固规程》（SL 230—1998）。

4. 打磨基面

用磨光机将裂缝两侧混凝土表面的松动颗粒，而后用高压风机进行洁净处理。当基层表面含水率达到7%以下时，具备施工下道工序的条件。

5. 滚涂8009聚脲界面剂

滚涂界面剂前进行基层表面的含水率测试，基层表面的含水率不高于7%。配制界面剂时，应用电子秤计量，按重量比A∶B=3∶2的比例配置并搅拌均匀。配好的界面剂可操作时间在1h内，界面剂涂完6～30h内进行下道工序施工，超过30h后用60～80目的砂纸拉毛表面后再进行下道工序施工。

6. 粘贴网格布与涂刮单组分聚脲

待界面剂涂刷6～24h内涂刮单组分聚脲。采用刮板施工，一遍涂刮厚度控制在1.5mm左右。第一遍涂刮后，及时将网格布铺在上面，宽度50cm，同时再用刮板在其表面涂刮，将网格布均匀嵌入聚脲中。待第一遍聚脲表干后涂刮第二遍，第二遍聚脲涂刮厚度控制在1.5mm左右，聚脲宽度50cm。

主坝上游面裂缝与结构缝处理工艺图如图1-3-1所示。

主坝迎水面喷涂聚脲主要施工过程与工艺要求：

（1）清理基面。用磨光机将大坝迎水面混凝土表面酥松物打磨干净，再用吹风机或高压水枪将表面的灰尘清除干净。当基层表面含水率达到7%以下时，具备施工下道工序的条件。

（2）滚涂8009聚脲界面剂。工艺要求同大坝裂缝两侧滚涂8009聚脲界面剂。

（3）喷涂900聚脲弹性体防腐防水防护涂层。

1）严禁雨天、四级风及以上施工，施工温度在5～45℃，空气湿度在85%以下。

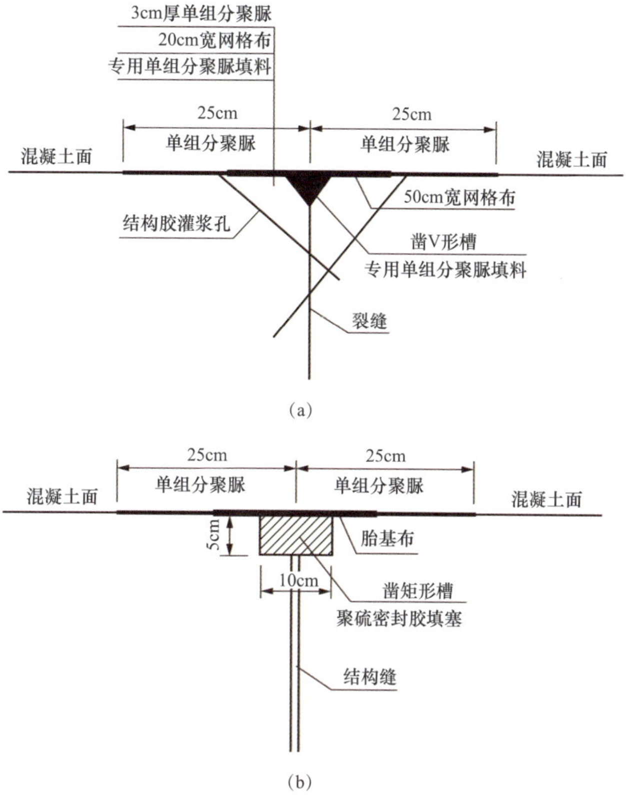

图 1-3-1　主坝上游面裂缝与结构缝处理工艺图

（a）裂缝处理；（b）结构缝处理

2）喷涂聚脲施工前，检查基层表面，对界面剂局部黏附的砂石颗粒物等进行铲除，然后用吹风机将表面再清洁一遍。

3）喷涂前，首先要把 A、B 两组分搅拌均匀，特别是 B 组分，由于 B 组分中添加有少量无机颜料，容易沉淀，所以将气动搅拌器插入 B 料桶内边搅拌边施工。

4）聚脲喷涂机：静态压力 2200～2500psi（1psi＝6.895kPa），动态压力 2000～2200psi，系统温度 55～60℃，原料温度应该保持在 15℃以上，各系统运转正常后，开始喷涂聚脲材料。

5）聚脲喷涂在 4h 内搭接喷涂，不需处理，可直接在边缘处重叠 200mm 宽的范围内喷涂聚脲，搭接处的厚度在 3mm 左右。聚脲喷涂超过 4h，后再搭接喷涂，必须在聚脲涂层边缘 200mm 宽的范围涂刷界面剂后再喷涂聚脲，搭接处的厚度在 3mm 左右，搭接处应尽量平滑过渡。

（4）滚涂 8029 聚天门冬氨酸酯抗紫外线不变色面漆。

1）检查喷涂的聚脲合格后，滚涂 8029 聚天门冬氨酸酯抗紫外线不变色面漆。

2）配制 8029 面漆时，应用电子秤计量，首先将 8029B 组分搅拌均匀，倒入配料桶中计量，然后将 8029A 组分摇晃或搅拌均匀后，按重量比 A∶B=1∶1 的比例将 A 组分倒入 B 组分中，用电动搅拌器搅拌 2～3min 至均匀为止。

3）滚涂 8029 聚天门冬氨酸酯面漆时，应采用优质、不掉毛的滚筒施工，施工时应均匀交叉滚涂，滚涂厚度控制在 30～50μm 为宜，滚涂后的表面应色泽均匀，无漏涂，无流挂。

（三）处理成效

2018 年 5 月 16 日，上水库开始蓄水，5 月 26 日，上水库蓄水至 899m 高程。上水库蓄水后，水工技术人员对上水库大坝渗漏量进行加密观测并与对大坝进行巡视检查，大坝廊道内迎水面和坝体排水管均无渗水，大坝廊道渗水量为 0.001～0.008L/s（为坝基一处山体渗水），坝后整体无渗水现象。

四、案例点评

为保证该碾压混凝土重力坝良好的防渗效果，需要采取以下主要防治措施：

（1）设计阶段要合理设置大坝横缝分缝间距。采取较小的横缝分缝间距，可减少坝体裂缝产生的几率。

（2）施工阶段要强化碾压混凝土施工质量管理。加强大坝碾压混凝土浇筑温控措施，降低混凝土内部水化热导致的混凝土开裂风险；加强碾压混凝土层间结合处理，防止层间空洞、开裂等缺陷。

（3）合理安排坝体裂缝防渗处理时间。尽量缩短水库放空时间，避免极端天气条件下裂缝的发展；宜将裂缝化学灌浆时间安排在低温季节，此时裂缝张开程度较高，有利于化灌材料充分填充。

（4）后期大坝运维过程中，水工监测人员继续加强对大坝变形、渗流、环境量、裂缝监测与现场巡视检查，随时掌握裂缝的状态与发展趋势，遇到异常情况及时分析与处理，保证大坝结构的整体性与安全性。

由本案例可见，该电站上水库碾压混凝土重力坝裂缝发展导致坝体渗漏量增大，不利于大坝结构安全，在大坝防渗处理过程中，需加强防渗设计方案与施工质量管理。做好电站大坝裂缝跟踪与渗漏监测、防渗材料选择、设计方案论证、严格施工工艺控制等环节，才能保证大坝裂缝防渗处理效果，从而提高大坝结构安全并保障电站生产经营效益。该案例使电站水工技术人员对大坝运维管理的水平提升了新的高度。

案例 1-4 某抽水蓄能电站上水库主坝下游坡面渗水

一、案例概况

某抽水蓄能电站上水库主、副坝在原均质土坝基础上加固建成，作为蓄能电站上水库，

2002 年 10 月主、副坝加固工程开始施工，2006 年 6 月主、副坝加固工程完工。2009 年 8 月巡视检查时，发现上水库大坝下游面右岸坝肩附近 388m 高程有渗水现象，并有局部塌陷和雨水冲刷痕迹，水质清澈，伴有少量的沙粒。经观测分析，渗水量与库水位有明显相关性，高水位时最大渗水量约 50mL/s（见图 1-4-1）。初步判断渗水原因是库水经渗水通道流出坝体，与天气基本无关。

图 1-4-1　上水库主坝下游面 388m 高程渗水情况

二、原因分析

（一）主坝坝体渗水分析

从大坝坝体渗漏量观测过程线看（见图 1-4-2），渗漏量测值比较稳定，测值也较小（基本在 2L/s 之内）。另外，对坝体原测压管内水位与库水位变化进行分析，发现二者关系不明显，且孔内水位变化幅度较小，说明测压管附近坝体防渗性较好。从以上坝体渗水总量和坝体原测压管孔内水位变化情况综合分析说明坝体防渗水系统正常，初步判断 388m 高程护坡渗水是由库水直接经坝体渗漏导致的可能性较小。

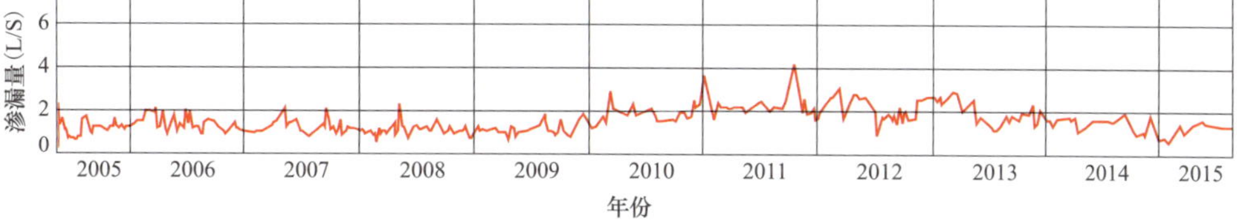

图 1-4-2　上水库大坝总渗漏量实测过程线

（二）右岸绕坝渗漏分析

为分析上水库下游面右岸坝肩 388m 高程附近护坡的渗水现象，新增了 5 处水位测孔（数据见表 1-4-1），在 0+053.00m 断面原测压管左侧 2m 处对应老测压管位置布置两个测压管（SUPZ1、SUPZ2），渗水点正上方坝顶处设置一个测压管（YUPZ3），右岸坝肩处设置2个绕坝渗流测压孔（YUPZ2、YUPZ3）。原坝体在桩号坝0＋053.00m、坝0＋080.00m各设有一个浸润线观测断面，每个断面设置4～5个测压管，共9个。

表1-4-1　　新增测压管埋设基本资料一览表

测点编号	桩号（m）		高程（m）		孔深（m）
SUPZ1	坝0＋055.00	坝下0＋003.50	370.02	400.29	28.95
SUPZ2		坝下0＋024.00	361.27	390.82	29.55
YUPZ3	坝0＋023.87	坝下0＋003.50	370.15	400.30	30.15
YUPZ1	右坝肩	坝顶	370.09	400.29	30.2
YUPZ2		坝后	361.35	391.45	30.1

经过对新增测孔及原测孔孔内水位观测数据进行分析，得出以下结论：

（1）坝体原测压管内水位与库水位变化关系不明显，且变化幅度较小，说明测压管附近坝体防渗性较好。

（2）从图1-4-3～图1-4-5可以看出，测压管SUPZ1、SUPZ2水位均高于相邻的坝体原测压管，且新增测压管较原测压管水位变幅明显，说明新设花管段较原测压管透水性好。渗水点正上方测压管YUPZ3与库水位相关性强，说明绕坝渗流较为明显。

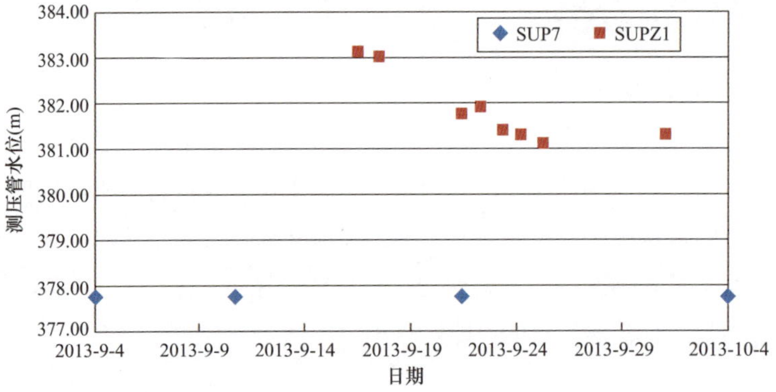

图1-4-3　上水库SUP7、SUPZ1测压管水位变化分布图

（3）从图1-4-6可以看出，库水位日变幅在6.01～6.71m时，YUPZ1管内水位日变幅在3.18～3.67m之间，YUPZ2管内水位日变幅在0.11～0.16m之间，说明坝顶测压管YUPZ1坝肩处渗透性明显，坝后测压管YUPZ2坝肩处渗透性相对不明显。

从以上几点可以得出，388m高程护坡渗水路径为库水经坝肩绕渗至坝后的可能性较大。

（三）主坝右岸坝体钻孔示踪试验分析

为了进一步证明右岸坝肩存在绕渗现象，于2014年6月对上水库主坝右坝肩YUPZ1、YUPZ3测孔进行简易示踪试验。

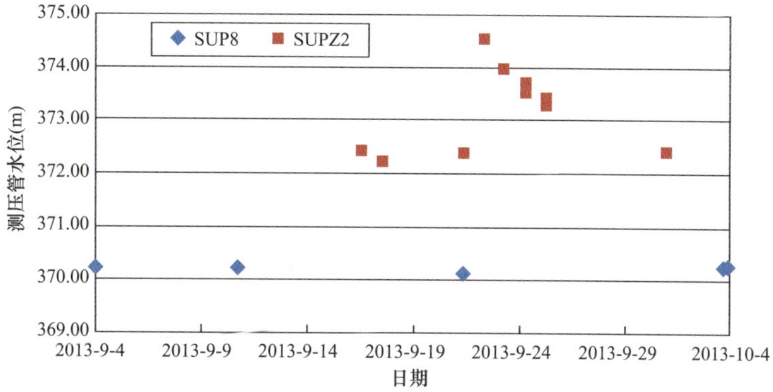

图 1-4-4 上水库 SUP8、SUPZ2 测压管水位变化分布图

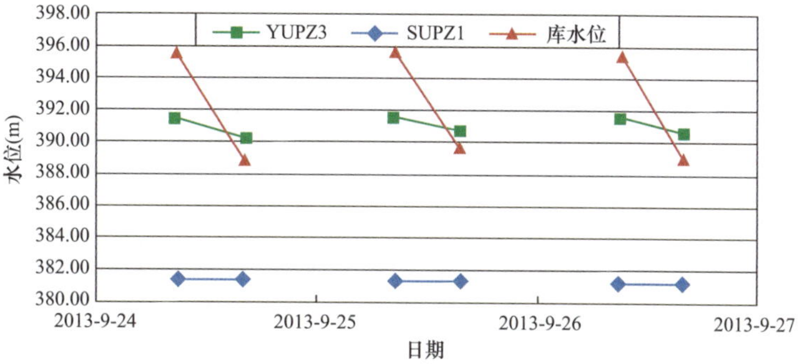

图 1-4-5 上水库 YUPZ3、SUPZ1 测压管水位变化分布图

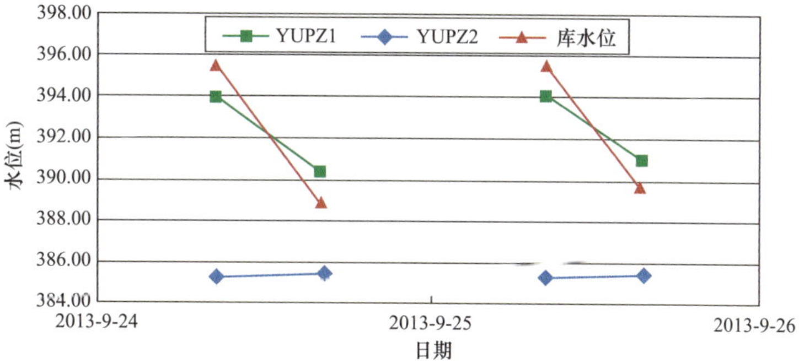

图 1-4-6 上水库 YUPZ1、YUPZ2 测压管水位变化分布图

试验采用在上水库高水位运行时对测压孔灌注颜料水的方法进行，注水前后分别记录上水库水位、测压孔水位以及下游坝坡渗水点渗漏量。为避免肉眼难以识别被地下水稀释后的颜料水，在出水点处放置一块白色棉条，通过出渗水流中有颜色的墨水颗粒附着在白色棉布条上的现象判断各测压孔底部基岩裂隙与下游坝坡出逸点是否存在连通性。通过对比前后测值，进一步查明右坝肩坝后坡渗水的主要通道。

6 月 5 日对测压孔 YUPZ1 第一次试验，灌注大量自来水，下游坝坡渗水量有逐渐增加的趋势，随着电站发电，上水库水位下降，下游坝坡渗水量仍有逐渐增加的趋势。表明 YUPZ1 孔与下游坝坡渗水点的连通性良好。对 YUPZ3 孔灌注大量自来水，由于试验时电站发电，水位逐渐下降，在短时间内下游渗水量没有明显的增加，6 月 6 日上午发现置于下游坝坡渗水点处的白布有被红墨水染红的现象。

6 月 6 日对下游测压孔 YUPZ1、YUPZ3 孔第二次试验，由于试验时电站发电，水位逐渐下降，对 YUPZ3 孔灌注大量自来水，同样对下游坝坡渗水量影响不明显，在短时间内下游渗水量没有明显的增加，但 6 月 7 日上午发现渗水点处周围的土体以及白色棉布条均有被染红的情况出现。

根据以上情况分析，上水库主坝右坝肩存在绕坝渗流，坝肩至下游的渗漏通道连通性较好，可能由于渗径较长，从 YUPZ1 孔中投入的蓝色墨水中的细颗粒大部分被稀释在沿程的土壤中，但在上游水头以及水压的作用下，YUPZ1 孔与下游坝坡渗水表现出了良好的连通性，表明存在沿右坝肩向下游连通的渗漏通道。主坝右坝肩下游坝体底部存在渗漏通道，第二次示踪试验对 YUPZ3 孔投入的红色墨水从下游排水出口析出，表明坝体底部存在渗漏通道，结合现场沿管涌出口开挖的情况来看，渗漏通道位于右坝肩下游坝体底部，不排除坝体渗漏通道与右坝肩裂隙岩体相连通。

（四）坝址区工程地质条件

坝址区内构造不发育，主坝坝址区范围内仅发育 F23、F24 两条较大断层，F23 从坝脚向引水隧洞山体延伸，发育构造角砾岩、片状岩，延伸长约 200m；F24 从主坝右岸上游穿过，发育构造角砾岩，胶结坚硬，延伸长约 180m。分布见图 1-4-3。

坝址区为基岩山区，覆盖层浅薄，基岩表部构造，风化裂隙发育，地下水含水层类型主要为基岩裂隙性潜水，次为孔隙性潜水。主坝坝基花岗岩表部以弱风化为主，岩体较破碎～较完整，岩石透水性较弱。局部右坝肩受裂隙发育影响，岩体较破碎，属极强透水，基岩中、下部风化较浅，裂隙不甚发育，岩体较完整～完整，岩石透水性能较差，为微透水和极微透水。

（五）渗水原因综合分析结论

综合上水库坝体、地下水位变化情况、渗流监测分析、示踪试验分析及坝址区工程地质条件等，判断上水库主坝右坝肩岩体受裂隙发育影响，存在渗漏通道，存在绕坝渗流现象；主坝右岸坝体局部可能存在渗透薄弱层，右岸坝长 45m 范围坝基可能存在渗漏通道。结合下游坝脚量水堰观测值分析，渗漏量较小，表明坝体防渗总体上是有效的，主坝其他部位坝体及坝基防渗性较好。

三、处理方案及过程

（一）渗水处理技术方案

针对上水库主坝右岸下游渗水，采用“库岸帷幕灌浆＋坝基帷幕灌浆”的处理方案。布置库岸（右岸至进出水口启闭房，见图 1-4-7 中 W1-W2 段）帷幕 1～2 排，沿上水库环库公路方向延伸绕过右坝肩山包，向下深入强透水带及相对隔水层（$q\leqslant 3Lu$）以下5m；右坝肩（见图1-4-7中W2-W4段）基帷幕灌浆向下深入相对隔水层（$q\leqslant 3Lu$）以下5m，向上深入坝体0.5m，孔距1.5m，单排孔，库岸帷幕灌浆与右坝肩坝基帷幕相接，沿上水库环库公路方向延伸绕过右坝肩山包。

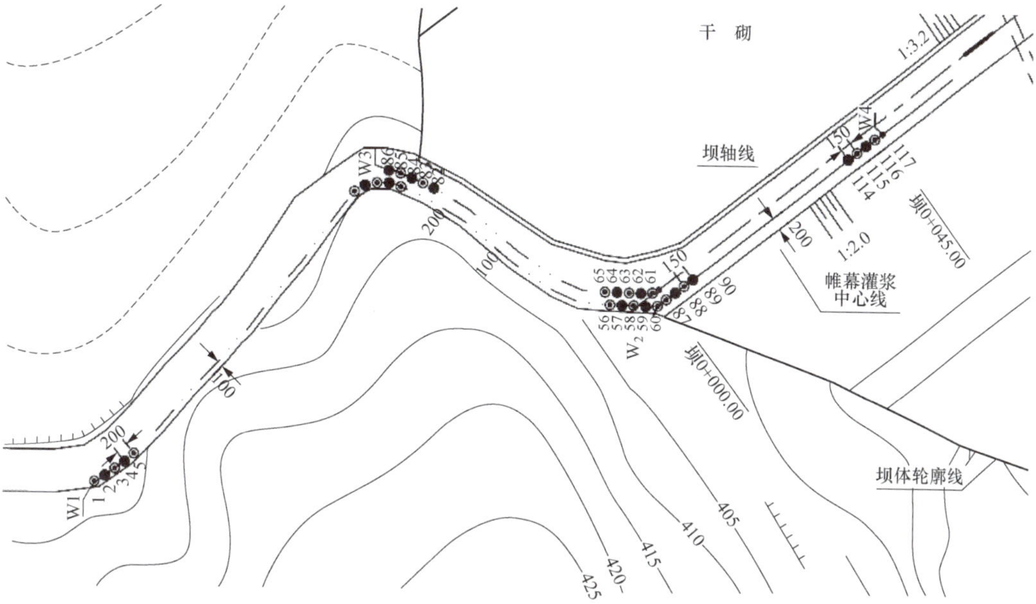

图1-4-7 上水库主坝388m高程渗水点灌浆处理平面布置图

（二）渗水处理施工方案

帷幕灌浆采用孔口封闭自上而下循环灌浆，并按分序加密的原则进行，孔口封闭灌浆法工艺流程：混凝土到达一定的强度后孔口下钢管→待凝→第一段钻孔→外孔冲洗→简易压水→灌浆→循环钻灌以下孔段至终孔灌浆结束→封孔。孔口封闭自上而下循环灌浆即采用孔口封闭、孔内循环，每钻进一段，即进行一段的灌浆，再进行下一段的钻灌，第一段段长为2.0m，第二段段长为3.0m，以下各段段长为5.0m；遇特殊情况适当缩短或加长。具体施工工艺及方案如下：

1. 施工顺序

主坝库岸、坝基防渗处理采用均帷幕灌浆，W1-W2分部库岸帷幕灌浆单排布置，分二序施工，孔距2m；W2-W3分部库岸帷幕灌浆双排布置，分二序施工，排距1m，孔距2m；W3-W4分部坝基帷幕灌浆双排布置，分二序施工，排距1.3～1.5m，孔距1.5m。灌浆材料采用42.5普通硅酸盐水泥。

帷幕灌浆按分序加密的原则进行施工，即Ⅰ序—Ⅱ序孔—灌浆质量检查孔。帷幕灌浆施工工艺流程：钻孔→冲洗→压水试验→灌浆→压力封孔。

2. 钻孔

帷幕灌浆造孔采用150型地质钻机，金刚石钻头钻进。

钻孔按分段统一编号，由测量人员放样定位，并注明施工次序。用水平尺测量使钻机呈水平状态，将开孔钻具对准备孔位中心，并经现场技术人员复检合格后开孔，钻孔开孔位置与设计位置偏差不大于10cm。

钻孔过程中严格控制孔斜，不使用弯曲的钻杆、钻具进行钻孔作业，遇断层破碎带等应减少钻压及转速，以确保孔向准确。

钻孔过程中每5m进行一次孔斜测量，当发现孔斜偏差超过要求时，及时采取纠偏措施处理。测斜采用YT-1型钻孔抗磁干扰测斜仪，其主要技术参数为：顶角测量范围0°～80°，误差±0.5°，方位角测量范围0°～360°，误差±2.5°。在造孔过程中严格控制孔斜，发现孔斜超过规范要求时，及时纠正。钻孔过程中对混凝土厚度、涌水、漏水、塌孔、掉块、卡钻、断层构造等情况作详细记录。

钻孔结束后，对孔深、孔斜和孔底残留等进行检查。钻孔结束等待灌浆时或灌浆结束等待钻孔时，孔口均堵塞，妥善保护。

3. 钻孔冲洗及裂隙冲洗

灌浆孔在灌浆前进行钻孔冲洗和裂隙冲洗，以提高灌浆效果。成孔后采用导管通入压力水流从孔底向孔外冲洗的方法冲洗孔壁，冲洗至回水清净，并延续10min为止。冲洗压力采用通段灌浆压力的80%，但不超过1.0MPa，冲洗后采用单点法进行压水试验。帷幕灌浆Ⅰ序孔中，每间隔12m布置一先导孔。两排帷幕灌浆部位在下游排帷幕灌浆的Ⅰ序孔中，每隔16m布置一先导孔。

4. 灌浆材料

灌浆所采用的42.5级普通硅酸盐水泥保持新鲜，不使用受潮结块水泥。水泥在使用前经检验合格后使用。

5. 制浆

采用分散制浆法，由各灌浆机配备一套400L的制浆设备，灌浆时各机组自行制浆。水泥浆制备后尽快使用，4h后的剩余浆应废弃。

6. 灌浆方法

按设计要求，参照施工图纸按自下而上进行施工。灌浆采用灌浆自动记录仪进行记录，同时辅以人工记录。

水泥浆液搅拌均匀，测定浆液密度并做记录。

使用前检查灌浆设备，所有设备平常维护保养，确保灌浆过程中不因设备故障造成灌浆中断。

自动记录仪，压力表等在使用前经有关部门鉴定或率定。

7. 灌浆压力控制

坝基第一段帷幕灌浆，上部坝体钻孔深度不大于10m的孔第一段灌浆压力不大于0.1MPa，上部坝体钻孔深度大于10m的孔第一段灌浆压力不大于0.2MPa，根据坝高调整灌浆压力（坝高较低处采用低压），并以不劈裂坝体为前提。各孔段灌浆压力如表1-4-2所示。

表 1-4-2　　各孔段灌浆压力一览表

孔深（m）	0～2（第 1 段）	2～7（第 2 段）	7～12（第 3 段）	12～17（第 4 段）	＞17
压力（MPa）	0.25～0.30	0.5～0.55	0.75～0.80	1.0～1.1	1.2～1.5

8. 水灰比及变换

灌浆过程中如灌浆压力保持不变，注入率持续减少，或当注入率保持不变，压力均匀上升，不改变水灰比；当某一级浆液的注入量已达 300L 以上或灌注时间已达 1h 以上，灌浆压力或注入率均无改变或改变不显著时，改浓一级水灰比的浆液灌注；当注入率均无改变或改变不显著时，改浓一级水灰比的浆液灌注；当注入率大于 30L/min 时，视具体情况越级变浓。灌浆过程中，每隔 10～30min 测记一次浆液密度并在灌浆报表上记录。

9. 灌浆结束标准及封孔

结束标准：在规定的压力下，当单位注入率不大于 0.4L/min 时，继续灌注 60min 或注入率不大于 1L/min 时继续灌注 90min 即结束。水平距离 15m 内同高程的孔段，不得同时进行灌浆。

10. 灌浆孔封填

终孔段灌浆前经监理验收孔深，签证同意后进行灌浆封孔。采用分段压力灌浆封孔法封孔，将全孔分成数段，每段长度不大于 10m，灌注 0.5∶1（或 0.6∶1）的浓浆，灌注压力与该段灌浆压力相同。当注入率不大于 1L/min 时，并继续灌浆 30min。孔口部分干缩后，可直接用干硬性水泥砂浆封填密实。有涌水时，孔口可用木塞麻丝塞紧。

11. 特殊情况处理

灌浆过程中遇到地质特殊塌孔现象时，采用先灌浆后再造孔的方法进行处理。灌浆过程中回浆变浓，换用相同水灰比的新浆进行灌注，若继续吸水不吸浆时，延续灌注 30min 时，停止灌浆。

12. 灌浆质量检查

质量检查以检查孔为质检的主要手段。检查孔数为施工总孔数的 10%，位于灌浆轴线上。检查孔具体位置由业主和设计、施工部门共同商定。检查孔所在的单元，全部施工结束，且在相邻两孔灌浆结束 14 天后进行，压水试验为灌浆压力的 80%，由上而下逐段进行。以 q 最终值计算透水率 Lu 值，当 $q \leqslant 3$Lu 时为合格，检查结果均为合格。

（三）处理效果分析

帷幕灌浆完成灌浆孔 147 个，布设检查孔 15 个（含试验检查孔），检查孔孔数为灌浆孔孔数的 10.2%，符合规范要求。共进行了压水试验 59 段次，合格率 100%，接触段和基岩透水均小于 3Lu。各孔段透水率均满足设计防渗要求。

经过检查孔压水试验成果说明，灌浆效果明显，岩体透水性达到设计防渗要求，电站上水库拦河坝设计内灌浆帷幕已经形成。

（四）实际现场观测数据效果分析

根据施工现场从 2014 年 10 月 20 日～11 月 10 日连续监测到大坝右岸下游渗漏点

388m 高程位置观测数据：10 月 20 日～11 月 6 日该渗漏点流量基本维持在 48～53mL/s，而在 11 月 7 日～11 月 10 日已无渗水流量。到完工为止，该渗漏点已无任何渗水现象出现，说明该次帷幕灌浆已达到预计的防渗要求及标准。对该部位作为重点检查部位进行检查，至今运行正常。

四、案例点评

（1）对于大坝的安全管理，除观测设备进行相关项目监测外，现场巡查工作也极为重要，有些大坝缺陷需通过巡查工作才能发现，巡检人员要做到及时发现及时处理。对于土石坝的渗水情况应尤为重视，不少工程实例表明，大部分土石坝失稳破坏是由于渗流作用引起土颗粒间发生相对运动甚至整体运动，造成对水工建筑物稳定不利的渗透压力，该压力可能引起水工建筑物以及地基的渗透破坏。

（2）为了及时发现水工缺陷，应重视巡视检查工作，巡视检查应有经验丰富的水工专业人员参与，并严格遵循巡查路线、巡查频次，做好记录工作，尤其对重点部位应进行巡检相关数据的比对分析，确保水工建筑物的安全运行。

（3）对土石坝坝后坡坝肩附近出现的渗水现象，应进行详细的渗水原因分析，得出正确结论后再进行有效的处理，消除渗水缺陷。该电站经过不同手段分析渗水原因后，对渗水通道进行了有效灌浆，起到了很好的效果，至今未有渗水现象。

案例 1-5　某抽水蓄能电站上水库沥青混凝土面板局部坍塌

一、案例概况

某抽水蓄能电站上水库库盆岩层多为寒武系馒头组，属弱至中等透水，库区地下水位约在 670m 高程，较库内水位低 100m 左右，存在库水外渗条件。库盆采用黏土铺盖护底、沥青混凝土护岸与沥青混凝土面板相结合的全库盆联合防渗形式，防渗面积约为 33 万 m^2，库岸边坡坡度为 1∶1.7。其中主坝坝坡、库岸沥青混凝土防渗面板防渗面积约 17.00 万 m^2，沥青混凝土面板结构为简式断面，厚度为 20.2cm，面板自下而上分为沥青混凝土整平胶结层、防渗层及表面封闭层，整平胶结层及防渗层各厚 10cm，封闭层厚 2mm。库岸面板基础开挖到基岩，面板下为 0.6m 厚的碎石垫层。沿库岸底部周边环形布置有排水观测廊道，库底底部设有排水管网。

2009 年 9 月 5 日上午巡检发现，库底排水廊道渗水量突然增加，面板尚未见异常。下午 5 时左右，6 号冲沟处沥青混凝土面板出现一处鼓包。9 月 6 日上午发现 6 号冲沟处沥青混凝土面板在 784m、775m 高程出现明显塌陷，塌陷宽度 4～6m，最大深度约

1.0m，塌陷处明显有水流动；764.0m 高程处沥青混凝土面板出现大范围的鼓包，鼓包沿环库方向长约 8.0m，顺面板向长约 4m。面板塌陷情况如图 1-5-1 所示。

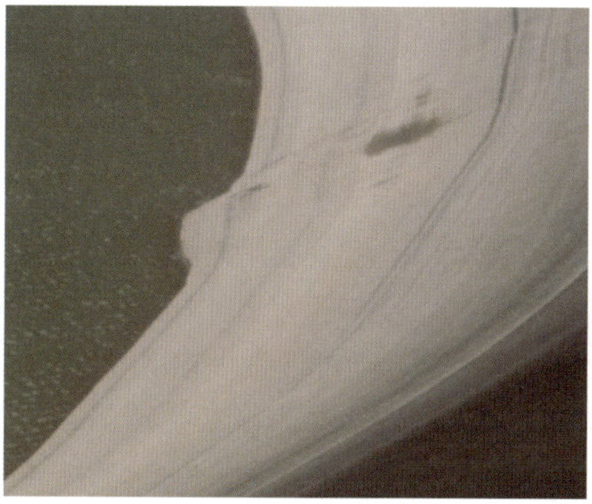

(a)

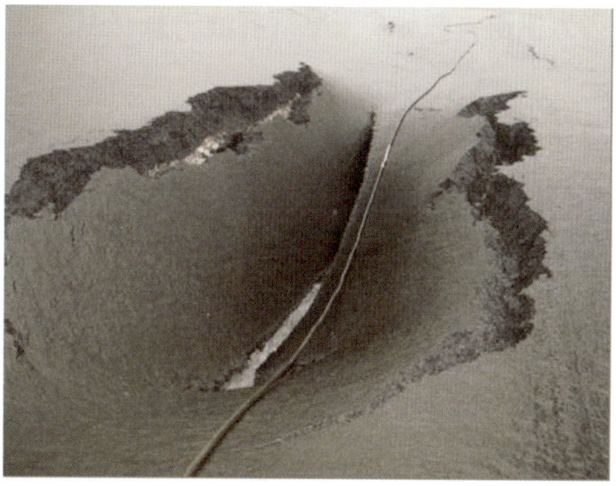

(b)

图 1-5-1　6 号冲沟沥青混凝土面板塌陷情况

(a) 面板鼓包；(b) 面板塌陷

为查明 6 号冲沟沥青混凝土面板塌陷原因，9 月 6～11 日对全库尤其是左岸库盆沥青混凝土面板进行了全面检查，检查发现：

(1) 6 号冲沟沥青混凝土面板两塌陷处垫层料明显流失；底部鼓包处打孔检测内部垫层料充填密实；鼓包下部约 754.0m 高程附近有 9 条小的顺岸坡向裂缝，裂缝未见渗水；754.0～752.0m 高程沥青混凝土表面平整，无塌陷、鼓包、裂缝。

(2) 3、4 号交通廊道沿廊道混凝土侧壁、底板有多处承压水出水点，廊道下部平台有水泥砂浆碎屑堆积。

(3) 排水廊道靠库岸侧排水管全部出水，廊道路面积水约 15cm 深；观测到库底排水廊道出水较大点有（按廊道桩号）：左 546.30m、左 459.40m（进出水口—6 号冲沟）、左 417.4m、左 392.4m（6 号冲沟）、左 163.1m、左 148.3m、左 141.8m、左 124.7m（4 号冲沟），渗水清澈，左 597.50m 桩号排水孔有泥样物析出，观测出水量很小；廊道部分排水管堵塞排水不畅，管口有碎石堆积，经排查基本可以认为大部分为暴雨前堆积或排水管道内原存碎石流出，4 号冲沟处少量碎石疑似级配垫层料。

二、原因分析

面板塌陷位置处于库岸原 6 号冲沟缺陷部位。在施工期，6 号冲沟全部挖到基岩，库岸桩号 K0+440（6 号冲沟）均采用 C10 素混凝土回填，局部采用 M7.5 水泥砂浆砌 60 号块石回填。2009 年 9 月 4 日晚 21 时至 5 日上午 7 时上水库区域连续降雨，上水库气象站记录显示 5 日凌晨至 3 时 50 分降雨 179.10mm。因上水库所处东沟区域无实测水文资料，根据《河南省暴雨统计参数图集》（2012 年）推算，9 月 5 日 0 时到 3 时 55 分的降雨量超过了频率 5%的降雨量 169mm；按 1h 时段衡量，超过了频率为 0.1%降雨量 172.7mm。本次暴雨的重现期在 100 年一遇到 1000 年一遇之间，超过了施工期观测的暴雨强度，库岸可能产生了新的渗水通道，该渗漏出水点超出了原设计标准，是本次沥青混凝土面板塌陷和裂缝的主要原因。超强降水深入库岸内形成地下潜水，潜水破坏软弱岩石或沿回填素混凝土和浆砌石空隙形成集中出水通道，大量潜水涌入沥青混凝土下部垫层未及时排走，形成反向渗压顶托面板，部分垫层料细颗粒带走，淘空面板基础，造成面板塌陷和拉裂。

三、处理方案及过程

根据检查结果和原因分析，处理基本原则为避免地下水对面板形成反向压力，上截下排消减地下潜水对工程的影响，针对性修复破坏的沥青混凝土面板。

1. 沥青混凝土面板施工

（1）拆除 6 号冲沟处已塌陷和大范围鼓包沥青混凝土。764.0m 高程沥青混凝土面板大范围鼓包的拆除范围原则上按鼓包变形轮廓线向外扩大 1.0m 处理，784.0、775.0m 高程面板塌陷区按探明垫层料塌陷轮廓线向外扩大 1.4m 处理，施工中根据拆除揭露的情况适当调整拆除范围。拆除情况如图 1-5-2 所示。

图 1-5-2 塌陷、鼓包沥青混凝土面板拆除

（2）765.0m 高程以下小范围鼓包表面有顺坡向小裂缝的部位经钻孔抽检和地质雷达检查探明下部垫层料密实的，则不拆除沥青混凝土面板，沿裂缝周边各扩大 1.0m 范围清除表面污物后热融沥青混凝土表层，补铺 10cm 沥青混凝土防渗层并加设一道聚酯网格，裂缝密集的 764.5m 高程以下区域补铺防渗层合并一处处理；经探明面板下部出现脱空，则拆除面板，施工原则同上述（1）。

（3）针对 784.0、775.0m 高程垫层料明显破坏区，采用以 C10 无砂混凝土换填已破坏垫层料，为防止渗水在碎石垫层与无砂混凝土顺坡向接合面形成接触冲刷，设 2cm 厚水泥砂浆保护垫层料。

（4）重现浇筑等厚度沥青混凝土面板，其中沥青混凝土防渗层采用工程备料换填，整平胶结层采用拆除沥青混凝土防渗层和整平胶结层混合料加热处理后换填，防渗层增设聚酯网格一道。防渗层与整平层拆除时错开 0.50m，新旧沥青混凝土接缝面坡度为 1∶1。沥青混凝土面板修补施工如图 1-5-3 所示。

图 1-5-3　沥青混凝土面板修补施工

2. 排水措施

（1）对于已发现出水点应开槽扩挖回填无砂混凝土，并在坡面打斜孔排入 3 号交通廊道；沿 m5、m4 岩层分界线约 781、773.m 高程顺环库路向在无砂混凝土中埋设塑料盲管、在坡面打斜孔排入 3 号交通廊道。沿 3 号交通廊道、4 号交通廊道、进出水口环形廊道两侧壁打排水孔，排水孔间距 3.0m，距地面约 0.50m。

（2）在渗压计 P1-38、6 号冲沟环库公路附近增补排水减压观测井，孔径 ϕ200mm，井底高程 758.0m，井口应进行保护；在 6 号冲沟沥青混凝土面板处理区增设渗压计，电缆套管保护后通过排水孔入 3 号交通廊道并引至环库路上，渗压计规格及技术要求同原库岸埋设渗压计。

3. 帷幕灌浆

沿环库公路排水沟内（进出水口至副坝之间全线）布置帷幕灌浆线，灌浆帷幕在风门口段（库 0＋399.0m～库 0＋484.0m）按双排设计，孔、排距 1.5m，上游侧（靠山体侧）钻孔深度至 758.0m 高程，下游侧（靠库盆侧）钻孔深度至 766.0m 高程，同时伸入相对不透水层 ϵ1m4 岩组（灰岩 5.4%、泥灰岩 8.5%、页岩 86.1%）约 6m；其他段灌浆按单排设计，排距 1.5m，钻孔深度至 766.0m 高程，同时要求进入透水值≤15Lu 的岩组（灌前）不小于 5m。

4. 处理效果

（1）施工过程中在沥青面板塌陷部位（库 0＋435，775m 高程）埋设渗压计一支

（编号：P1-159）监测渗水，并且沿 3 号交通廊道、4 号交通廊道、进出水口环形廊道两侧壁打排水孔进行排水观测。自 2010 年观测以来，渗压计 P1-159 测值在“0”附近波动，受水位及降雨影响不大，表明该处基本无渗压，靠面板侧排水孔基本无出水。总体表明，施工效果良好。渗压计 P1-159 测值过程线如图 1-5-4 所示。

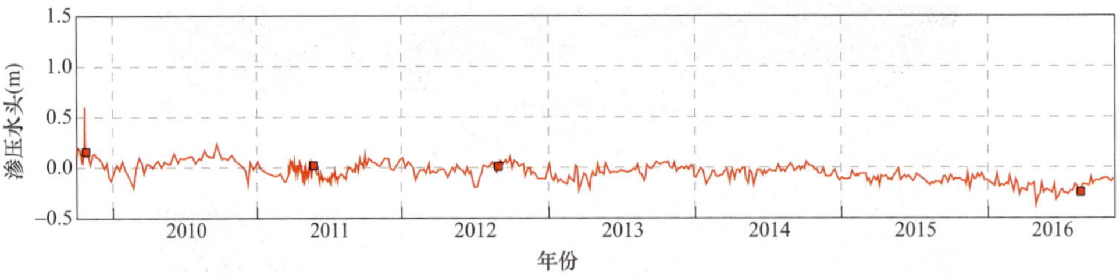

图 1-5-4　渗压计 P1-159 测值过程线

（2）本缺陷处理完毕后投入运行至今，该部位混凝土面板表面平整，未出现鼓包隆起、渗水、开裂及塌陷等异常。

四、案例点评

该案例发生的主要原因是强降雨导致库岸原冲沟处理部位形成渗流通道，填充量部分冲出造成面板塌陷。此案例警示我们要高度重视库区地质条件缺陷，特别是在有冲沟的地方新建建筑物时，施工期更要做到调查彻底、设计全面、施工合格；同时，水库运行期应重视日常巡视检查（特别是缺陷处理部位），及时对监测资料进行分析，并注意降雨等环境因素的变化，及时发现问题，做到早发现早治理，避免造成事故。

案例 1-6　某抽水蓄能电站上水库面板周边缝止水、趾板及面板裂缝渗漏

一、案例概况

某抽水蓄能电站上水库主坝为钢筋混凝土面板堆石坝，面板下部设趾板混凝土，趾板总长度 425.8m。趾板宽度 6m，右岸 710m 高程以上高程的趾板宽度为 4m，趾板厚度均为 50cm。趾板与大坝面板混凝土及防浪墙混凝土间通过铜止水连接共同组成上水库大坝的防渗系统，另在面板周边缝及垂直缝均设有一道表面止水。

2013 年 4 月上水库初次蓄水，水位达到 733.8m 后，坝后量水堰渗漏量观测值从 12.2L/s 加大到 39.5L/s。在此期间，库水位变幅为 715.8～740.02m，坝后量水堰渗流

量监测数据显示，最大渗流量达到 48.26L/s，与现有的相同高度范围内的混凝土面板堆石坝渗漏量相比，增长明显，详见图 1-6-1。

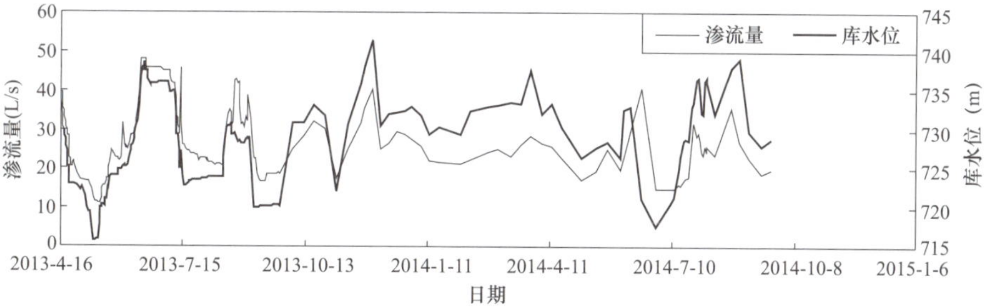

图 1-6-1　上水库水位与渗漏量变化关系曲线

（1）为消除该隐患，对上水库面板进行检查发现：面板 21 号仓底部周边缝存在 1 处表面止水封边脱开；面板 20 号仓右侧（丁字接头）存在面板开裂现象；面板 23 号仓 726～727.5m 高程位置 5 处修补混凝土周边均存在渗水痕迹。详见图 1-6-2～图 1-6-4。

图 1-6-2　面板底部周边缝止水封边脱开

图 1-6-3　面板 20 号仓右侧裂缝外观

图 1-6-4　修补混凝土周边渗水痕迹

上水库面板周边缝止水、趾板及面板部分位置存在渗水点，见图 1-6-5、图 1-6-6。

图 1-6-5　周边缝止水、趾板渗水点

图 1-6-6　周边缝止水、趾板渗水点

（2）第一次面板修复后，于 2013 年 6 月采用水下机器人对上水库面板进行了二次检查，检查范围包括上水库主坝左右岸 702～735m 高程所有周边缝，面板 3、4、17、19、23 号仓垂直缝及 702m 高程坝前覆盖。检查发现面板 4 号仓距离周边缝 15cm，705.2～704m 高程左右（3 号仓与 4 号仓垂直缝、周边缝丁字接头下部）存在一处裂缝，裂缝宽度 1～2mm，裂缝处有细小颗粒被吸入现象。

随着库水位降低，对上水库面板及周边缝检查的过程中发现面板 20 号仓靠近第一次修复左侧再次出现破坏性裂缝，如图 1-6-7 所示。

图 1-6-7　面板裂缝

（3）主坝帷幕灌浆检查孔情况统计如表 1-6-1 所示。

表 1-6-1　主坝帷幕灌浆检查孔统计表

孔位	段长 (m)	流量 (L/min)	透水率 (Lu)	设计透水率 (Lu)	灌浆量 (kg)	检查时间
左岸 730m 高程	0.50～7.00	5	2.5	<3	200	2013 年 7 月 20 日
	7.00～12.00	9	3	<3	400	2013 年 7 月 24 日
左岸 725m 高程	0.50～7.00	12	4.62	<3	450	2013 年 7 月 29 日
	7.00～12.00	7	2.33	<3	200	2013 年 7 月 31 日
右岸 729m 高程	0.50～3.00	4	4	<3	50	2013 年 8 月 6 日
	2.50～7.50	2.2	0.73	<3	100	2013 年 8 月 7 日
右岸 724m 高程	0.50～2.50	1.3	1.63	<3	50	2013 年 8 月 8 日
	2.50～7.40	3.5	1.17	<3	100	2013 年 8 月 12 日
	0～2.70	6.00	7.50	<3	550	2013 年 9 月 6 日
	2.70～7.90	4.20	1.35	<3	150	2013 年 9 月 7 日
	7.90～13.20	19.00	4.75	<3		2013 年 9 月 9 日
	13.2～19.93	2.70	0.36	<3		2013 年 9 月 10 日
	19.9～25.50	0.70	0.13	<3	100	2013 年 9 月 11 日
右岸趾板	0.00～3.20	3.6	4.09	0.40		2013 年 9 月 12 日
	3.20～6.8	68	22.67	0.60		2013 年 9 月 13 日

二、原因分析

（1）面板表面止水施工质量不佳。上水库的两次水下检查过程中，均发现面板周边缝止水以及垂直缝与周边缝的丁字止水存在渗水部位，面板表面止水未能做到完全止水密封效果，原施工单位在止水施工结束后未进行全面细致检查。

（2）基础帷幕灌浆效果不良。根据检查孔检查结果，左右岸趾板帷幕灌浆存在部分孔段透水率不满足设计要求的现象，不良的基础帷幕灌浆可能是造成大坝大量渗漏的主要原因之一，包括帷幕不密闭的渗漏和帷幕渗漏因冲刷特殊垫层料造成面板下脱空导致面板末端断裂后的大渗漏。

（3）面板裂缝修复施工质量不良。两次检查过程中均发现修补混凝土周边存在渗水痕迹，说明原施工单位在进行面板裂缝修复时，未能做到完全封堵密闭，现场混凝土裂缝修复故意不够完善。

三、处理方案及过程

1. 面板渗漏处理方案及过程

（1）对21号面板底部混凝土进行凿除后重新浇筑C25微膨胀混凝土，处理范围为自21号面板左侧垂直缝止水至封边脱开处右侧1m（实际上全宽12m全凿除），宽度自周边缝向上60cm。浇筑混凝土后重新作了周边缝止水，新老混凝土接缝进行止水处理。

（2）对19号和20号面板间，20号和21号面板间的垂直缝与周边缝的丁字接头处渗漏通道进行了凿除，修整丁字止水缝、重新浇筑C25微膨胀混凝土并重作了表面止水（包括新老混凝土接缝的止水）。

（3）对面板23号仓726～727.5m高程位置存在的5处修补混凝土周边缝进行了化学灌浆处理并进行表面封闭。

（4）对表面止水盖板局部破损位置进行了修复。

（5）对表面止水及趾板、面板部分位置存在的渗水点进行化学灌浆处理。

（6）根据面板及趾板结构制作一铁架将4号仓裂缝罩入，由潜水员入水作业对裂缝进行覆盖，施工过程中发现由于水下压力较大，粉煤灰存在结块现象，采用潜水员人工对其捣碎对裂缝进行覆盖后更改施工方法，由水面直接向该处位置抛撒粉煤灰，共计抛填粉煤灰约4t，同时由潜水员对左岸周边缝再次进行了检查，未发现明显渗漏现象。

（7）针对再次出现的破坏性裂缝，对面板20号仓进行处理，凿除20号仓周边缝被破坏面板混凝土，混凝土凿除过程中未发现有骨料架空及蜂窝现象，其铜止水完好，未发现渗漏痕迹，后对凿除部位重新浇筑C25微膨胀混凝土后恢复表面止水，如图1-6-8所示。

图 1-6-8　面板 20 号仓处理照片

2. 趾板水上补充帷幕灌浆处理过程

针对左右岸趾板帷幕灌浆存在部分孔段透水率不满足设计要求的现象，对主坝趾板帷幕进行了补充灌浆，补充帷幕灌浆钻孔间距仍按设计要求单排 2.0m 布置，原设计有加强孔的位置孔距按原设计施工。钻孔深度左岸按 15m，右岸按 7m 进行控制，见表 1-6-2。

表 1-6-2　上水库主坝第一次水上补充帷幕灌浆完成情况表

部位	孔序	孔数	钻孔深度(m)	注灰量（kg）			单位注灰量(kg/m)
				注灰量	废弃量	总注灰量	
左岸	Ⅰ	12	180.00	7500	950	8450	41.67
	Ⅱ	11	165.00	6900	1100	4000	41.82
	小计	23	345.00	14400	2050	16450	41.74
右岸	Ⅰ	24	168.00	6600	1950	8550	39.29
	Ⅱ	24	168.00	6480	2020	8500	38.57
	小计	48	336.00	13080	3970	17050	38.92
第一次合计		71	681.00	27480	6020	35800	40.125

为了彻底完善 716m 高程（死水位）以上帷幕灌浆效果，再次对左岸 720m 高程以上，右岸 718m 高程以上部位进行全面补充帷幕灌浆，完成情况见表 1-6-3、表 1-6-4。

表 1-6-3　上水库主坝第二次水上补充帷幕灌浆完成情况表（右岸）

部位	孔序	孔数	钻孔深度(m)	注灰量（kg）			单位注灰量(kg/m)
				注灰量	废弃量	总注灰量	
右岸一排	Ⅰ	4	43.80	1227.12	302.50	1529.02	29.36
	Ⅱ	4	50.22	1808.64	324.70	2133.34	37.57
	Ⅲ	7	78.04	2130.03	437.00	2567.03	28.58
合计		15	172.08	5165.79	1064.20	6229.99	31.39

续表

部位	孔序	孔数	钻孔深度 (m)	注灰量（kg）			单位注灰量 (kg/m)
				注灰量	废弃量	总注灰量	
右岸一排	Ⅰ	7	98.17	2770.00	388.40	3158.00	29.26
	Ⅱ	8	106.46	2729.18	435.10	3164.28	26.4
	小计	15	204.63	5499.18	823.10	6322.28	27.90
右岸一排	Ⅰ	11	292.69	7254.06	994.80	8248.86	25.44
	Ⅱ	13	254.18	6289.48	820.20	7109.68	25.39
	小计	24	546.87	13543.54	1815.00	5358.54	25.42
右一排合计		54	923.58	24208.51	3702.30	27910.81	
右岸二排	Ⅰ	12	224.97	5470.19	702.80	6172.99	24.98
	Ⅱ	9	171.60	4072.81	534.00	4606.81	24.37
	小计	21	396.57	9543.00	1236.80	10779.80	24.72
右岸合计		75	1320.00	33751.15	4939.10	38690.61	
第二次合计		119	2577.94	87101.85	9771.82	96873.67	

表 1-6-4　　上水库主坝第二次水上补充帷幕灌浆完成情况表（左岸）

部位	孔序	孔数	钻孔深度 (m)	注灰量（kg）			单位注灰量 (kg/m)
				注灰量	废弃量	总注灰量	
左岸一排	Ⅰ	11	329.91	14817.20	1210.75	16027.95	45.67
	Ⅱ	10	300	11707.65	1173.30	12876.95	39.42
	小计	22	629.91	26520.85	2384.05	28904.90	42.82
左岸二排	Ⅰ	11	328.84	15237.33	1293.91	16531.24	47.12
	Ⅱ	10	299.22	11592.52	1153.40	12745.92	39.40
	小计	22	628.06	26829.85	2447.31	29277.16	43.44
左岸合计		44	1257.79	53350.70	4831.36	58182.06	43.13

上水库主坝最大渗漏量经过渗漏点处理和两次水上补充帷幕灌浆（3258.94m、114.58t 水泥灌浆）后由 48.26 L/s 降到 30L/s 以下，渗流量过程线如图 1-6-9 所示，基本维持在 20～25L/s 的运行范围内，处理效果较明显。

四、案例点评

由本案例可见，基本建设时期的质量管控直接影响着后期运行时段的管理质量。基本建设时期施工单位的施工质量，需要管理人员、监理人员的多方监督并验收，稍有疏忽，就会影响到后期大坝安全稳定运行。因此，建立并严格执行一套完善的质量签证、

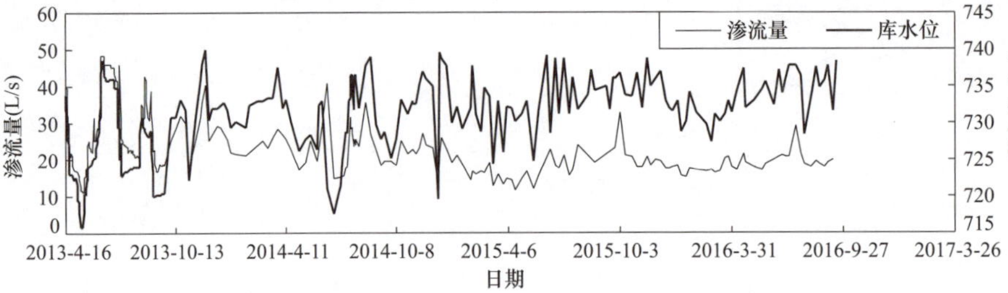

图 1-6-9　上水库水位与渗漏量变化关系曲线

质量验收制度，规范工序、分部分项等质量验收流程，加强施工单位安全质量至上意识，强化监理、管理单位的过程管控、质量把控，还是十分必要的。

案例 1-7　某抽水蓄能电站上水库主副坝混凝土面板渗漏

一、案例概况

某抽水蓄能电站上水库由主坝、南副坝、北副坝、库盆等建筑物组成，主、副坝均为混凝土面板堆石坝，坝顶高程 225.00m，最大坝高分别为 87.0、65.0、53.50m，坝顶长度分别为 520、339、174m，坝顶宽度均为 8.625m，筑坝石料主要取自上水库库盆扩容开挖料。正常蓄水位为 222.00m，相应库容为 1748 万 m^3；死水位为 190m，相应库容为 466 万 m^3。

根据水工规程规范相关要求，为了及时了解上水库主副坝混凝土面板运行情况，2017 年 7 月，电站组织开展主副坝面板检查工作，共发现 6 处渗漏缺陷，分别为：主坝面板裂缝渗漏 1 处，垂直缝及周边缝渗漏 3 处，南副坝面板裂缝渗漏 1 处，北副坝面板裂缝渗漏 1 处。缺陷情况及照片详见表 1-7-1、图 1-7-1。

表 1-7-1　　　　主副坝面板渗漏点情况统计表

缺陷编号	缺陷位置	底部高程（m）	缺陷描述	渗漏情况
L1	主坝 ZM29 面板周边缝上	201	缺陷为周边缝渗漏，有 2 处渗漏点，两个渗漏点之间距离为 2m，渗漏明显，墨汁喷出后 1s 内迅速吸入。缺陷周围止水盖片良好	明显渗漏
L2	在主坝 ZM29 面板与 ZM30 面板之间垂直缝距周边缝 10cm 位置	203	缺陷为垂直缝渗漏，有一个渗漏点，渗漏明显，墨汁喷出后 1s 内迅速吸入，缺陷周边止水盖良好	明显渗漏

续表

缺陷编号	缺陷位置	底部高程（m）	缺陷描述	渗漏情况
L3	主坝面板 ZM19 与 ZM20 之间垂直缝和周边缝搭接处	170.9	缺陷为垂直缝和周边缝交接处渗漏，有一处渗漏区，渗漏区长 20cm，渗漏明显，墨汁喷出后 1s 内迅速吸入，渗漏区盖片底部充物已被吸走，周边混凝土面良好	明显渗漏
P2	北副坝 BM2 面板靠周边缝位置	201	缺陷为长 50cm 裂缝，裂缝宽度 1mm，面板混凝土表面起皮。裂缝发现两处明显渗漏墨汁喷出后 1s 内迅速吸入。其中，一处位于裂缝与周边缝交接处，为点渗漏；另一处位于裂缝中部，为线渗漏，渗漏长度 10cm，渗漏区周边 5cm 范围内有混凝土表层脱落	明显渗漏
P3	南副坝 NM3 面板底部	208	缺陷为裂缝，裂缝横跨 NM3 面板垂直缝和周边缝，长度约 40cm，缝宽 1mm。裂缝上发现一处渗漏点，在水位 212.5m 测量时有轻微渗漏现象，墨汁喷出后缓慢吸入。渗漏点周围 5cm 范围发现局部表层混凝土面脱落	轻微渗漏

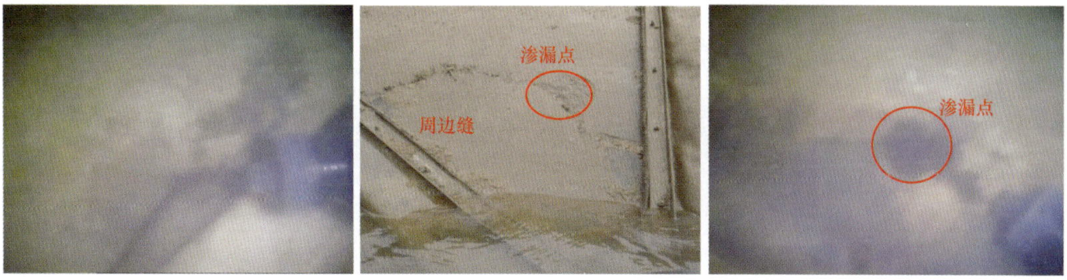

（a）　（b）　（c）

图 1-7-1　主副坝面板渗漏点

（a）主坝面板渗漏点；（b）南副坝面板渗漏点；（c）北副坝面板渗漏点

二、原因分析

1. 内在原因

混凝土在各个阶段龄期的抗拉强度和极限拉伸是有限的，不能满足固化过程频繁干缩、冷缩诱发的拉应力破坏要求。

2. 外在原因

坝体的不均匀沉降，致使混凝土面板基础不实而造成裂缝产生。

混凝土面板浇筑时，表面极易受外界温度的影响，进而在混凝土内外部形成温度差，这种温度差形成的应力使面板混凝土产生裂缝。而在混凝土面板成型后，由于受运行方式影响，可能大面积长期暴露于空气中，外界温度及其变化、风力作用等极易使面板表层水分蒸发或受冻结冰，水泥不能进行水化反应，使其产生干缩进而强度降低，从而形成裂缝。

三、处理方案及过程

缺陷发现后，电站立即组织相关专业人员对主、副坝各监测物理量监测数据进行分析，经过历年数据分析及比对工作，未发现监测数据存在异常，变化符合一般规律。但为了保证水工建筑物安全，避免缺陷进一步扩大，2018 年 7 月底至 8 月初，电站组织开展上水库主副坝面板渗漏修复工作。本次渗漏处理根据发现的缺陷部位，采取不同的处理方式，具体情况如下：

1. 面板裂缝渗漏处理

（1）水下复查确定裂缝渗漏长度，并将位置及尺寸做好记录。

（2）裂缝两侧切 V 形槽，用高压水枪将槽内及两侧混凝土表面进行彻底清洗。

（3）V 形槽内嵌填 $\phi30$ 氯丁橡胶棒，橡胶棒尽可能多的嵌入 V 形槽内。

（4）在胶棒上涂刷黏结剂，嵌填 SR 柔性材料。

（5）涂刷黏结剂，粘贴盖片并采用 M10 膨胀螺栓及不锈钢压条固定，膨胀螺栓间距 40cm，不锈钢压条宽度 5cm，厚度 0.3cm。

2. 垂直缝和周边缝渗漏修复

（1）水下复查确定渗漏长度，拆除垂直缝和周边缝渗漏部位原有压条及盖片，边拆除边用喷墨法检查内部止水的渗漏情况，直至确定渗漏的最终范围。

（2）将垂直缝渗漏及破损严重部位的原有的止水材料、杂物等全部清理干净并用高压水枪进行清洗。

（3）缝内嵌填 $\phi30$ 氯丁橡胶棒，橡胶棒尽可能多的嵌入缝内。

（4）在止水封凹槽表面涂刷黏结剂，嵌填 SR 柔性材料，并按照原设计尺寸制作鼓包。

（5）涂刷黏结剂，粘贴盖片并采用 M10 膨胀螺栓及不锈钢压条固定，膨胀螺栓间距 40cm，不锈钢压条宽度 5cm，厚度 0.3cm。

渗漏点处理后，对其渗漏情况进行复查，均未发现渗漏情况，缺陷消除。处理前后通过对上水库渗漏量变化情况加密观测和对比分析，上水库渗漏量明显减少。处理前后对比照片见图 1-7-2。

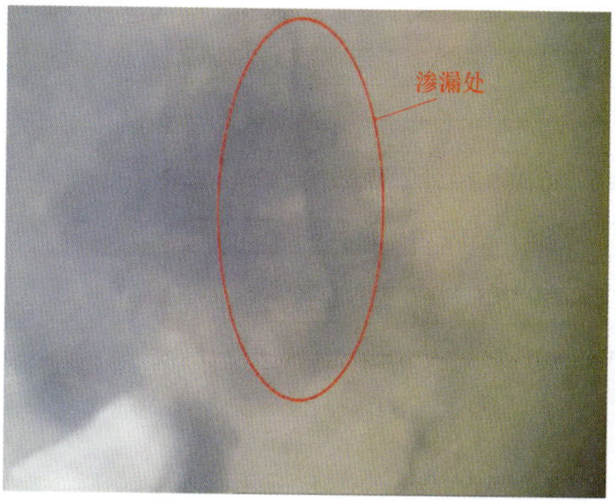

(a)

(b)

图 1-7-2 上水库面板渗漏点处理前后对比图

(a) 处理前照片；(b) 处理后照片

四、案例点评

由本案例可见，安全质量管控涉及工程建设各个阶段，每个阶段验收，都要从严把关。在设计阶段优化混凝土面板设计参数，在施工阶段加强质量把控，将过程验收做到实处；在运行阶段，合理控制水库运行方式，避免水库水位骤升骤降。另外，还要定期加强大坝混凝土面板缺陷排查，关注并定期分析大坝各类监测物理量变化，尤其是大坝渗漏量的变化，发现任何缺陷和监测数据异常后，都应该及时做出判断，分析原因，择机进行处理，确保水工建筑物长期安全稳定运行。

案例 1-8 某抽水蓄能电站上水库右岸渗漏量突增

一、案例概况

某抽水蓄能电站上水库 2017 年 1 月 1～30 日坝后渗漏量受气温影响缓慢增大，最小值 20.89L/s，最大值 25.04L/s 与历史变化规律相似，且均小于上年同期渗漏量。观测时刻上水库水位亦低于上年同期，2017 年发电更加频繁，水位日变幅更大。

1 月 30 日坝后渗漏量为 23.81L/s，1 月 31 日 14 时渗漏量突然增大为 27.62L/s，2 月 1 日 7 时增大为 30.71L/s，至 2 月 2 日坝后渗漏量增大为 34.75L/s（上水库水位 406.8m），2 月 3 日早 7 点坝后渗漏量 35.52L/s（上水库水位 404.88m），控制水位运行后至 2 月 22 日坝后渗漏量最大值为 36.30L/s（上水库水位 399.92m，2 月 4 日 10 时），详见图 1-8-1。

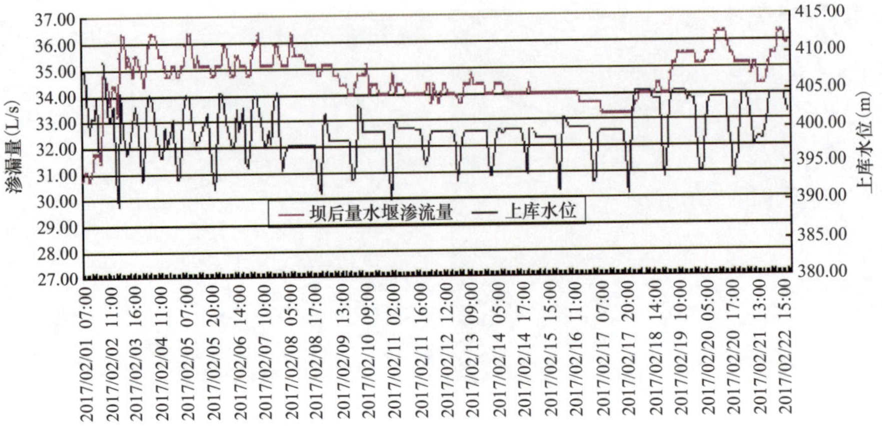

图 1-8-1　坝后量水堰渗漏量与水位关系图

右岸渗漏量 1 月 1 日 1.04L/s 至 1 月 30 日缓慢增大至 1.88L/s，1 月 31 日 14 时突然增大至 4.54L/s（上水库水位 408.97m），2 月 1 日 7 时 5.88L/s，8 时 6.28L/s（上水库水位 407.86m），至 2 月 2 日右岸渗漏量增大为 7.28L/s（上水库水位 406.8m），控制水位运行后至 2 月 22 日右岸渗漏量最大值为 7.43L/s（上水库水位 404.37m，2 月 22 日 10 时）。在对右岸廊道观测孔进行巡视时，发现观测水孔有轻微颗粒物带出。

进/出水口两侧渗压计 Pa5、Pa6，进/出水口扩散段底板渗压计 Pj2、Pj3、Pj4 测值大幅度增大。其他部位观测数据和巡视检查暂未发现明显异常，详见图 1-8-2。

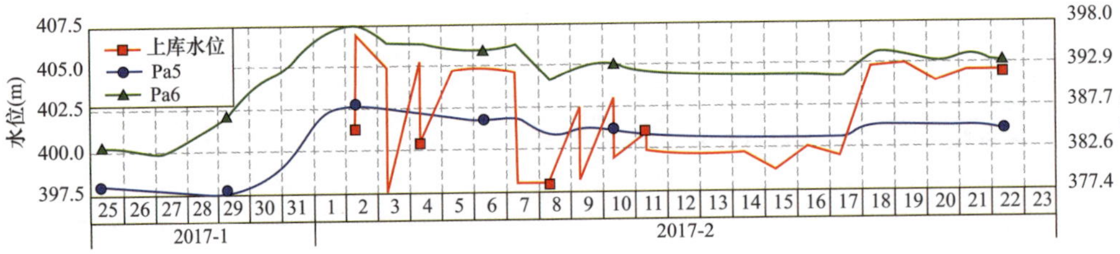

（a）

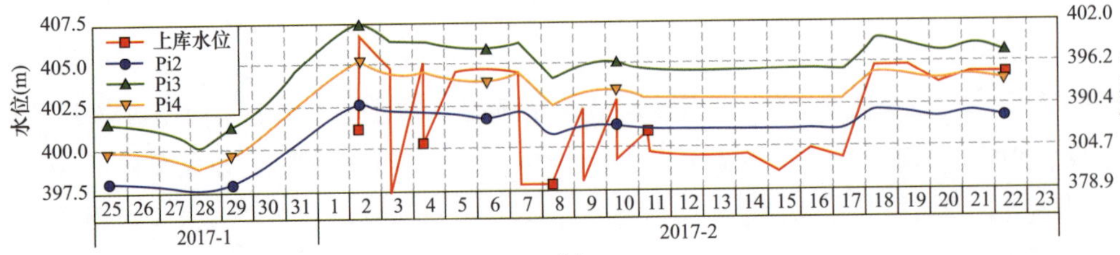

（b）

图 1-8-2　进/出水口渗压计与水位关系图

（a）Pa5/Pa6 与库水位关系图；（b）Pj 系列仪器与库水位关系图

为进一步查明渗漏部位和渗漏原因，对上水库进水口面板、右岸面板等部位进行了水下探摸检查。检查结果发现上水库进/出水口平台顶部水平缝、上部面板结构缝及右岸面板结构缝等都存在不同程度的破坏，渗漏现象明显。

2017 年 4 月 14 日进行放水缺陷检查，同时密切关注放水过程中各监测数据的变化。4 月 16 日放水至 382.00m 高程，放水过程中渗漏量缓慢下降，未出现突变情况。通过面板缺陷检查，发现进/出水口 392.00m 高程以下 1～5 号面板存在着大量的裂缝，面板呈破碎状，进/出水口左右侧面板也存在不同程度的裂缝缺陷，缺陷面板垂直缝及水平缝止水破坏严重，止水内的填充物流失明显（见图 1-8-3～图 1-8-5）。

图 1-8-3　进出水口上部面板缺陷现状图

图 1-8-4　3～4 号面板水平缝缺陷现状

图 1-8-5　1～5 号面板水平缝变形流失严重

二、原因分析

检查发现渗漏量较大的部位均为上水库进/出水口附近部位面板，而大坝及右库岸面板未发现明显破坏现象，分析该部位出现破坏渗漏的原因如下：

进/出水口由于进洞施工要求，边坡开挖至 1：0.7 坡比，而面板结构坡比为 1：1.5，面板下部形成较大的三角区域，三角区域采用过渡料、垫层料填筑，由于空间狭小，施工较困难，局部夯实不密实，运行期产生不均匀沉降，面板结构缝及水平缝止水脱开，开始面板裂缝少量漏水将垫层料细粒带走，形成较大的脱空范围，进而面板不均匀沉降加大，造成面板错台，形成大量渗漏。

根据技施阶段施工情况，进出水口面板浇筑最后完成，通往库底的道路也布置于进出水口上部，造成该部位填筑料没有足够的沉降，且垫层料坡面存在较多超粒径块石。在电站的长期运行过程中，进出水口下库填筑料可能产生不均匀沉降，造成面板破坏。

根据放水至 382.00m 高程面板混凝土的破坏情况分析，面板下部存在长期反向水压的可能，面板由于不均匀沉降产生局部破坏后，库水渗入进/出水口上部面板下三角填筑区域，虽然填筑区域内设置了 5 根纵向排水盲管，通过 2 根横向排水盲管汇入进/出水口侧墙的盲管内，沿进/出水口底板盲沟排入库内，但是不排除排水盲管堵塞的可能。当库水位上升时，面板受压，库水渗漏至面板底部堆石料内；当库水位下降时，面板后水位排出不畅，对面板产生反推力，面板下部的水从缺陷部位渗出，同时伴随着填筑料的带出。加上2016年度该电站长期高强度运行，面板正反向反复受力，填筑料频繁掏蚀，使面板产生破碎性破坏。

三、处理方案及过程

1. 混凝土面板缺陷检查

在水库放水工程中，对381.00m高程以上整个库盆混凝土面板进行缺陷普查，面板应力集中及结构缝部位易出现缺陷现象，需重点关注，尤其需对进/出水口附近混凝土面板缺陷进行详细检查。

（1）无损检查。采用探地雷达对混凝土面板掏空程度进行检查，探地雷达通过天线向地下发射高频脉冲电磁波，波在地下传播过程中遇到不同电性介质界面时发生反射，由接收机接收被反射的回波，并由计算机进行数据分析和成像处理，当遇到空洞时，反射波会有个时间差，可计算出空洞。

（2）表面裂缝检查。表面裂缝检查主要采用目测法，检查人员通过观察对裂缝宽度、长度与深度进行检查，裂缝长度用皮尺直接在每条面板上测量，裂缝宽度用混凝土裂缝测宽仪测量，裂缝深度用金属超声检测仪测量，并记录裂缝分布、条数、长度、宽度、深度、产状及是否贯通等资料。

（3）止水检查。通过观察检查面板混凝土、进/出水口上部平台结构缝止水破坏情况。如发现表层止水盖板破损或表止水填料流失情况，应对表层止水进行修复；对面板铜止水破坏情况进行检查，原则上认为面板错台5cm以上，铜止水已损坏或失效。但需视现场检查确定，铜止水如已破坏，应凿除面板进行铜止水修复；同时需重点对进/出水口结构缝铜止水进行检查。

2. 混凝土面板缺陷处理方案

根据缺陷的检查情况，进出水口上部1～5号面板392.00m高程以下破坏严重，呈破碎状，可能由于开始面板裂缝少量漏水将垫层料细粒带走，形成较大的脱空范围，面板产生不均匀沉降破坏；且存在面板填筑料下部排水盲管排水不畅的可能，根据渗压计监测数据分析，进出水口左右侧面板未发现反向渗压现象，但是库水位放水时，进出水口上部面板存在内水外涌现象，存在反向水压力。因此当水位上水时，由于面板底部存在掏空，面板受正向水压，而水位下降时，面板背面的水不能及时排出，面板受反向水压，使面板正反向反复受力破坏。因此，有必要对此缺陷部位进行综合性的处理。

本次混凝土面板处理原则及总体方案为：面板下部增加排水设施，使下渗水能及时地排出；面板缺陷修复，保证缺陷部位不再渗漏；面板上部涂刷聚脲封闭，利用聚脲与混凝土的高度适应性，对面板混凝土进行保护；对上水库进/出水口382.5m高程平台存在的较多裂缝采用固结灌浆和表面缺陷修复。

（1）面板下部增加排水设施。考虑到进/出水口上部面板排水盲管存在排水不畅问题，对面板下部横向增设4根ϕ150mm的PE排水花管，花管外包土工布（200g/m^2），排水花管水平向布置于面板下部过渡料与垫层料交接面处，花管间距 100cm，坡比不缓于 3%；每块新浇筑的面板下面布置 2 根 ϕ100mm 的 PE 排水花管，花管外包土工布（200g/m^2），间距 400cm，与横向排水花管顺接。

为进一步增加面板下部排水能力及降低边坡内水头压力，在右岸排水廊道最端部朝进/出水口方向及面板方向打排水孔，增设不少于 8 个 ϕ90mm 排水孔，长度约 30m；同时从进/出水口 1 号面板下部侧向打 2 个 ϕ110mm 排水孔至右岸排水廊道，若进口段存在一定厚度的填筑料，需考虑跟进套管，避免塌孔，填筑体区域段布置镀锌钢花管，花管外包 1 层土工布（200g/m^2），孔口外包 1 层 1mm 厚网眼不锈钢滤网。

（2）面板缺陷修复。放水检查结果表明：面板缺陷有裂缝、结构缝止水破坏、面板局部破损、面板底部填筑料掏空、面板严重破碎及错台、进/出水口上部结构缝裂缝等。由于进/出水口上部 1～5 号面板存在严重破碎损坏，3 号与 4 号面板结构缝存在大错台，单进行裂缝处理已难于修复。因此，有必要对 382.50～392.00m 高程 1～5 号面板进行凿除再浇筑混凝土处理，面板下部填筑料存在掏空时需按原设计级配、填筑要求进行碾压回填。

垫层料采用人工骨料掺配，最大粒径为 8mm，压实后层厚 20cm，设计干密度不小于 21.5kN/m^3，孔隙率 18%，渗透系数 1×10^{-2}cm/s。采用人工分层夯填密实，局部边角区域填筑料需加强人工夯实。

面板凿除以后，根据垫层料的冲蚀情况，确定垫层料的开挖深度和范围，若发现过渡料有被冲蚀的迹象，需将过渡料表层 1.0m 挖除，再按原设计级配要求进行回填。过渡料采用弱风化料，过渡料的粒径中大于 20cm 的颗粒剔除，回填压实后层厚 20cm，设计干密度不小于 21.0kN/m^3，孔隙率 19%，渗透系数 1×10^{-2}cm/s。采用人工分层夯填密实，局部边角区域填筑料需加强人工夯实。

面板混凝土采用原设计指标 C25W8F300，厚度为 30cm。在面板中部设置一层双向配筋，采用纵向 ϕ18@15、横向 ϕ16@15 钢筋。

新浇的 1、3、5 号面板中部水平缝后增设渗压计进行监测，渗压计电缆穿镀锌钢管埋入垫层料内，从混凝土面板侧边铜止水上部穿出，埋入垂直缝中，就近牵引至相应的现场测站内。

（3）面板表层封闭处理。为增加混凝土表面抗渗性能，提高工程的长期安全运行，对面板缺陷部位及新浇筑的面板混凝土表面涂刷 4mm 厚聚脲进行封闭，涂刷范围超出混凝土修补边缘 1.0m，需要跨结构缝范围，可选择覆盖原（新）止水结构跨缝涂刷。

（4）进/出水口 382.5m 高程平台处理。上水库进/出水口 382.5m 高程平台存在较多的裂缝处理痕迹，且工程开挖期间揭露的两个进/出水口之间的岩台部位岩体较为破碎，存在形成渗漏通道的风险。为防止该部位出现渗漏情况，采用固结灌浆和表面缺陷修复的组合处理方式。

3. 混凝土面板缺陷处理过程

（1）混凝土裂缝处理。

1）Ⅰ类裂缝。采用裂缝表面遮盖封闭处理措施，可涂刷聚脲涂料对裂缝表面进行封闭。

处理措施：缝面清理→表面封闭处理。

① 清理缝面：首先进行裂缝表面清理，对裂缝两侧各 10cm 范围混凝土基面进行打磨，再除去打磨后表面的浮尘，要求清理后的表面无浮尘、无杂质。

② 表面封闭：表面清理干净后，涂刷一道环氧底漆，表干后，涂刷聚脲，并采用高强多孔纤维布架涂，厚度控制不小于 2mm。

2）Ⅱ类裂缝。采用缝内灌注低黏度改性环氧化学材料填充补强混凝土裂缝，裂缝表面涂刷聚脲涂料封闭。

处理措施：缝面清理→骑缝粘贴灌浆盒→裂缝表面封闭→灌注低黏度改性环氧灌浆材料→表面封闭处理。

① 裂缝基面清理：对裂缝表面进行清理，清理宽度为裂缝两侧各 10cm，对于局部不平整的混凝土表面应打磨平整，要求清理后表面无浮尘、无杂质。

② 粘贴灌浆盒及封面封闭：裂缝基面清理完成后用环氧胶泥粘贴灌浆盒，粘贴量注意将进浆嘴对准裂缝，灌浆盒间距一般为 20～50cm，视裂缝大小而定，采用压力风将缝槽内灰吹干净。灌浆盒粘贴完成后用环氧胶泥，刮涂整条缝面，以封闭裂缝表面。

③ 缝口环氧胶泥固化后实施灌浆。纯压式灌浆。灌浆材料为低黏度改性环氧灌浆材料。灌注顺序应沿缝自下而上（或由一端至另一端）进行。灌浆压力一般为 0.3～0.5MPa，至标准灌浆压力下不再有浆液灌入时继续灌注 5min 后停止灌浆。

④ 表面封闭：灌浆结束 48h 后，磨除缝口环氧胶泥，对裂缝及裂缝两侧 10cm 混凝土基面进行清理、打毛。在清理干净的混凝土缝面涂刷一道环氧底漆，表干后，涂刷聚脲，并采用高强多孔纤维布架涂，厚度控制不小于 2mm。

3）Ⅲ类裂缝。采用缝内灌注无溶剂环氧化学灌浆材料（宽缝选用）或低黏度改性环氧化学材料填充封堵混凝土裂缝，裂缝表面涂刷聚脲涂料封闭。

处理措施：清理缝面→钻孔、埋管→裂缝表面封闭→灌注改性环氧化学灌浆材料→割除灌浆管→表面封闭。

① 清理缝面：对裂缝的表面进行清理，清理宽度为裂缝两侧各 10cm，将局部不平整的混凝土表面打磨平整，要求清理后表面无浮尘、无杂质。

② 钻孔、埋灌浆管：沿裂缝方向间隔 30～50cm 骑缝钻灌浆孔，埋设止水针头，并清理缝槽基面。

③ 封缝：用环氧胶泥封闭裂缝表面，保证灌浆时不漏浆。

④ 试压：待封缝材料达到一定强度后，进行压水试验，以了解进浆量、灌浆压力及各孔之间的串通情况，同时检验密封效果，最终采用高压风吹干裂缝。

⑤ 灌浆：缝口环氧胶泥固化后实施灌浆。纯压式灌浆。灌浆材料为无溶剂环氧化

学灌浆材料（宽缝选用）或低黏度改性环氧灌浆材料。灌注顺序应沿缝自下而上（或由一端至另一端）进行。灌浆压力一般为 0.3～0.5MPa，至标准灌浆压力下不再有浆液灌入时继续灌注 5min 后停止灌浆。

⑥ 封缝：灌浆结束 48h 后，磨除缝口环氧胶泥，对裂缝及裂缝两侧 10cm 混凝土基面进行清理、打毛。在清理干净的混凝土缝面涂刷道环氧底漆，表干后，涂刷聚脲，并采用高强多孔纤维布架涂，厚度控制不小于 2mm。

（2）表层止水破坏处理。因面板挤压、张拉裂开破坏的表层止水及原水下修复直接覆盖的止水，均需将原表层止水进行清除，并重新修复止水，处理程序：基面处理→嵌填止水材料→粘贴盖片。

1）基面处理。将原来的表层止水拆除，采用高压水及钢丝刷将坝面表面清理干净，确保处理后坝面无松动、松散混凝土，混凝土上无水生物、泥沙等附着物。

2）嵌填 SR 止水材料。根据原止水设计，嵌填 SR 止水材料，局部混凝土破碎等，可适当增加嵌填范围。

3）粘贴盖片。粘贴一层 SR 柔性盖片，盖片两侧采用不锈钢压板条加 M10 膨胀螺栓固定盖片，膨胀螺栓间距 40cm。盖片宽度根据实际需要确定。

结构缝重置处理：

——如遇结构缝混凝土边角小范围破损且不影响盖片等表面结构固定密封则以 SR 防水材料直接填充处理（参考图 1-8-6）。

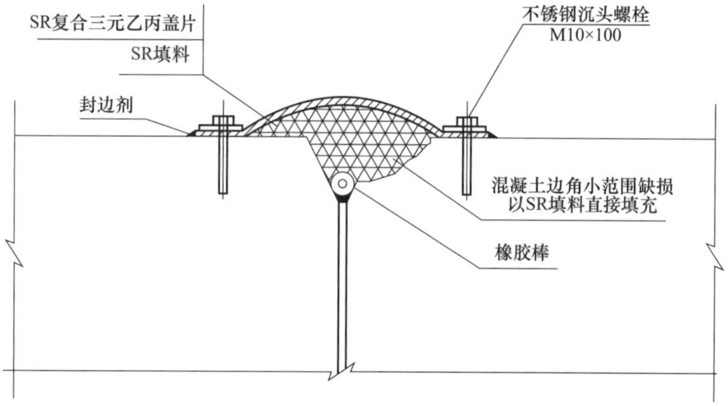

图 1-8-6　结构缝混凝土边角小范围破损处理示意图

——如遇结构缝混凝土较大范围破损，影响盖片等表面结构固定密封则以氯丁砂浆先行修补，恢复原结构缝沟槽形状，随后再恢复结构缝表面止水结构（参考图 1-8-7）。

（3）面板局部破损处理。混凝土面板受挤压破坏或局部受损，需对破坏混凝土进行修补，处理程序：凿除破碎面板→回填混凝土→表层涂刮聚脲→止水修复。

1）根据破碎情况，采用撬棍及冲击电镐破除碎裂混凝土，尽量保留原有钢筋。

2）采用原设计标号混凝土回填，对于局部孔洞破坏，采用弹性环氧砂浆回填。如

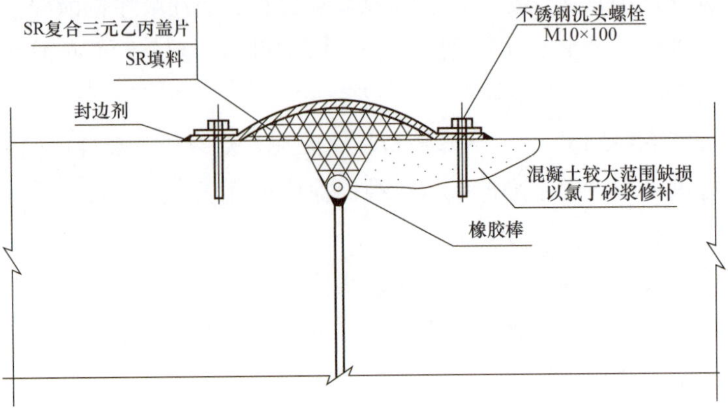

图 1-8-7　结构缝凝土较大破损处理示意图

果存在铜止水破坏情况，需先对铜止水进行焊接修复，再浇筑混凝土。

3）混凝土表面涂刮一层聚脲，厚度 2mm，以提高新浇筑混凝土的抗渗、抗冻指标。

4）恢复表层止水，参照表层止水修复方案。

（4）面板垫层掏空处理。通过探地雷达对面板进行掏空检查，面板下层存在掏空时，采用回填及灌浆进行处理。回填、灌浆处理程序：钻孔埋设灌浆嘴→无压或低压灌注充填中粗砂→无压或低压灌注水泥浆。

1）根据脱空检查获得的数据确定回填范围，布置回填钻孔，梅花形布置，钻孔间距 2m（视情况加密），孔径 ϕ63mm，孔深穿过混凝土面板即可，不宜深入面板垫层。钻孔过程中密切注意渗漏监控，发现异常情况须立即停止作业。

2）面板垫层充填中粗砂。在面板脱空较大的位置，灌注中粗砂（细度模数为 3.7～2.3），中粗砂在渗流自流作用下灌入，砂随着水流作用充填面板垫层。填充时按照先粗砂再中砂的顺序进行，当断口处砂料不再随水流明显吸入时，停止灌砂。

3）采用低压自流对断口进行水泥灌浆。通过钻孔埋设的注浆管，在浆液自流重力下灌入水泥粉煤灰浆。浆液采用重量比为水泥∶粉煤灰∶水＝1∶9∶5～10。水泥为普通硅酸盐水泥，粉煤灰为二级粉煤灰。注浆结束标准：不吸浆即可停止注浆。

4）封孔。注浆结束采用探地雷达对灌浆密实情况进行复查，如果仍存在脱空，需补强灌浆，灌浆密实后 12h 割除面板露出的注浆管。扫孔后回填环氧砂浆封闭灌浆孔。

（5）面板严重破碎、错台处理。面板严重破碎、错台时，其底部垫层伴随着掏空现象存在，铜止水及表层止水也基本上破坏，放水检查时进/出水口上部 4 号面板就存在严重错台现象，4 号面板高于 3 号面板和 5 号面板，最大起翘高度为 20cm，结构缝和水平缝交接处止水盖片严重破损，混凝土发生挤压破坏，渗漏严重；进/出水口上部 392.00m 高程以下 1～5 号面板严重破碎。因此，对于破碎、错台较严重的面板，需对面板进行凿除，回填填筑料，重新浇筑面板处理。处理程序：面板凿除→填筑料回填→

面板浇筑→表面涂刷聚脲涂层。

1）面板凿除。对破碎、错台的面板进行凿除。如果面板底部未掏空，只需对破坏面板进行修复，挤压变形的钢筋需切断，按同等直径钢筋焊接，重新浇筑面板，修复止水处理；若面板底部存在垫层料掏空现象，需对面板进行凿除，并将钢筋切断，进行下部垫层料回填施工。

2）填筑料回填。对已掏空的填筑料进行挖除，采用原设计级配垫层料、过渡料进行回填，加水湿润，拌和均匀，碾压夯实。填筑至面板浇筑高程，浇筑 M5 碾压砂浆找平，修补焊接结构缝或水平缝铜止水。

3）面板浇筑。按原设计标号及钢筋直径恢复混凝土面板。新老混凝土接缝按施工缝处理，最后进行表层 SR 止水施工。

4）表面涂刷聚脲涂层。为达到提高混凝土表面抗渗系数的目的，在浇筑完成的混凝土表面涂刷 4mm 厚聚脲，涂刷范围超出混凝土修补边缘 1.0m，需要跨结构缝范围，可选择覆盖原（新）止水结构跨缝涂刷。

涂刷聚脲方案可参照其他部位涂刷工艺，即：基面打磨、清洗、晾干、涂刷环氧底液、分多次涂刷聚脲直至达到厚度要求。

（6）进/出水口 382.5m 高程平台处理。上水库进/出水口 382.5m 高程平台存在较多的裂缝处理痕迹，且工程开挖期间揭露的两个进/出水口之间的岩台部位岩体较为破碎，存在形成渗漏通道的风险。为防止该部位出现渗漏情况，采用固结灌浆和表面缺陷修复的组合处理方式。具体方案如下：

1）对上水库进/出水口 382.5m 高程平台已破坏的原裂缝处理封缝材料进行清除。

2）对上水库进/出水口 382.5m 高程平台混凝土裂缝进行处理，处理原则参照“上水库缺陷综合处理施工技术要求”中的裂缝缺陷处理。

3）对 382.5m 高程岩台顶部设有止水的施工缝进行处理，处理原则参照“上水库缺陷综合处理施工技术要求”中的裂缝缺陷处理。其中，化学灌浆需避开铜片止水。

4）对岩台部位进行系统固结灌浆处理，固结灌浆孔入岩 3m，间排距 2.5m；对靠近库岸边坡的最后一排固结灌浆进行加强处理，加强固结灌浆孔入岩 8m，间距 2m；灌浆压力均采用 0.3～0.5MPa。灌浆过程中需注意以下几点：

①加强固结灌浆孔控制灌浆耗灰量不大于 50kg/m，若出现吸浆异常或不起压等现象时，应采用限流、限量、间歇灌浆等措施。施工过程中，应避免向下游填筑堆石区域窜浆等异常情况的发生。

②灌浆过程中应对岩台上部边坡面板和岩台部位混凝土结构进行抬动观测。发现异常时，应立即停止灌浆，并及时向现场监理工程师反映。

（7）表层修复处理。考虑到此次水库放水机会难得，为提高工程的长期安全运行，建议在上水库面板混凝土部分水位变化区、面板应力集中、不均匀沉降明显部位及面板缺陷容易产生的部位进行表层防渗保护处理，尤其是进/出水口附近面板混凝土。需要对面板表层进行喷涂一道聚脲涂层进行保护，以提高面板混凝土的耐久性能，特别是抗冻融性能。处理程序如下：

对混凝土基面进行清理，冲洗晾干后，涂刷两道环氧底漆，表干后，整体涂刷聚脲涂层，涂层厚度为 2mm 为宜。

4. 注意事项

（1）下部面板凿除后，上部面板就失去了支撑，需考虑施工措施保证上部面板不滑塌，并加强保留面板位移检测。

（2）新浇筑的混凝土面板，需采用保护膜遮盖，并进行洒水养护直至回充水。

（3）面板以及其他渗漏部位增加的表面止水，应注意与附近原止水系统的衔接，确保整体止水体系的封闭性。

（4）对于处理后的混凝土面板缺陷部位，后期应重点关注是否有裂缝、渗漏产生等异常情况。今后仍需对面板挠度、应力变化、面板接缝变形等加强监测，结合监测资料对面板防渗性能进行分析。

四、案例点评

（1）对于修复工程设计方案应考虑增设渗压计等监测仪器，以便后续运行过程中关注监测仪器变化情况，从而分析对应部位建筑物运行状态。

（2）对于渗漏异常情况应密切关注渗漏量的变化情况，尤其是排水孔的渗水变化情况，重点关注是否有细颗粒析出。

（3）类似渗漏异常情况处理后应重点关注进出水口两侧及进出水口内部渗压计的渗压水头变化情况，发现趋势性变化及时组织分析处理，避免再次因面板后反向水压力造成面板破坏。

（4）进出水口部位结构复杂，运行过程中难免会出现各种缺陷造成渗漏量增大，应定期对进出水口部位进行水下检查，发现缺陷及时处理，避免缺陷扩大造成更大的隐患。

（5）混凝土面板结构在运行过程中应重点关注已埋设渗压计的渗压水头变化情况，定期进行分析，尤其应重点关注渗压水头异常增大的情况。

（6）建议新建电站在建设过程中重视监测仪器的安装埋设，进出水口等部位合理布置监测仪器，尤其是渗压计、测缝计等观测仪器，对于后续异常的监测分析具有重要作用。

（7）库底观测廊道如同时具有观测和排水作用，在条件允许的情况下尽量不要设计取消，该电站原设计中右岸廊道应与库底排水廊道连接，用以监测和引排右岸面板后的渗水，施工过程中因施工难度较大取消了进出水口至库尾部位段的右岸排水廊道，造成目前无法有效观测相应部位渗水，同时造成该部位面板后渗透压力一直较大的现象，产生了较严重的破坏。

案例 1-9 某抽水蓄能电站上水库渗漏缺陷

一、案例概况

某抽水蓄能电站上水库由混凝土面板堆石坝、上水库进/出水口、库盆及其防渗设施等组成，库盆防渗形式采用钢筋混凝土面板与库底土工膜及垂直防渗帷幕相结合。

2017 年 1～3 月，对该电站上水库水下部位进行全面检查，采用示踪法的方式进行渗漏检测，在水下使用墨瓶向检查部位挤墨，观察墨汁的吸入情况判断破损部位的渗水情况。2017 年 6 月，该电站上水库水位降至 381.5m，对渗漏部位进行了修补工作。修补前对修补部位进行水下检查，具体渗漏部位见图 1-9-1。

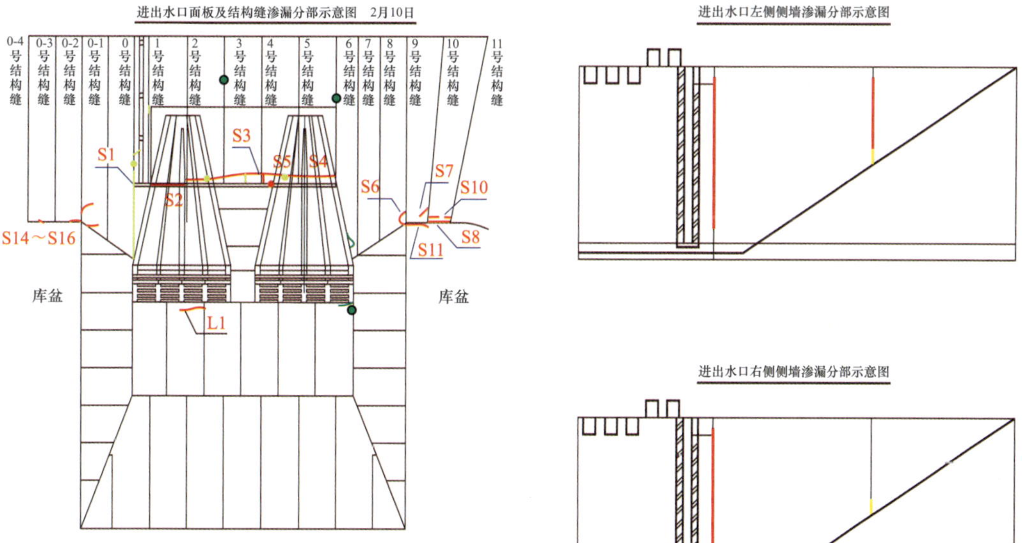

说明：1. 为方便制图，更好地表示缺陷位置，没有按比例制图；
2. 绿色部分为2015年5月已修补缺陷；
3. 黄色为2016年1月水下检查发现缺陷；
4. 红色为2017年1月水下检查新增缺陷。

图 1-9-1 进出水口面板及结构缝渗漏部位示意

2017 年 6 月 10 日开始对结构缝、面板裂缝及面板破损部位开始修补；2017 年 7 月 7 日对以上渗漏水部位全部修补结束，渗流量降低非常明显，后方观测基本无渗漏情况。此次对于上水库渗漏部位的修补方法得当，效果显著。

2017 年 8～9 月，上水库蓄水后，先后两次对修补部位进行了水下检查，未发现修补部位有渗漏现象。在复检时，发现 S14 修补部位上方混凝土出现面板错台，9 月对其进行水下修补，修补部位效果良好，未存在渗漏现象。

二、原因分析

（1）进出水口由于进洞施工要求，边坡开挖至1∶0.7，而面板坡比为1∶1.5，面板下部形成较大的三角区域，三角区域采用过渡料填筑，由于空间狭小，施工较困难，局部夯实不密实，运行期产生不均匀沉降，面板结构缝及水平缝止水脱开，开始面板裂缝少量漏水将垫层料细粒带走，形成较大的脱空范围，进而面板不均匀沉降加大，造成面板错台，形成大量渗漏。

（2）根据现场施工情况，进出水口面板浇筑最后完成，进库底的道路也布置于此，造成该部位填筑料可能沉降时间不足。

（3）施工阶段，由于进出水口部位地质条件较差，对廊道进行了优化，取消了进出水口下部廊道；虽然填筑区域内设置了5根纵向排水盲管，通过2根横向排水盲管汇入进/出水口侧墙的盲管内，沿进/出水口底板盲沟排入库内，但是不排除排水盲管堵塞的可能。造成面板受反向压力作用顶坏。

三、处理方案及过程

1. 结构缝修补

（1）结构缝表面止水材料拆除。

1）潜水员使用水下电焊、扳手等工具先将固定压条的膨胀螺栓拆除。

2）使用裁纸刀再将原止水效果较差、吸附杂物较多的部位拆除，拆除时向两侧各延长0.5m范围，直至露出原止水较好的部位。

3）割除固定原压条及盖片的膨胀螺栓，至于坝面齐平，切割面须平整，防止刺破新安装的盖片。

（2）杂物清理。潜水员使用高压水枪、钢丝刷工具等将原结构缝表面（包括压板）及两侧各40cm范围内的泥沙、生活垃圾、水生物等清理干净，保证处理后基面无残留杂物。

（3）抠缝。原止水清理后，使用铁钩、螺丝刀等工具先将结构缝内的杂物（缝内的SR止水材料、吸附的垃圾等）清除，直至将铜止水上面的杂物及混凝土抠除。

（4）打灌浆孔。基面清洗之后，潜水员用液压钻在结构缝两侧15cm处打灌浆斜孔，斜孔于结构缝两侧交替布置，孔径18mm，相邻两斜孔沿结构缝方向间距40cm，斜孔深度30cm（若一侧是挡墙，需在一侧间隔40cm打孔）。斜孔底部要保证与结构缝相通。

（5）缝内清理。灌浆孔钻好后，使用高压水将缝内的填充物、混凝土块等进行清除，直至铜止水上面无杂物。

（6）临时堵漏。为保证灌浆的顺利进行，先使用墨水对所抠部位进行喷墨试验，查找抠缝部位是否存在渗漏通道，若有渗漏通道，需用棉花、布条等材料进行渗漏点封堵，确保灌浆时浆液不渗漏。

（7）裂缝清洗及密封。

1）预埋灌浆嘴：待保证所灌浆部位无渗漏通道后，将灌浆嘴放入灌浆孔内，使用水下快速密封剂进行密封及固定。

2）水下灌浆前，首先向灌浆管中注入压力水，对裂缝缝隙进行冲洗，待反水澄清后方可结束冲洗。

3）采用水下快速密封剂对裂缝进行封闭，进行压气试验，对漏气的部位重新封闭，保证灌浆时不因裂缝表面封闭不严而跑浆。

（8）水下灌浆。

1）灌浆前应对整个灌浆系统进行全面检查，在灌浆机具运转正常，管路畅通情况下，方可进行灌浆。

2）结构缝由底端向上端逐孔灌注，在上方第二个灌浆孔出纯浆后，封闭该灌浆孔，移至上方第二个灌浆孔继续灌浆，直至保证整条缝内充满浆液。

3）灌浆压力应先小后大，进浆宜缓慢，不应急促进浆。

4）LW 浆液固结后，切除灌浆管。将不平整的部位及孔洞采用环氧胶泥封堵平整。

（9）嵌填橡胶棒。

1）对修补部位的底部嵌入橡胶棒，橡胶棒的直径要大于缝宽（嵌填橡胶棒直径为3cm），单条结构缝修补部位嵌填的橡胶棒为一整根（中间不能有接头）。

2）嵌填时应从结构缝一侧向另一侧顺序进行，边嵌填边用铁锤将橡胶棒敲击至缝内，保证橡胶棒紧嵌至缝内。

（10）涂刷底胶及粘贴 SR 盖片。

1）灌浆完成之后，对坝面凹陷的部位用 SR 找平，在结构缝长度方向两端各延长0.3m 的范围内涂刷水下黏结剂，涂刷时力道均匀，饱满，不漏刷。

2）沿结构缝方向粘贴 SR 止水材料，再在 SR 止水材料表面上涂刷水下黏结剂后粘贴 SR 盖片，盖片宽度为 50cm，搭接长度不小于 10cm，保证搭接处严密无缝隙。

3）在盖片搭接缝隙处涂刷封边胶，确保密封性。

（11）固定盖片。使用 5cm 宽、3mm 厚不锈钢压条压覆在防渗保护盖片的两侧，两侧压板与原止水结构压板外边缘相接，用 M10×100 膨胀螺栓将不锈钢压条固定到盖片四周位置上，膨胀螺栓间距 35cm，确保盖片能被紧密地固定在原止水结构表面上。

（12）封边。防渗盖片固定好后，盖片四周及膨胀螺栓处，均采用水下黏结剂进行封边堵漏，使防渗结构形成无任何渗漏路径的整体。

（13）验收。修补工作结束后，潜水员对渗漏点修补处理的情况进行复查，重点检查压板的搭接和固定情况、防渗盖片搭接处及盖片周边的水密性，确保防渗止漏结构的整体防渗止水性能良好。过一段时间后（至少 24h），潜水员再次对修补位置进行复检，对于修补区域渗漏现象，进行修补直至修补区域不存在渗漏为止，确保修补位置的完好性，验收结果未见明显渗漏。

2. 面板破损、错台及裂缝修补

（1）结构缝表面止水材料拆除。

1）进出水口右侧渗漏水部位 S6、S7、S8、S9、S10、S11 总计 6 处，相对应有 8、9、10 号面板结构缝，破损部位与结构缝相连或靠近结构缝。

2）进出水口左侧渗漏水部位 S14、S15、S16、S7 总计 4 处，相对应有－1、－2、－3 号面板结构缝，破损部位与结构缝相连或靠近结构缝。

3）潜水员使用水下电焊、扳手等工具先将固定压条的膨胀螺栓拆除。

4）使用裁纸刀再将原止水效果较差、吸附杂物较多的部位拆除，拆除时向两侧各延长 0.5m 范围，直至露出原止水较好的部位。

5）割除固定原压条及盖片的膨胀螺栓，至于坝面齐平，切割面须平整，防止刺破新安装的盖片。

（2）混凝土切割。潜水员在水下对修补部位划出切割线，使用液压锯在水下沿已划出的切割线，切割出补强边缘线，最小切割深度为 6cm，侧壁应尽量保证垂直，切割边线必须封闭。

（3）水下凿除。

1）使用液压锯对破损部位切割成块状后，再使用液压镐凿除切割的混凝土，用以增加水下混凝土的嵌固强度和增加新老混凝土的黏结力，使修补面抗冲、耐磨。

2）使用高压水将破损部位表面的附着物、面板缺损内部的淤积杂物等清理干净，保证浇筑环氧混凝土时与清理完后的混凝土完好结合在一块。

3）对于渗漏点，应使用 SR 等材料进行封堵，直至可以顺利浇筑混凝土。

（4）水下立模。

1）对于损坏部位修补需架立模板，模板采用木模板和∠50×5 角钢制作而成，用 M10 膨胀螺栓固定在混凝土面上。

2）在螺栓孔内部充填环氧锚固剂，锚固剂充填量应满足膨胀螺栓插到孔底之后，锚固剂应能填满膨胀螺栓周围的环形空间，使锚固剂充分与螺栓和孔壁粘紧，防止此处渗漏。

3）在模板的适当位置预留混凝土进料口和溢出口。

（5）浇筑水下环氧混凝土。

1）根据现场的气温情况，调整水下混凝土的流动度，使其在水下能达到自密实、自流平的效果。

2）采用吊罐法浇筑水下环氧混凝土，将已配制好的 C40 水下混凝土装入吊罐中，吊放于水下修补位置。

3）由潜水员把吊罐中的混凝土送到浇筑仓内，水下环氧混凝土可以自密实、自流平，但为保证效果，在浇筑过程中可用铁棒振捣，将新老混凝土间的水排出。

4）待模板预留的检查孔中溢出混凝土后，将预留的进料口封闭。

5）要求新浇筑混凝土表面平整，内部密实，新老混凝土黏结良好。

6）结构缝处的混凝土浇筑时，应提前将结构缝预留。

7）在浇筑过程中，对修补的两个部位各随机抽取一组试块，以便用来检测浇筑混凝土的强度。

（6）水下拆模。

1）在混凝土浇筑超过24h后进行拆模，拆模后对混凝土进行检查，喷墨检查其渗漏情况，并录像。

2）浇筑后修补区域的平整度符合技术要求的规定，没有出现错台和陡坎。

3）新浇混凝土表面没有出现蜂窝、麻面、气洞孔洞等现象。

4）新浇混凝土里无残留混凝土砂浆块和设计图中未标明的钢筋头和其他金属埋件。

5）老混凝土连接部位使用喷墨法检测，未发现渗漏现象。

（7）嵌填橡胶棒。

1）对修补部位有结构缝的位置嵌入橡胶棒，橡胶棒的直径要大于缝宽（嵌填橡胶棒直径为3cm），单条结构缝修补部位嵌填的橡胶棒为一整根（中间不能有接头）。

2）嵌填时应从结构缝一侧向另一侧顺序进行，边嵌填边用铁锤将橡胶棒敲击至缝内，保证橡胶棒紧嵌至缝内。

（8）涂刷底胶及粘贴SR盖片。

1）灌浆完成之后，对坝面凹陷的部位用SR找平，在结构缝长度方向两端及新老混凝土结合部位各延长0.3m的范围内涂刷水下黏结剂，涂刷时力道均匀，饱满，不漏刷。

2）然后沿结构缝方向及新老混凝土边缘粘贴SR止水材料，再在SR止水材料表面上涂刷水下黏结剂后粘贴SR盖片，盖片宽度为50cm，搭接长度不小于10cm，保证搭接处严密无缝隙。

3）在盖片搭接缝隙处涂刷封边胶，确保密封性。

（9）固定盖片。使用5cm宽、3mm厚不锈钢压条压覆在防渗保护盖片的两侧，两侧压板与原止水结构压板外边缘相接，用M10×100膨胀螺栓将不锈钢压条固定到盖片四周位置上，膨胀螺栓间距35cm，确保盖片能被紧密地固定在原止水结构表面上。

（10）封边。防渗盖片固定好后，盖片四周及膨胀螺栓处，均采用水下黏结剂进行封边堵漏，使防渗结构形成无任何渗漏路径的整体。

（11）录像验收。修补工作结束后，潜水员对渗漏点修补处理的情况进行复查，重点检查压板的搭接和固定情况、防渗盖片搭接处及盖片周边的水密性，确保防渗止漏结构的整体防渗止水性能良好。过一段时间后（至少24h），潜水员再次对修补位置进行复检，对于修补区域渗漏现象，进行修补直至修补区域不存在渗漏为止，确保修补位置的完好性，验收未见明显异常。

四、案例点评

（1）采用环氧混凝土对结构缝附近缺陷、大范围面板裂缝进行水下修复处理，恢复面板结构和功能，处理方式彻底。

（2）为避免新增缺陷的发生，在进行环氧混凝土刚性修复时，应注意保留原结构分缝，同时应考虑与柔性修复相结合。

（3）发生缺陷并进行处理的部位一般为受力薄弱部位，应定期进行复查，尽量在缺陷发生早期发现并进行处理，避免缺陷进一步扩大。

案例 1 - 10 某抽水蓄能电站水库内边坡局部坍塌

一、案例概况

某抽水蓄能电站上水库集雨面积 1.12km^2，设计正常蓄水位 400.0m，相应库容 1146.5×10^{4}m^3，包括主坝 1、主坝 2、副坝 1、副坝 2 及上水库进出水口，主坝 1、主坝 2 最大坝高分别为 69.5m、59.5m，坝顶长度分别为 318m、306m，副坝 1、副坝 2 最大坝高分别为 17.5m、39m，坝顶长度分别为 325m、178m。下水库集雨面积 11.2km^2，设计正常蓄水位 103.7m，相应库容 959.32×10^{4}m^3，枢纽建筑物主要包括钢筋混凝土面板堆石坝和左岸泄洪洞，最大坝高 79.5m，坝顶长度 378m。

上、下水库包括四座混凝土面板堆石坝（上水库主坝Ⅰ、主坝Ⅱ及副坝Ⅱ、下库大坝），和一座混凝土重力坝（上水库副坝Ⅰ），其余部位均由挂网＋混凝土喷锚支护、干砌石护坡及山体原始地貌组成，上下水库于 2008 年蓄水并投入使用至今。

2016 年 1 月以来，由于机组运行频繁导致上下库水位变幅较大，上水库主坝Ⅰ右坝头（约 80m^2）、启闭机房两侧（约 180m^2）、主坝Ⅱ右坝头（约 50m^2）、副坝Ⅱ右坝头（约 90m^2）及下库大坝泄洪洞左侧（约 350m^2）喷混凝土部位均有破损、起壳及沉陷，下库大坝上游左岸踏步右侧网格梁护坡段边坡高程 82.5m 以下见基岩裸露，82.5～90m 高程网格梁底部脱空，网格梁垮塌。上水库西侧环库公路（约 85m^2）及主坝Ⅰ右侧（约 130m^2）干砌石护坡部位存在坍塌现象，严重影响水库正常运行和安全使用，同时由于水库区域天气变化异常、汛期强降雨等因素影响，损坏部位有扩大趋势。

二、原因分析

多种因素造成了库内边坡坍塌、破损。经分析，主要集中在以下 3 个方面：

（1）地质构造影响：电站地势总体北西高南东低，海拔高程多在 60～520m 之间。地势最高点上水库海拔高程为 588.1m，最低下库下游海拔高程约 49m。地形切割深度多在 100～400m 之间。地表岩石风化差异较大，部分为弱风化直接出露，部分地表已风化呈疏松的砂土状，全～强风化带厚度一般为 3～15m，最厚地段可大于 50m 以上，边坡表部为松散崩坡积物，下伏花岗岩全风化岩体呈粗砂状，在暴雨条件下，易发地质灾害为浅部残积层、全风化花岗岩松散层以及强风化层滑坡和陡峭崖壁的崩塌。

（2）自然灾害影响：该电站属亚热带季风气候区，夏热冬寒，四季分明，降雨充沛。根据电站上、下库区 2013～2016 年 7 月初以来降雨统计资料：区内年降雨量为 1135～1467mm，最大月降雨量为 479mm（2016 年 7 月不完全统计）、最大日降雨量为 170mm（2016 年 4 月 16 日，统计至 2016 年 6 月）、最大小时降雨量 73mm（上水库，2016 年 4 月 16 日 3 时，统计至 2016 年 6 月），年降雨天数 109～144 天。受灾害性天气（主要为暴雨和长时间强降雨）影响，易引发地质灾害。

（3）外力影响：由于上水库水消落（正常蓄水位～死水位间）深度大，挡水库岸岩体风化较深，受库水冲刷、浪蚀和地下水动水压力等作用，已引起库水位消落区局部边坡破坏变形，从 2016 年开始，受库水位频繁骤升、骤降的影响，岸坡不断被淘刷，部分干砌石边坡出现塌滑及喷混凝土边坡出现起壳脱落破坏。

三、处理方案及过程

1. 上水库西侧干砌石护坡

该部位塌陷体位于 388m 高程马道以上，处理方法：清除原塌陷渣体，采用中大块石回填、干砌石护面等。上水库西侧干砌石护坡处理示意图如图 1-10-1 所示。

对已塌滑破坏的坡面，清除干净后采用块石回填，恢复至原坡面设计坡比 1∶2.5，底部铺设 20cm 厚碎石反滤层，面层采用干砌石护坡，要求平顺连接，回填块石材质同抛填块石要求，块径≥30cm。

2. 上水库主坝 2 左坝头及副坝右岸坝头边坡

将拉裂破坏部位的喷混凝土、已松动的土体清除，清除范围大于破坏部位以外 1.0m 左右，再采用锚喷支护进行处理；支护参数为：采用处理锚杆 ϕ25@2m×2m（长度 L=6m），钢筋挂网 ϕ8@200×200，C25 混凝土喷满至与周边完好面齐平。排水孔要求用加土工布的塑料盲沟进行保护。

3. 下库大坝上游左岸踏步右侧网格梁护坡段边坡

对现边坡淘刷部位予以清理。基础底面设置级配碎石垫层，厚度 0.2m。以坡比 1∶1.0进行回填 C25 混凝土，表部设置 ϕ8 钢筋网，混凝土后部设置碎石垫层，厚度 0.2m。坡面梅花形布置排水孔，孔径 ϕ50。下库大坝上游左岸踏步右侧网格梁护坡段边坡施工剖面图如图 1-10-2 所示，施工现场如图 1-10-3 所示。

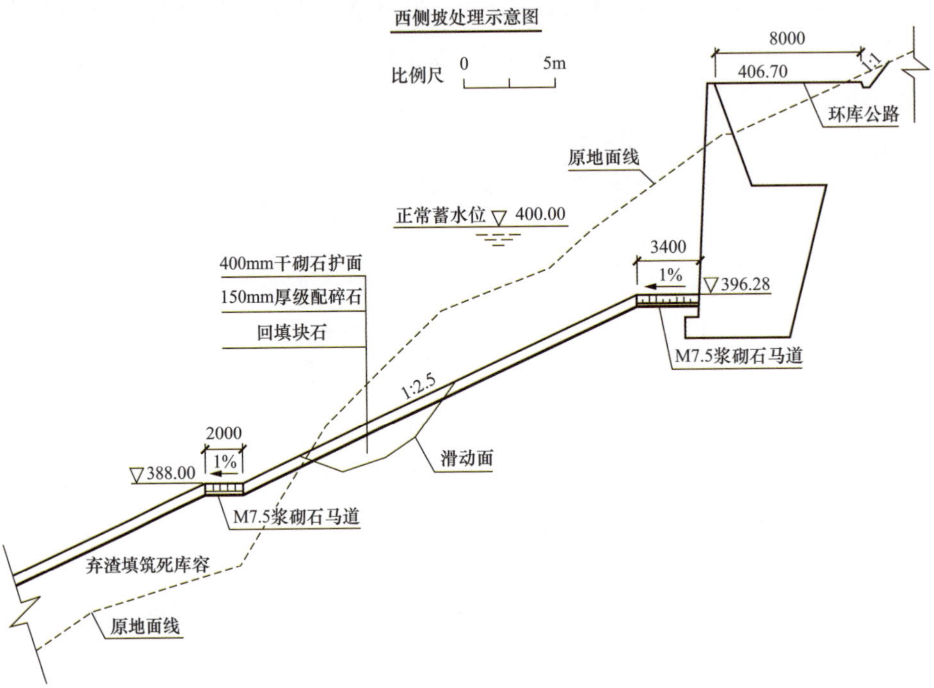

图 1-10-1　上水库西侧干砌石护坡处理示意图

4. 下水库进/出水口边坡

清理塌陷体，采用块石回填、干砌石护面及抛石护脚等进行处理。

（1）对护岸塌滑部位的水下坡脚（死水位 65m 高程以下）采用大块石抛填压脚，块石要求坚硬，遇水不易破碎或水解，不允许使用薄片、条状、尖角等形状的块石以及风化块石，块径≥40cm，水下抛填宽度不小于 17m。

（2）对已塌滑破坏的坡面采用块石回填，先将陡于设计坡比的坡面挖缓至不陡于 1∶2的坡比，底部铺设 20cm 厚碎石反滤层（置于与老土接触面，或开挖面），表层采用干砌石护坡，要求平顺连接，回填块石材质同抛填块石要求，块径≥30cm。

（3）将预埋排水管涵适当加长，保证其伸出块石护坡面，直接将水排至库内。排水涵管连接处外部用素混凝土包裹，排水涵管内设塑料盲管进行保护，且圆管涵周边铺设 20cm 厚级配碎石做反滤保护，防止边坡内细颗粒被带走、再次出现边坡塌陷现象。

（4）恢复检修道路，防止其进一步垮塌危及上一级边坡的稳定。修复处理时请注意该部位现有排水设施的保护。

四、案例点评

该电站由于水库水位变化频繁，加之库内各部位岩体结构较为复杂，护坡较为简单，许多部位仍保留原山体或是喷混凝土支护，排水管埋设不到位，山体渗水不能及时排出。经过长时间运行，加上天气影响，地质条件较差，岩石风化较为严重，局部出现

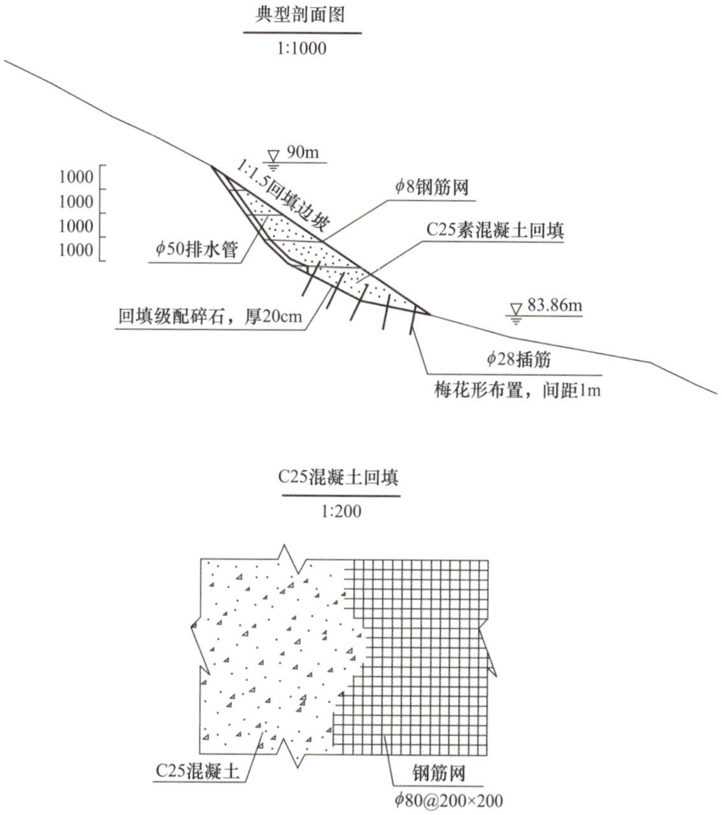

图 1-10-2　下库大坝上游左岸踏步右侧网格梁护坡段边坡施工剖面图

图 1-10-3　下库大坝上游左岸踏步右侧网格梁护坡段边坡施工图

滑坡、坍塌现象。通过边坡综合治理，边坡的稳定性增强，这保证了水库的安全运行。在以后的水库运行过程中，应重点关注以下两个方面：

（1）通过人工观测及自动化测量相结合加强对水库的监测，出现突变及时至现场进行检查，定期进行地质灾害评估，根据评估情况采取相应防治措施。

（2）由于抽水蓄能电站水库涨落变化较为频繁，水库边坡受水位变化影响较大，建议在抽水蓄能电站基建期针对水库边坡滑坡、坍塌等问题，对水库库周边坡进行加强型护坡，采用“整体锚索＋网格梁支护”、或整体混凝土护坡等施工方案，对局部地质条件较差的部位进行重点处理。

案例 1-11　某抽水蓄能电站上水库前池渗漏

一、案例概况

某抽水蓄能电站上水库于 2011 年 7 月达到试验性最高运行水位（789.6m）并持续性处于高水位运行，库底廊道渗漏量随着水位升高较前期有所增大，渗漏量约 10L/s。10 月 17 日发现库底廊道排水沟淤积物增多，0＋603.6m 排水孔单孔渗流量异常增大且水量时大时小，水流不稳定。10 月 18 日凌晨 1 时 30 分，库底廊道实测渗漏量达到 40.1L/s，桩号 0＋603.6m 排水孔实测渗漏量 36.2L/s；凌晨 5 时 30 分，库底廊道实测渗漏量达到 36.6L/s，桩号 0＋603.6m 排水孔实测渗漏量 33L/s，上午 10 时 00 分巡视检查发现，上水库主坝排水棱体后集水池水位缓慢上升。19 日开始，上水库降低水位运行，水位降至 780m 高程以下，最大单孔渗水量 20.04L/s，仍超过设计允许值 18.1L/s。渗水观测情况统计如表 1-11-1 所示。

表 1-11-1　　渗水观测情况表

观测时间	蓄水水位（m）	库底廊道总渗漏量（L/s）	备注
2011.07.23	788.94（10：00）	16.632	渗水主要集中在进出水口附近
2011.08.23	785.90（10：00）	10.24	渗水主要集中在进出水口附近
2011.09.23	788.17（10：00）	11.685	渗水主要集中在进出水口附近
2011.10.01	785.77（10：00）	9.2	渗水主要集中在进出水口附近
2011.10.05	788.37（10：00）	9.02	渗水主要集中在进出水口附近
2011.10.10	788.36（10：00）	10.64	渗水主要集中在进出水口附近
2011.10.14	784.57（10：00）	10.6	渗水主要集中在进出水口附近
2011.10.15	788.63（10：00）	15.1	渗水主要集中在进出水口附近

续表

观测时间	蓄水水位 （m）	库底廊道总渗漏量 （L/s）	备注
2011.10.16	787.80（10：00）	14.2	渗水主要集中在进出水口附近
2011.10.17	787.5（10：00）	15.1	0+603.6m 排水孔单孔实测渗流量近 10L/s
	787.5（15：00）	23	廊道排水沟淤积物增多，且有小石子从排水孔流出，0+603.6m 排水孔水流不稳定
2011.10.18	787.5（01：30）	40.1	0+603.6m 排水孔实测渗漏量 36.2L/s
	787.5（05：30）	36.6	0+603.6m 排水孔实测渗漏量 33L/s
	787.5（10：00）	—	上水库主坝排水棱体后集水池水位缓慢上升
2011.10.19	781.84（17：30）	26.4	最大单孔渗水量 20.04L/s

为查明上水库库底廊道渗水异常原因，2011 年 10 月 21～26 日，在设计人员指导下，潜水人员对上水库前池整个面板及伸缩缝进行了水下检查，检查结果如下：

（1）前池混凝土面板裂缝共计 9 条。

（2）前池 1∶5 混凝土面板上 3 条裂缝（编号 1 号、2 号、3 号），分别长约 4m、20m、4m，走向为基本平行于上水库前池岸坡，经喷墨检查均漏水。裂缝检查及分布示意如图 1-11-1、图 1-11-2 所示。

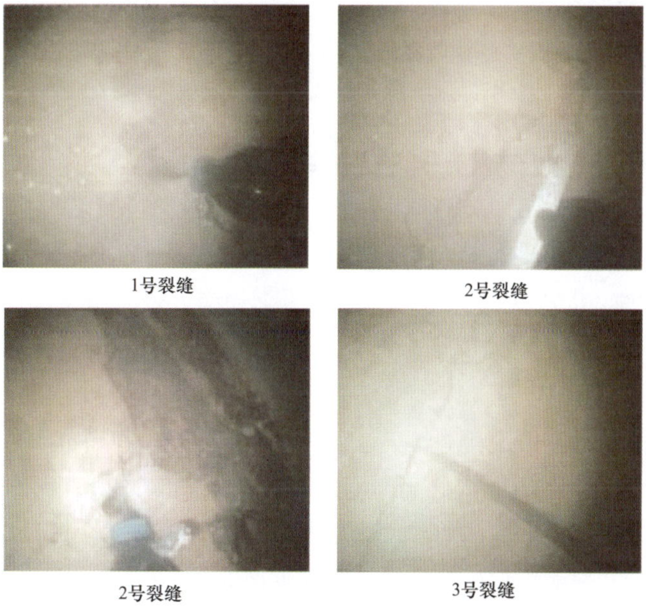

图 1-11-1　1∶5 混凝土面板 3 条裂缝检查图

（3）前池左侧拦渣坎发现 3 条裂缝（编号 4 号、5 号、6 号），经喷墨检查均漏水（分析为施工缝）；前池右侧拦渣坎发现 3 条裂缝（编号 7 号、8 号、9 号），其中 9 号裂缝存在漏水现象，其余 2 条不漏水。裂缝检查图如图 1-11-3 所示。

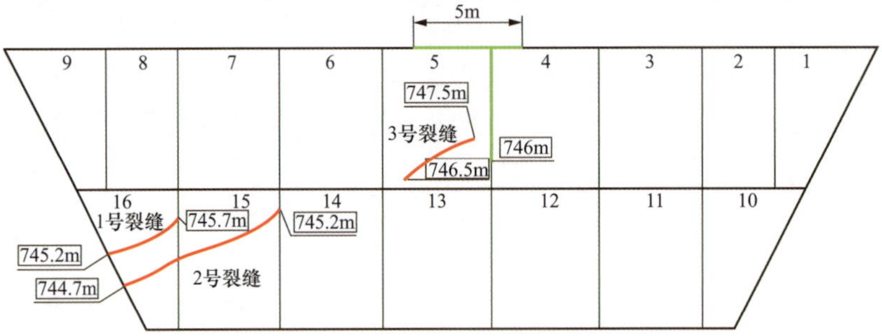

图 1-11-2　1∶5 混凝土面板裂缝位置示意图

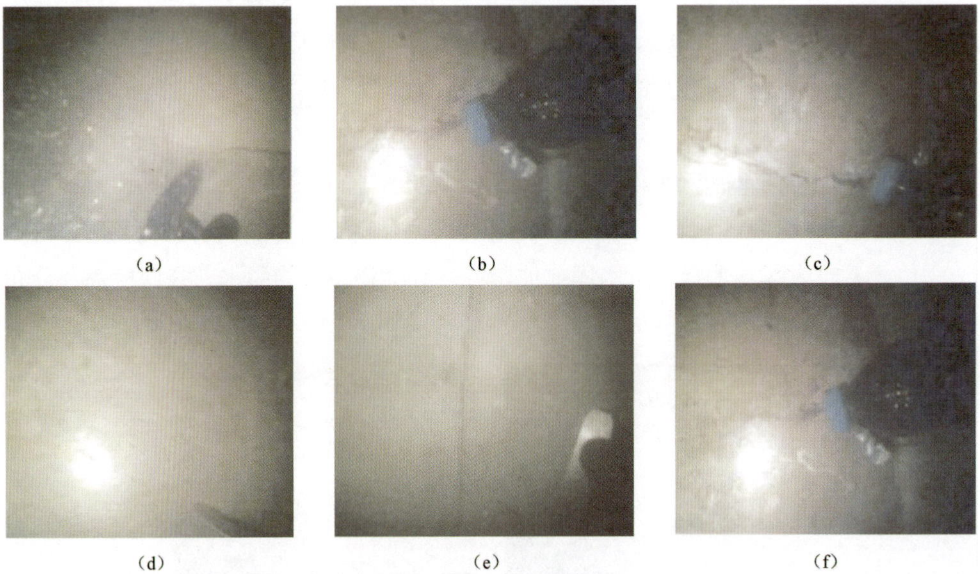

图 1-11-3　进出水口前池拦渣坎位置裂缝检查图

(a) 4 号裂缝；(b) 5 号裂缝；(c) 6 号裂缝；(d) 7 号裂缝；(e) 8 号裂缝；(f) 9 号裂缝

二、原因分析

根据上水库前池水下摄像检查结果，设计方开展专题会议研究，总结分析认为上水库前池部位渗水主要原因如下：前池部位靠岸坡侧基础为基岩，靠库盆侧基础为回填层，软硬基础沉降不均匀造成前池部位混凝土面板出现沉降缝，上水库持续高水位运行期间，沉降缝加大，造成该部位附近排水孔渗水量突变。

三、处理方案及过程

本案例采用水下修补的作业方式进行前池混凝土结构的裂缝处理。其中，前池1∶5混凝土面板裂缝处理方案为：填塞麻绳＋棉布＋SXM－2 快速密封剂＋涂刷黏结剂＋

SR填料（$75cm^2$）＋涂刷黏结剂＋SR盖片（B＝650mm）＋压条（50mm×6mm，射钉枪固定）＋水密封边；前池左右两侧拦渣砍裂缝处理方案进行前2个步骤，即用SXM水下快速密封剂进行封堵。

该方案的优点为：采用柔性修补，具有较强的适应坝体变形的能力；充分考虑到了施工现场的限制因素，大大缩短了工期，降低了成本。基本工艺成熟、可靠，施工单位在国内外水库大坝积累了丰富的经验。

1. 施工过程

（1）基面处理。潜水员在水下用钢丝刷水下清理裂缝周围1m范围表面，处理后无水生物、泥沙等附着物。

（2）塞缝。将麻绳、棉花塞到缝里进行塞缝，确保无漏掉位置，然后用SXM水下快速密封剂对裂缝进行临时封堵。

（3）涂刷黏结剂。潜水员在裂缝两侧35cm范围内涂刷HK-963水下涂料，涂刷均匀，不漏刷，不重复，每道黏结剂一次涂刷完成，保证足够的黏结强度。

（4）嵌填SR止水材料。SXM水下快速密封剂具有水下不分散、固化快、与水下混凝土黏结力强、无毒、使用方便等特点，可用于水下混凝土裂缝、接缝、凹槽、孔洞的密封和补强处理，也可用于大坝混凝土伸缩缝、裂缝在进行水下化学灌浆前的灌浆管理埋设及缝面封闭处理等。施工前事先将SR裁成宽20cm，厚4cm的长条，确保成型规整，表面平滑。潜水员在水下将SR铺设到裂缝上边粘贴边按压，确保粘贴密实，与混凝土表面无夹层。

（5）粘贴盖片。在水上将SR盖片裁剪成65cm宽后放到水下需修补处，潜水员在水下铺设SR盖片，按照先中间后两边的原则，逐步按压，排除水分，粘贴密实，确保盖片与混凝土表面没有水夹层。

SR防渗保护盖片是由SR塑性止水材料和三元乙丙橡胶片、高强度聚酯土工布、聚酯膜等复合而成的片状防渗卷材，它既可单独进行混凝土防裂、防渗施工，又可作为SR塑性止水材料的专用保护材料配套联合使用；具有对混凝土柔性防渗、防裂、防碳化和防冰冻保护作用；能够在常温下冷操作施工。

（6）盖片固定。采用镀锌扁铁加射钉枪固定，确保盖片紧密圃定在混凝土表面。射钉间距30cm，镀锌扁钢可采用对接方式连续固定。

（7）水密封边。盖片周边及射钉处，采用HK-963水下涂料封边堵漏，形成水密防渗屏障，确保黏结剂涂刷均匀、无漏涂。

各项工艺施工如图1-11-4所示。

2. 裂缝处理效果

修补处理施工结束后，潜水员下水对裂缝修补处理结果进行复查，主要检查了裂缝修补处密实性、盖片周边的严密性。检查表明，施工质量合格，未见明显渗漏点。

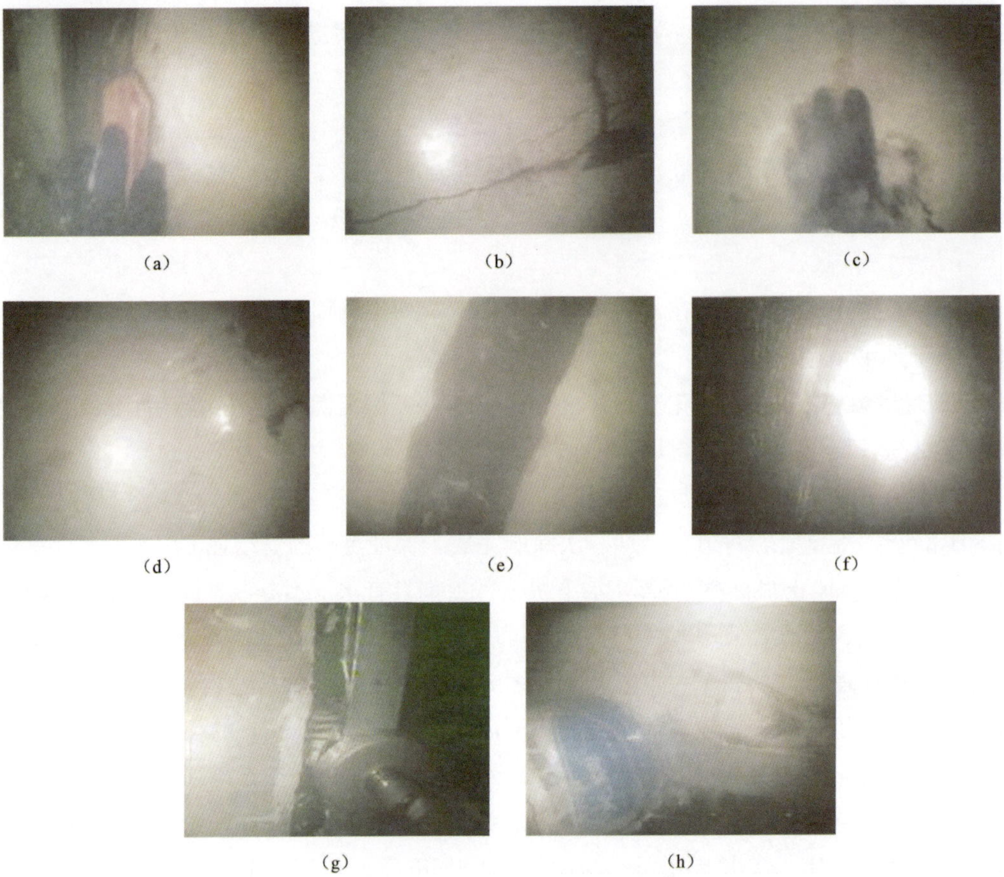

图 1-11-4　裂缝水下修补施工图

(a) 基面处理；(b) 塞麻神、棉花；(c) 抹密封剂；(d) 涂刷黏结胶；(e) 嵌填 SR；
(f) 粘贴盖片；(g) 射钉枪固定；(h) 水密封边

10 月 29 日 15 时 00 分，水下初步处理完成后 0＋603.6m 排水孔实测渗流量基本为零。11 月 1～15 日上水库水位在高程 780m 以下运行，廊道渗流总量在 2～3.5L/s。11 月 24、25 日厂房机组进行特高压大负荷试验，试验期间渗流孔未出现异常现象，试验结束时廊道渗水总量约 3.5L/s 左右，前池部位最大单孔流量不超过 0.5L/s。12 月 7～9 日再次进行特高压大负荷试验，12 月 9 日上水库实测水位最高达到 787.61m，12 月 9 日实测最大渗流总量 4.465L/s，在发电期间，随着水位降低渗流总量也随之减少，至发电结束时上水库廊道渗流总量为 3.664L/s。

2011 年 11 月 1 日～2018 年 12 月 31 日，上水库库底廊道渗漏总量历时过程线如图 1-11-5 所示。由图可知，库底廊道总渗漏量不大，最大值为 6.52L/s（发生在 2016 年春季低温季节），远小于设计允许值，平均渗漏量在 3L/s 以内。由此可见，该案例的裂缝水下处理效果显著。

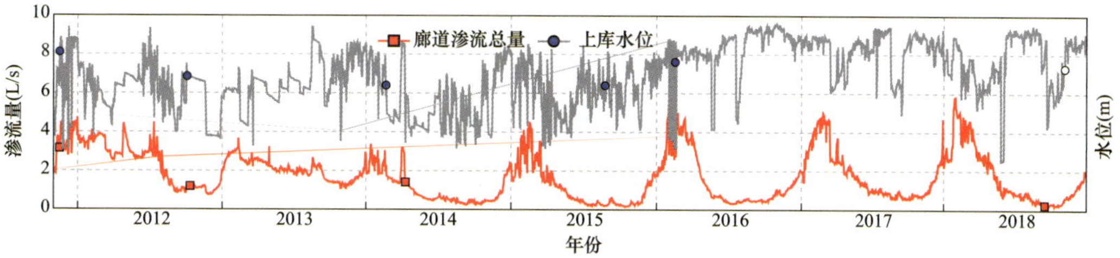

图 1-11-5　上水库库底廊道渗漏总量历时过程线
（2011 年 11 月 1 日～2018 年 12 月 31 日）

四、案例点评

该缺陷发生主要原因是库区蓄水导致库底回填与开挖分界区不均匀沉降，面板产生裂缝出现渗水，提示我们在施工阶段要高度重视回填、开挖分界区的结合处理问题；另一方面，蓄水初期要严格控制库水位上升速率，严格做好变形、渗漏监测及巡视检查工作。

该案例中采取黏土覆盖层开挖换填、铺设土工膜、砂石盖重和灌注水泥黏土浆的措施，实践结果表明有效可行，可供其他同类工程参考借鉴。

案例 1-12　某抽水蓄能电站上水库钢筋混凝土面板库盆渗漏

一、案例概况

某抽水蓄能电站上水库为全库盆钢筋混凝土防渗方式，库盆防渗面板由主坝面板和趾板、库岸面板和连接板、库底面板、进/出水口前池面板组成。库底面板与库岸面板通过连接板连接，库底面板与主坝面板通过主坝趾板连接。库岸面板原设计共 116 块，施工中变更为 109 块，其中圆弧段 48 块，标准块宽 16.0m、斜坡长度 76.65m。库底面板共 164 块，标准块平面尺寸 16.0m×24.0m、16.0m×20.0m。前池面板共 37 块，分为护底和护坡面板。连接板共分 48 块，标准块水平宽 10.0m，斜坡长 1.0m，每隔 16.0m 设一道伸缩缝。除进/出水口前池底板混凝土厚 50.0cm 外，库底面板、库岸面板厚度均为 40.0cm，库底面板在靠近 D 型缝 2.5m 处、库岸面板在靠近 C 型缝 2.5m 处均渐变为 60.0cm 厚。连接板厚度 60.0cm。

上水库的渗漏量在2012年底突然持续增大，通过监测发现最大值达到46.25L/s（2014年1月12日），详见图1-12-1，超过了规范规定的31.25L/s（冬季总库容的1/2000），渗漏量的增大影响了上水库库盆的安全稳定运行。

图1-12-1　上水库渗漏量变化

二、原因分析

2014年5月，对电站上水库库盆、主副坝、进出水口（含前池、防涡梁段、扩散段、渐变段）底板、面板等进行全面水下检查。渗漏检查采用水下墨汁吸入的方式进行，在水下使用墨瓶向破损部位挤墨，观察墨汁的吸入情况判断破损部位的渗水情况。

2014年6月，根据检查结果，对上水库部分渗漏部位进行柔性修补和临时封堵。具体渗漏部位见表1-12-1。

表1-12-1　　结构缝渗漏部位

编号	破损情况	高程（m）	破裂长度（cm）	渗漏情况
1	0+308.58处横向结构缝与纵向结构缝交接处破裂，盖板破裂，内部止水材料被吸空，渗漏位置吸附有大量编织袋等杂物	427.50	60	明显渗漏
2	0+465.58处横向结构缝两盖板交接处密封胶脱落	448.30		明显渗漏
3	0+489.58处横向结构缝与纵向结构缝交接处破裂	440.50	15	明显渗漏
4	1+205.200处横向结构缝盖板破裂，破裂断断续续	427.00～443.00	1800	明显渗漏
5	前池底板与底坎交接处结构缝断断续续破裂（每间隔1～2m出现2～3m的破裂），盖板已被吸附到结构缝里面，内部止水材料硬化，破坏区域吸附有大量的杂物（石子、编织袋等），破坏区域从右侧护坡延伸至左侧护坡	413.00	6000	明显渗漏

2015年3月，对2014年临时封堵的部位进行水下检查，临时封堵效果良好，封堵部位不存在渗漏现象；但前池底板与底坎交接处结构缝又有几处新增渗漏点，前池左右岸护坡、前池底板、底坎发现新的渗漏部位。具体渗漏部位见表1-12-2。

表 1-12-2 面板、结构缝新增渗漏部位

编号	破损情况	高程（m）	破裂长度（cm）	渗漏情况
1	前池底板与底坎交接处结构缝断断续续破裂，临时封堵部位未发现渗漏现象，原破损部位（2014 年检查时未发现渗漏）出现多处渗漏现象	413.00	6000	明显渗漏
2	前池左侧护坡引 0+000.000 处，固定在挡墙上的压条脱落，盖板破裂	420.90～427.00	1200	高程 420.9m 位置以上 2m 范围渗漏明显
3	前池左侧护坡引 0+000.000 处，原两盖板搭接处渗漏，压条与盖板之间渗漏	415.60	20	渗漏明显
4	前池右侧护坡引 0+000.000 处，压条与挡墙之间渗漏	414.10～416.10	400	渗漏明显
5	前池右侧护坡引 0+000.000 处，盖板破裂	421.00	20	渗漏明显
6	与前池右侧护坡引 0+000.000 相接处向上游延伸	427.00	200	渗漏明显
7	前池底坎上进 0-043.450 部位有一处裂缝，缝宽 0.1～2mm	413.00～415.00	250	渗漏明显
8	上水库前池底板距底坎两米位置有裂缝，总长度约 50m，其中上进 0-036.950 至上进 0-033.450、上进 0-019.950 至上进 0-012.950、上进 0-007.050 至上进 0+004.450 三处部位裂缝缝宽较大	413.00	5000	缝宽 0.1～20mm，轻微渗漏

三、处理方案及过程

1. 作业范围

（1）对电站上水库 2014 年修补部位、临时修复部位进行水下复检。

（2）对电站上水库库盆、主坝、进出水口（含前池、防涡梁段）底板、面板结构缝渗漏部位进行水下修补工作。

（3）对电站上水库进出水口前池底板、底坎裂缝进行修补。

（4）对电站上水库防涡梁段竖向压条进行修复。

（5）对电站下水库进出水口前池拦砂坎、检修闸门槽进行水下检查。

2. 施工工艺和步骤

（1）水下复查。进行水下作业环境检查，查清有无可能造成潜水作业不安全的障碍和隐患；查清水质能见度；查清作业地点水深和水流条件。

水下复查作业采用管供式空气潜水进行近观目视和水下摄像检查。潜水员按照预先制定的行动路线下水，并配备管供式空气潜水装具、水下照明设备、水下摄像机、潜水电话和水下测量工具。检查过程中结合图纸及现场实际情况，对上水库已修补过的部位、此次需要修复的部位及周围区域、受力较大的区域进行复查。

潜水员入水后，按照指定结构缝找到需要修补部位。在下潜过程中对结构缝及周围的面板进行检查，到达修补部位后对修补结构缝周围的面板及结构缝进行检查，主要是检查需要修补部位是否再次出现渗漏情况，检查修补部位周围的面板及结构缝是否出现新的渗漏部位。对复查过程中遇到有新的渗漏处需用水下测量工具测量裂缝的尺寸，及时汇报水上记录员，做好详细记录，并做出位置和情况的具体说明。

（2）水上裂缝复查。工作人员携带照相机，按照预先制定的检查路线对待检查的部位进行检查，采用目视、测量、触摸的方法进行检查。主要是检查面板裂缝是否增长、缝宽是否增大、是否有新的裂缝增加等，并在检查过程中对有新增和变化的裂缝部位进行拍照，并及时记录缺陷具体尺寸及位置。

（3）结构缝渗漏修补。检查发现，主要发生渗漏的结构缝有以下两种：

1）原止水有一定效果的结构缝处理。对于原止水有一定效果，且止水完好，渗水位置在压条与混凝土交接处渗漏，且渗流量较小，不需要清除原止水，采用更换压条的方法施工（见图 1-12-2、图 1-12-3）。

压条清除：对漏水点先将原压条进行清除，查找渗漏点进行封堵，保证后续施工的进行。

基面清理：使用高压水枪清理原结构缝盖片与混凝土的黏结面的杂物，包括混凝土、水生物、泥沙等，保证处理后基面无残留杂物。

固定盖片：使用不锈钢压条压覆在防渗保护盖片的两侧，并用不锈钢膨胀螺栓固定在混凝土结构面上。

封边：防渗盖片固定好后，在盖片四周及膨胀螺栓处，均采用水下密封剂进行封边，使防渗结构形成无任何渗漏路径的整体。

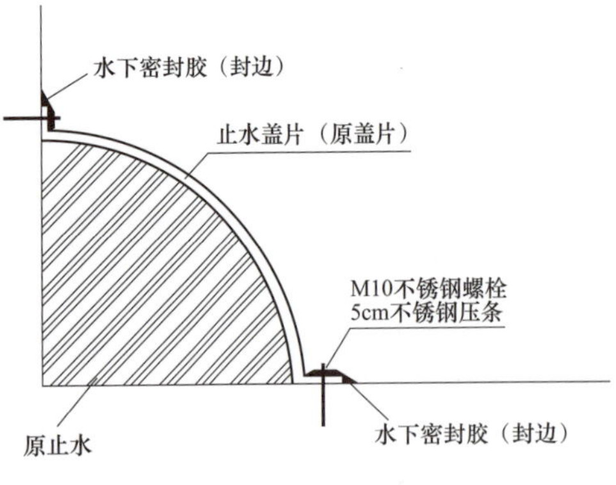

图 1-12-2　拐角处结构缝处理图（单位：mm）

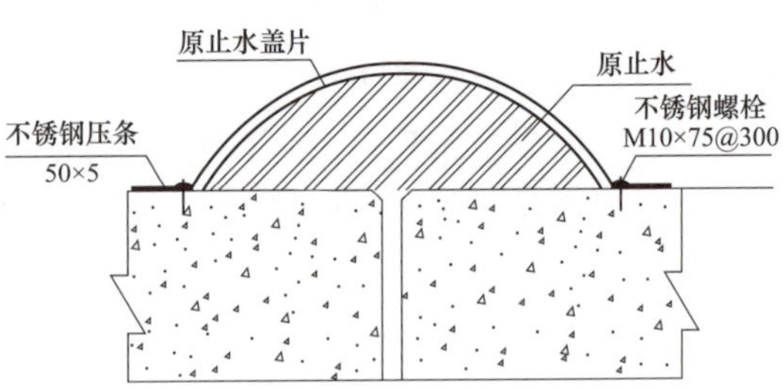

图 1-12-3　平面结构缝处理图（单位：mm）

2）原止水较差及渗漏较大的结构缝处理。对于原止水较差、渗漏点较大、杂物清理困难的结构缝，进行杂物、破损脱落原止水清除后，采用先清理、灌浆，后封堵处理的方式进行修补。灌浆过程要定量、少量、低压进行。具体应在渗漏结构缝两端端部、与其他缝交叉部位以及渗漏较长段的段间进行灌浆封堵处理，再进行止水处理。

拆除原结构缝表面的止水结构。拆除原止水效果较差、吸附杂物较多的部位，拆除时向两侧各延长 0.5m 范围，直至露出原止水较好的部位。

拆除之后再次对渗漏情况进行检测，如果发现渗漏范围扩大，需在渗漏范围内再向两边各扩大 1m 拆除，直至渗漏部位向两端 1m 范围内不存在渗漏为止。

基面清理：使用高压水枪清理原结构缝表面（包括压板）及两侧各 50cm 范围内的杂物。

抠缝：原止水清理后，使用铁钩先将结构缝内的填充物清除，然后使用液压锯对结构缝进行拓宽、加深处理，直至将铜止水上面的填充物抠除。

缝内清理：抠缝结束后，使用高压水将缝内的填充物、混凝土块等进行清除，直至铜止水上面无杂物。

临时堵漏：为保证灌浆的顺利进行，须先对抠缝部位渗漏点使用布条、棉絮等材料进行堵漏，保证缝内无渗漏通道。

灌浆：采用化学灌浆，灌浆材料为 LW 柔性材料，以便在后期适应面板结构缝变化。使用注浆泵将灌浆材料注入缝内，直至注浆材料溢出结构缝。注浆时应将注浆嘴插入结构缝底部（紧贴铜止水），无压力灌浆。在注浆过程中，若发现渗漏现象，应将渗漏点封堵都在继续注浆，直至将所抠缝部位注满。

渗漏点堵漏：为保证后续工程的顺利实施，须先对抠缝灌浆以外的修补部位渗漏点进行堵漏，对已查出的渗漏点使用布条、棉絮等材料进行封堵。

嵌填橡胶棒：对修补部位的底部嵌入橡胶棒，橡胶棒的直径要大于缝宽（嵌填橡胶棒直径为 3cm，缝宽 1.8cm），单条结构缝修补部位嵌填的橡胶棒为一整根（中间不能有接头）。嵌填时应从结构缝一侧向另一侧顺序进行，边嵌填边用铁锤将橡胶棒敲击至缝内，保证橡胶棒紧嵌至缝内。

嵌填柔性止水填料：涂刷黏结剂后，潜水员参照图 1-12-4、图 1-12-5 嵌填柔性止水填料，并用填料将原止水结构（包括压板）填补找平，做出鼓包形状。

粘贴盖片：止水材料嵌填完成后，在止水材料表面再涂刷水下黏结剂，边涂刷水卜黏结剂边粘贴盖片，在盖片搭接缝隙处涂刷水下密封剂，确保密封性。

固定盖片：使用不锈钢压条压覆在防渗保护盖片的两侧，并用不锈钢膨胀螺栓固定在混凝土结构面上。为防止因打膨胀螺栓而造成渗漏，可在螺栓孔内及周边嵌填适量的水下密封胶，使膨胀螺栓、混凝土结构和防渗盖片成为一体。

封边：防渗盖片固定好后，在盖片四周及膨胀螺栓处，均采用水下密封剂进行封边，使防渗结构形成无任何渗漏路径的整体。

（4）面板裂缝处理。对宽度大于 0.3mm 的混凝土裂缝或贯穿性裂缝需要先进行化学灌浆处理，灌浆材料选用 LW 柔性材料，表面填充 SR 止水材料，使用 SR 止水盖片进行封闭，盖片宽度为 50cm。具体施工工艺如下：

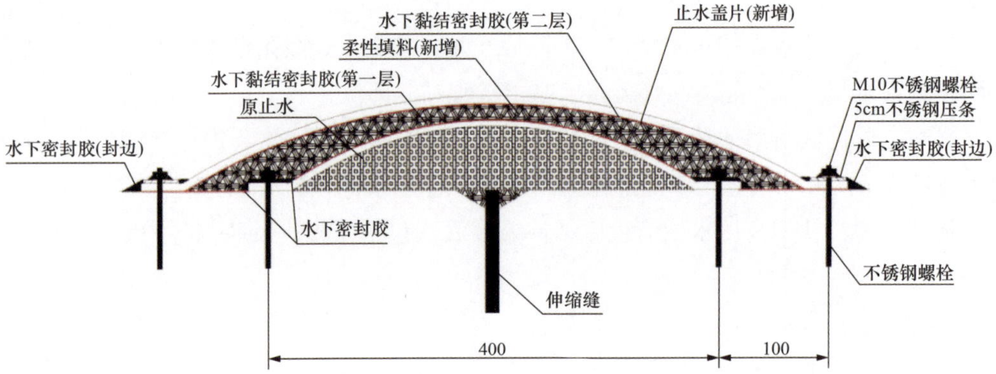

图 1-12-4　平面止水效果差的结构缝修补图（单位：mm）

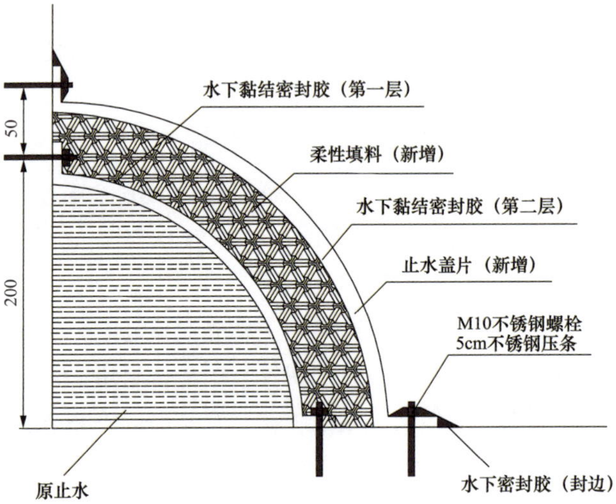

图 1-12-5　拐角止水效果差的结构缝修补图（单位：mm）

1）缝面清理。

2）采用高压水设备对裂缝左右各 50cm 宽的坝面进行清洗。

3）埋设灌浆嘴。

4）清洗之后潜水员用液压钻在裂缝两侧 15cm 处打孔（见图 1-12-6），斜孔于裂缝两侧交替布置，孔径 18mm，相邻两斜孔沿裂缝方向间距 40cm，斜孔深度 30cm。钻孔完毕后，采用高压水对钻孔进行清洗，之后将灌浆管埋入斜孔中。

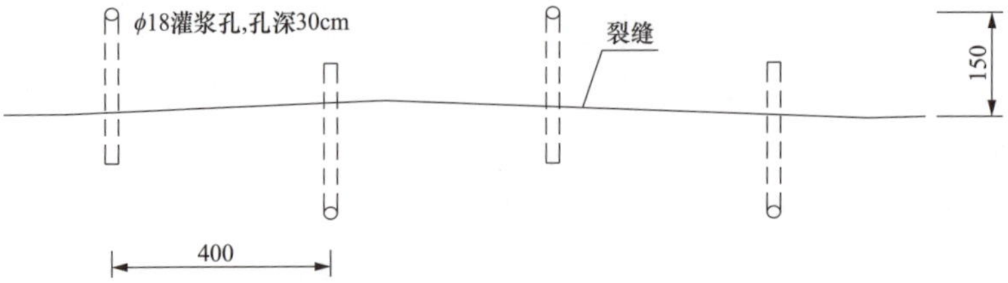

图 1-12-6　灌浆孔布置图（单位：mm）

（5）水下灌浆处理。水下灌浆前，首先向灌浆管中注入压力水，对裂缝缝隙进行冲洗，待返水澄清后方可结束冲洗。采用水下快速密封剂对裂缝进行封闭，进行压气试验，对漏气的部位重新封闭，保证灌浆时不因裂缝表面封闭不严而跑浆。之后根据现场温度、固化时间要求等情况，做 LW 浆液配比试验。

灌浆前应对整个灌浆系统进行全面检查，在灌浆机具运转正常，管路畅通情况下，方可进行灌浆。水平缝由一端向另一端逐孔灌注，竖直缝由下往上逐孔灌注，在上方第二个灌浆孔出纯浆后，封闭该灌浆孔，移至上方第二个灌浆孔继续灌浆，直至保证整条缝内充满浆液。灌浆压力应先小后大，进浆宜缓慢，不应急促进浆。LW 浆液固结后，切除灌浆管。将不平整的部位及孔洞采用环氧胶泥封堵平整。

（6）缝面粘贴 SR 止水材料及 SR 防渗盖片。灌浆完成之后，首先在裂缝长度方向两端各延长 0.3m 的范围内涂刷水下黏结剂，然后沿裂缝方向粘贴 SR 止水材料，再在 SR 止水材料表面上涂刷水下黏结剂后粘贴 SR 盖片（见图 1-12-7），SR 盖片宽度 50cm；用 M10×75 膨胀螺栓将不锈钢压条固定到盖片四周位置上，膨胀螺栓间距 30cm，不锈钢压条规格 50mm×5mm。膨胀螺栓安装完成后，在膨胀螺栓处、压条边缘及盖片四周涂刷水下黏结剂以做好周边封闭工作。

（7）压条修复。对于结构缝上脱落和松动的压条，采用重新固定的方法进行修复。具体施工工艺如下：

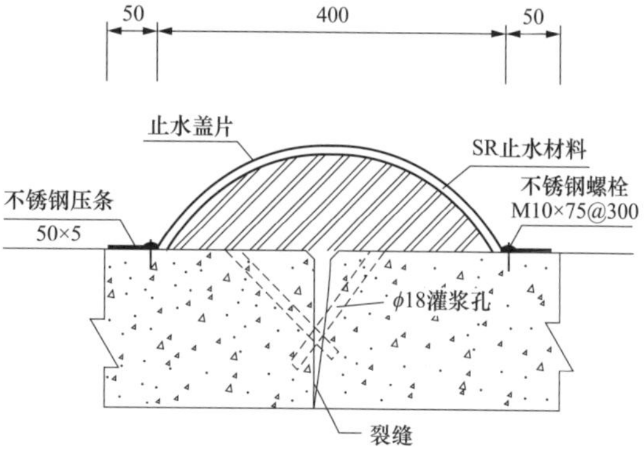

图 1-12-7　裂缝修补示意图（单位：mm）

缝面清理：将松动的压条进行拆除，采用高压水设备将压条处的杂物清除干净。

粘贴盖片：在盖片与混凝土间涂刷水下密封剂，确保密封性。

固定盖片：使用不锈钢压条压覆在防渗保护盖片的两侧，并用不锈钢膨胀螺栓固定在混凝土结构面上。为了防止因打膨胀螺栓而造成渗漏，可在螺栓孔内及周边嵌填适量的水下密封胶，使膨胀螺栓、混凝土结构和防渗盖片成为一体。

封边：防渗盖片固定好后，在盖片四周及膨胀螺栓处，均采用水下密封剂进行封边，使防渗结构形成无任何渗漏路径的整体。

3. 处理过程

处理方案由单一的处理表面止水破损变更为结合在结构缝上灌浆的基础上，进一步进行了优化，采取直接在结构缝上进行开槽后进行 LW 灌浆的方式，该方式主要解决钻孔灌浆的钻孔深度不好掌握，有击穿铜止水的可能，也考虑单孔灌浆可能达不到预期的截断效果。为了确保可操作性，用混凝土板制作了磨具，并在水下进行了灌浆试验，以此来确定了灌浆压力、浆液配比等，详见图 1-12-8、图 1-12-9。

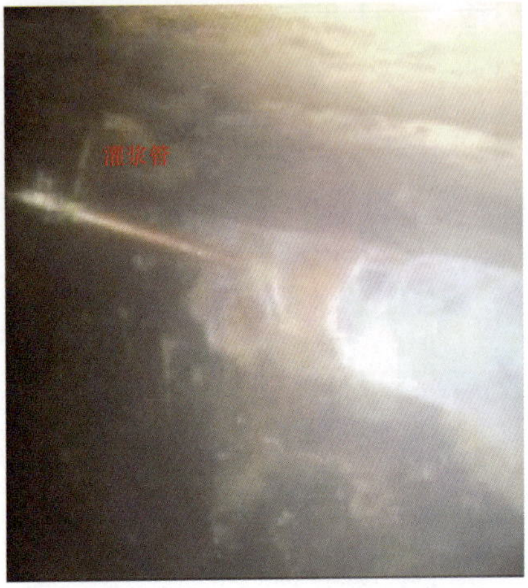

图 1-12-8　水下灌浆

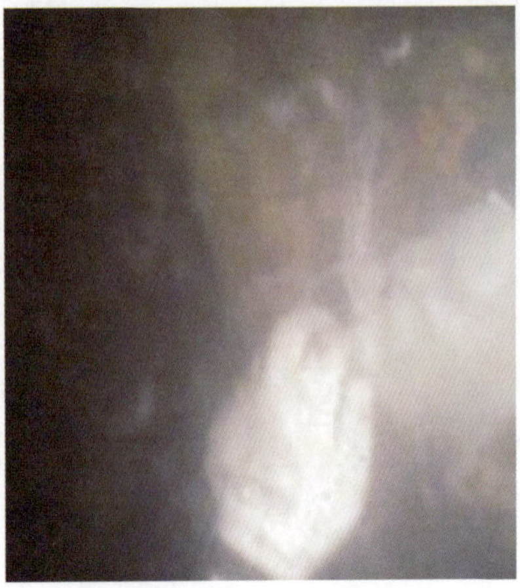

图 1-12-9　渗漏点封堵

通过对库盆渗漏处理后的总渗漏量来看，截至 2016 年底，处理后上水库渗漏量的瞬时最大值为 18.08L/s（含降雨影响，下同），平均渗漏量为 11.39L/s，目前瞬时渗漏量在 10L/s 左右；进出水口左右斜坡结构缝进行处理后，渗漏量最小达到了 2.26L/s。上述部位处理效果较为明显，渗漏量过程线如图 1-12-10 所示。

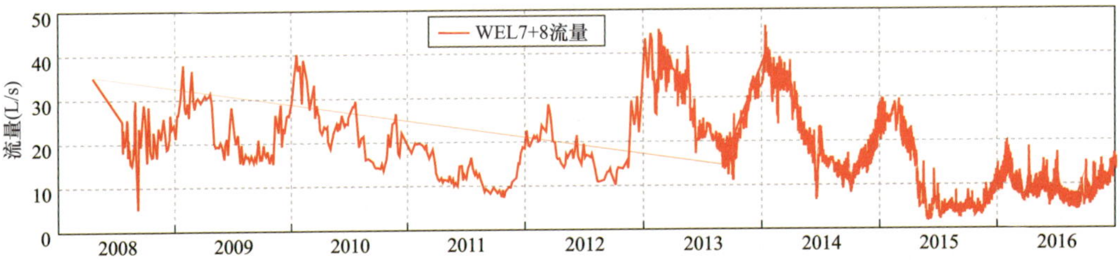

图 1-12-10　上水库库盆渗漏变化曲线

四、案例点评

由本案例可见，该电站上水库面板接缝止水破损根源在于底层铜止水存在损坏，并且在工程运行期此问题处理难度大，所以在电站建设过程中应对地基处理、铜止水制作、安装施工等隐蔽工程加强管控，而在运行阶段，电站运行人员要加强对水库渗漏量的监测，发现异常及时进行检查处理，防止渗漏问题进一步恶化影响整个水库的运行安全。

案例 1-13　某抽水蓄能电站上水库库盆边坡淘蚀

一、案例概况

某抽水蓄能电站上水库左岸部分区域采用挂网喷混凝土防护，库岸桩号 HK1+545～HK1+650，386.00～409.00m 高程范围喷混凝土区域，经现场检查发现存在约 45m 长的淘蚀较严重段，淘蚀最大深度约 50cm，临近 60m 段也存在不同程度的淘蚀，淘蚀情况如图 1-13-1、图 1-13-2。淘蚀区下部已存在大量被淘蚀出的颗粒，经现场检查、分析，认为冲刷、淘蚀破坏现象已较为严重，边坡稳定存在一定的安全隐患，需要采取一定的工程措施，防止边坡冲蚀、淘刷破坏现象进一步发展。

二、原因分析

（1）该区域地质条件较差，位于 F1 断层贴坡混凝土下游 105m 范围，断层 fs14（N15°W SW∠85°）以及两条裂隙密集带 f104（N45°W SW∠85°）、f105（N50°W NE∠75°）在此交汇，地质情况较复杂；原坡面岩石破碎、风化严重，存在基层软弱岩、风化岩等。

图 1-13-1　细部情况

图 1-13-2　与贴破混凝土连接部位

（2）受冬季反复冻融和水位升降影响，F1 断层部位的贴坡混凝土与下游喷混凝土接头部位及附近喷混凝土段出现破裂、剥落。

（3）淘蚀严重区域集中在运行水位经常变动区间，受到动水作用，混凝土喷护层下部软弱基层被严重淘蚀，喷护层脱空，基底松散、破碎岩石有被加速淘蚀的趋势。

三、处理方案及过程

1. 总体方案

（1）桩号 HK1+545.00～1+590.00，386.00～413.30m 高程范围采用 C25F200 贴坡混凝土进行支护，布置面层钢筋 ϕ12@15×15cm。贴坡混凝土最小厚度 30cm，为保证混凝土坡面的平整，局部地形凹陷起伏处的混凝土厚度可略大。

据边坡实际情况，可采用系统锚杆 ϕ25@2.0×2.0m，L=4.5m 进行支护，坡顶部位适当加强，布置 1 排锚筋桩 3ϕ25@2.5×2.5m，L=9m，梅花形布置。局部视需要布置随机锚筋桩 3ϕ25@2.5×2.5m，L=9m。

坡面布置 3 排排水孔 ϕ65@3×3m，入岩 5m；短排水孔 ϕ65@1.5×1.5m，入岩 0.2m，长、短排水孔错开布置。边坡岩体破碎区域，排水孔内插 ϕ50 PVC 花管，外包土工布 200g/m^2，外露 12cm，花管钻孔，孔径 15mm@10cm，一周 4 孔，梅花形布置。

（2）桩号 HK1+590.00～1+650.00，386.00～413.30m 高程范围采用挂网喷 C25F200 混凝土进行支护，喷混凝土厚度 15cm。采用挂网筋 ϕ8@15×15cm，龙骨筋 ϕ12@1.2×1.2m。

根据边坡实际情况，可采用系统锚杆 ϕ25@2.0×2.0m，L=4.5m，坡顶部位适当加强，布置 1 排锚筋桩 3ϕ25@2.5×2.5m，L=9m，梅花形布置。局部布置随机锚筋桩 3ϕ25@2.5×2.5cm，L=9m。

坡面布置 3 排排水孔 ϕ65@3×3m，入岩 5m；短排水孔 ϕ65@1.5×1.5m，入岩 0.2m，长、短排水孔错开布置。边坡岩石破碎区域，排水孔内插 ϕ50 PVC 花管，外包土工布 200g/m^2，外露 12cm，花管钻孔，孔径 15mm@10cm，一周 4 孔，梅花形布置。

（3）上述处理范围、边坡支护参数等可视现场实际情况适当调整。

2. 处理过程

（1）边坡清理。对未发生冲蚀破坏的部位清理表层浮土及杂物，对已发生冲蚀破坏的部位需清除表层喷混凝土及挂网钢筋至原状边坡，剪断钢筋，并清理坡面，同时对坡面进行必要的修整。对于地形起伏较大，岩石突起明显的部位应进行适当的人工撬挖，以便于贴坡混凝土立模浇筑时能与周围平顺衔接。

（2）锚杆（桩）施工。普通砂浆锚杆采用水泥浆注浆锚杆，一般长 4.5m。锚筋桩为特殊的锚杆类型，一般 3 根锚杆（锚筋）布置在一个孔内且全长注浆，一般长 9m。

锚杆孔采用手风钻成孔，孔径 40mm；锚筋桩采用风动潜孔钻机成孔，孔径 90mm。

系统锚杆孔轴方向垂直于开挖面，采用“先注浆后安装锚杆”的程序施工。造孔完成后，须将孔内岩粉和积水清除干净。锚杆注浆采用专用注浆设备，以保证注浆饱满。兼作锚筋用的砂浆锚杆出露长度满足设计要求；采用挂网喷混凝土部位，锚杆头应与挂网钢筋焊接牢固。

锚筋桩采用“先安装钢筋束后注浆”的施工工艺，采用注浆管注浆。钢筋束应焊接牢固，并焊接对中环，一个钢筋束在孔内至少应有两个对中环。注浆管和排气管应牢固地固定在钢筋束内并保持畅通。

(3) 钢筋网制作安装。钢筋网在场内加工完成，现场人工安装、焊接。钢筋网主筋或加强筋须与锚筋桩（锚杆）焊接牢固。喷护用钢筋网主筋连接部位须电焊牢固。

(4) 喷射混凝土施工。混凝土采用商品混凝土，搅拌车运输到现场，活塞式喷射机进行喷射施工。喷射混凝土采用湿喷法，分段分片依次进行，喷射顺序自下而上、螺旋形轨迹喷射。分层喷射时，一次喷射厚度按《锚杆喷射混凝土支护技术规范》(GB 50086—2001) 中表 8.5.1 规定数据选用，后一层应在前一层混凝土终凝后进行。

挂网喷混凝土区域，先素喷 3～5cm 混凝土，后铺设钢筋（或钢丝）网，并与锚杆和附加插筋（或膨胀螺栓）牢固连接，再施喷达到设计厚度。

(5) 贴坡混凝土施工。贴坡混凝土采用简易无轨滑模进行施工。混凝土采用商品混凝土，混凝土采用搅拌车运输到现场后直接通过溜槽入仓，人工平仓、插入式振捣密实。

单仓混凝土连续浇筑，每层浇筑间隔时间按现场试验确定，以滑模架能慢速、稳定上升而脱模后的混凝土不流淌、不坍塌变形为准。

为保证混凝土脱模后不受水位上升影响，混凝土脱模后立即人工压面、抹光，并在表面喷洒水玻璃等速凝剂，避免新浇混凝土受浪冲刷。

混凝土达到终凝强度后，对表面采用喷雾方式进行养护。

(6) 排水施工。排水孔采用风动潜孔钻机造孔，PVC 管采用人工埋设。排水管埋设前，采用土工布对端头、管身进行包缠，避免孔内细小颗粒物被带出。

处理后该区段边坡运行情况良好，未再发生淘蚀现象。

四、案例点评

(1) 抽水蓄能电站水库运行水位变动频繁，北方冬季温度低，受水位升降及反复冻融影响，在运行水位经常变动区间，混凝土喷护层下部软弱基层被淘蚀，易出现安全隐患。

(2) 日常应加强巡视检查工作，尤其是工程地质薄弱部位。

(3) 应加强水工建筑物监测资料的分析，对异常监测数据进行专题分析，判断建筑物的运行状态，确保安全生产。

案例 1-14　某抽水蓄能电站上水库库盆回填土边坡塌陷

一、案例概况

某抽水蓄能电站上水库的Ⅴ区为库尾段，地形较缓，距离进出水口及大坝较远，基建时期仅对库岸进行了表面清理，未进行大面积库岸开挖支护，库岸处理与清库相结合，边坡基本为人工回填土边坡。

2017 年 10 月 20 日，该电站在上水库进行日常水工巡视检查过程中发现水库库尾Ⅴ区有 3 处人工回填土边坡有多条明显冲沟，其中虎岐隔副坝往前 K1＋800 段处边坡右侧部分植被不发育，左下部发生小型滑坡，滑动部分宽 5m，高 6m，约 30m^3 方量；虎岐隔副坝往前 K2＋000 段边坡出水涵洞底部位置有多条明显较深冲沟；虎岐隔副坝往前 K2＋600 段边坡可见明显冲沟，边坡后缘与公路接触面有一道宽约 4cm 的张拉裂缝，局部表层出现溜滑，有滑动趋势。

回填土边坡原状如图 1-14-1 所示。

图 1-14-1　回填土边坡原状

二、原因分析

检查过程中发现的 3 处边坡缺陷均为人工回填土边坡，回填的土质多为松散土质。该电站上水库年降雨量较多，由于这 3 处回填土边坡均位于环库公路排水沟出水涵洞底部，且无任何支护和排水设施，从出水涵洞泄放的高速水流直接冲刷边坡表面，再加上外部条件——降雨的共同作用，导致回填土边坡出现多条明显的冲沟。同时，因为抽水蓄能电站的蓄能、发电需要，该电站的上、下库水位日际变幅平均在10～15m，在水位上升时水库消落带的岩土体浸泡在水中，水位下降时水库消落带露出水面，处于水库消落带的此3处人工回填土边坡在天然状态与饱和状态及干湿状态之间周期性变化，大幅度的水位升降使得此3处人工回填土边坡坡脚受到严重冲刷、淘蚀。以上因素造成此3处人工回填土边坡整体稳定性不稳，有坍塌滑坡趋势。

三、处理方案及过程

1. 治理方案对比

该电站检查结束后对上水库回填土边坡缺陷讨论并形成综合治理意见，拟采用以下两种方案进行综合治理：

方案一：修整坡面＋钢筋混凝土底板消力池、防冲梁＋植草绿化＋排水设施。

方案二：修整坡面＋宾格石笼底板消力池、防冲梁＋植草绿化＋排水设施。

表1-14-1　综合治理方案对比选择表

方案	经济方面比较	时间方面比较	效能方面比较	环保方面比较
方案一	所需商品混凝土和钢筋单价高、运距长，材料成本高	现场浇筑商品混凝土，方便快捷	水流消能效果一般；对于不均匀沉陷地基适应性差，易形成裂缝	钢筋混凝土底板结构不适宜植被生长，生态兼容性较差
方案二	可现场就近取块石制作宾格石笼，材料成本较低	需现场机械、人工配合绑扎宾格石笼，繁琐耗时	水流消能效果较好；对于不均匀沉陷地基适应性极佳，整体性好	宾格石笼石头缝隙间的淤泥有利于植物生长，生态兼容性较好

通过表1-14-1两种综合治理方案对比分析发现，综合治理方案二具有明显的优势。方案二可直接现场就地取材制作宾格石笼，工程造价低；同时，鉴于回填土边坡无法开挖至实地，方案二能够利用宾格石笼自身柔性极佳的特点克服回填土等软性地基的不均匀沉陷而尽量避免结构性裂缝产生，后续维护成本较低；另外，宾格石笼粗糙的过水表面能极大减缓水流速度，有效防止边坡冲刷。故本工程采用综合治理方案二：对3处回填土边坡进行开挖整治处理，在出水涵洞正下方的地基底部铺设一层1m厚的宾格石笼，在宾格石笼上部设置混凝土消力池和防冲梁对出水涵洞泄放水流进行消力，同时对裸露边坡铺设土工植草网垫＋植草进行水土保持绿化。

2. 治理过程

(1) 土石方开挖。对3处回填土边坡进行土石方开挖处理（见图1-14-2），采用挖

图 1-14-2　土方开挖现场

掘机直接挖装为主、人工配合的方式进行修坡成型及设计断面基础处理。在边坡土石方开挖的同时，做好出水涵洞引水工作，防止涵洞出水水流汇入开挖区。

（2）宾格石笼垫层铺设。在设计断面基础上现场绑扎宾格网箱，采用机械和人工相配合的方式同时均匀地向同层的各宾格网箱格内投放填充石料，最后使用封盖夹固定每端相邻结点后，再加以绑扎进行宾格网箱封盖。每个宾格石笼尺寸为 2m×1m×0.5m，宾格石笼的网线钢丝和填充石料需满足设计要求和有关规范标准，同时要求分层绑扎铺设宾格石笼，并用钢丝将相邻宾格石笼搅拢收紧，力求形成一个平整的整体。宾格石笼垫层铺设效果如图 1-14-3 所示。

图 1-14-3　宾格石笼垫层铺设效果

（3）钢模支护。消力池侧墙及防冲梁均采用普通组合钢模支护，按照施工详图以及测量放样单进行模板安装，并在重要部位多设控制点，以利检查校正。同时，采用内路拉条螺栓固定模板，要求模板之间的接缝必须平整严密，并均匀涂刷脱模剂。

（4）钢筋绑扎。作业人员在现场人工绑扎钢筋，防冲梁部位钢筋网利用锚筋做成架立筋，钢筋扎丝呈梅花形布路，间隔绑扎；侧墙钢筋网采用带扎丝的砂浆垫块固定，保证钢筋的位路安装准确，要求钢筋安装的最小保护层厚度满足有关规范要求。

（5）混凝土浇筑。选用当地厂家集中供应商品混凝土，用混凝土运输车运至现场，并采用混凝土泵车进行浇灌。从低处开始分层均匀进行混凝土浇灌，混凝土入模后及时采用插入式振捣器振捣，以混凝土不再沉落、不出现气泡、表面呈现浮浆为标准。在混凝土浇灌过程中，及时将表面泌水排走以免产生松顶，浇灌到顶面后，及时进行抹面，定浆后再进行二次抹面，使表面平整。要求混凝土浇灌完成后及时进行洒水、覆盖养护，养护时间不得少于一周。

图 1-14-4　治理后现场效果

（6）植草绿化。在回填土裸露边坡上回填一定厚度的腐殖土，在此基础上铺设土工植草网垫，网垫要与边坡坡面密贴，然后再均匀回填一定厚度的腐殖土，并撒播草籽，最后进行洒水养护。治理后现场效果如图 1-14-4 所示。

四、案例点评

由本案例可见，电站水库库盆边坡的有效前期防护措施会减少很多后期管理治理工程。对于抽水蓄能电站，水库平均水位日际变幅往往较大，处于水库消落带的库盆边坡坡脚往往会受到不同程度的冲刷、淘蚀，再加之雨水等因素，库盆边坡容易有整体不稳定趋势。在基本建设时期加强库盆边坡的防护措施，在后期的运维管理中，将会大大减少边坡综合治理的工程量。比如：在边坡坡顶修筑全面的截水沟，有效排水引流，减少水流对边坡直接的冲刷；对坡面进行全覆盖的绿化养护，减轻雨水的直接冲刷；在不稳定边坡的坡脚浇筑固坡挡墙，减少变化水位对边坡的直接淘蚀作用；放缓边坡坡度，提高边坡凝聚力、摩擦力。以上措施均能在一定程度上减少后期边坡综合治理工程量。

案例 1-15　某抽水蓄能电站上水库库盆防渗层老化破损

一、案例概况

某抽水蓄能电站上水库工程由主坝、库盆、引水发电系统进/出水口、副坝等组成。主坝为碾压混凝土重力坝，库盆采用混凝土面板与挂网喷混凝土面层相结合的全封闭防渗形式，2005 年库盆表面采用熔抹改性沥青防渗层、浇筑砂浆保护层进行防渗优化处理。由于上水库设计库容已可满足机组容量与运行时长的要求，无需挖除库盆内全部山体，故对库盆内山体采用削坡、挂网喷混凝土面层防渗形式。

因库盆喷混凝土区与陡峭混凝土面板区施工难度较大，混凝土密实度低、缺陷较多，2004 年首次蓄水时库盆渗漏量远大于设计允许值 23L/s，2005 年对喷混凝土面层与陡峭混凝土面板进行熔抹改性沥青优化防渗处理，该材料寿命为 8～10 年，经过 10 余年运行，受机组启停频繁、水位骤变及外部环境等因素影响，库盆沥青防渗层与砂浆保护层普遍存在老化、空鼓、破损与脱落等现象，水库渗漏量持续增大，多次超过允许值，最大渗漏量为 50L/s。

库盆原沥青防渗层与防护砂浆老化、破损与脱落情况如图 1-15-1 所示。

图 1-15-1　库盆原沥青防渗层与防护砂浆老化、破损与脱落

二、原因分析

造成上水库库盆渗漏量持续增大的原因分析如下：

(1) 上水库库盆基础条件较差。上水库库盆基岩存在较多节理裂隙和节理密集带；库盆内背面反向水或地下泉眼较多，形成水库渗漏通道。

(2) 上水库库盆原防渗材料老化。水库投运至防渗治理已超 10 年，受机组日常启停频繁、上水库水位骤变、海拔高日照强烈等原因，库盆原改性沥青防渗层与砂浆保护层存在老化、空鼓、破损与脱落等缺陷，防渗功能基本失效。

(3) 上水库库盆局部存在施工缺陷。如防渗喷混凝土面层普遍疏松；陡峭面板区因振捣难度大导致混凝土不密实、裂缝较多，面板结构缝处存在局部缺陷；进出水口闸门井底部局部渗漏排水管网破损，引水洞上平段环形结构缝内止水材料破损。

三、处理方案及过程

（一）处理方案

上水库原防渗层老化破损，导致渗漏量日益增大、可能影响水库结构安全，为解决该问题，2015～2016 年开展库盆结构安全检测、水下检查、渗漏原因分析、防渗方案设计、防渗材料调研与试验等工作；2017 年开展上水库全库盆防渗治理项目，主要采用聚脲喷涂防渗处理方案，处理面积约为 10 万 m^2，在全国尚属首例。

2017 年 3 月，上水库库盆防渗治理工程开工，主要内容为库盆原沥青层与砂浆保护层拆除、基层打磨铣刨、喷混凝土区基层缺陷修补、渗水点封闭或引排、喷混凝土区高强砂浆抹面找平、混凝土面板区结构缝与裂缝单组分聚脲处理、进出水口上平段结构缝缺陷处理、大坝裂缝、结构缝与迎水面防渗处理、库盆接地网检修、全库盆双组分聚脲喷涂、聚脲防护面漆涂刷等。

（二）处理过程

上水库库盆与大坝喷涂聚脲主要施工过程与工艺如图 1-15-2～图 1-15-4 所示，具体要求如下：

1. 基面清理

（1）库盆喷混凝土区域。用磨光机将高强砂浆表面的浮浆、颗粒物及酥松物打磨干净，再用吹风机或高压水枪将表面的灰尘清除干净。当基层表面含水率达到 7%以下时，具备施工下道工序的条件。

（2）库盆混凝土面板与大坝迎水面区域。库盆沥青覆盖区域：首先确保基层表面的原沥青层已打磨干净，然后采用吹风机将表面的灰尘清除干净，然后对于基层表面深度大于 5mm 的气孔、蜂窝麻面，预先用腻子进行修补。

库盆沥青未覆盖区域与大坝迎水面区域：用角磨机将基层表面的泥皮、青苔、杂物及酥松砂浆等彻底清除干净。对于基层表面深度大于 5mm 的气孔、蜂窝麻面，预先用腻子进行修补。

2. 滚涂第一遍聚脲界面剂

（1）检查前道工序合格后，配制界面剂。

（2）配制时应用电子秤计量，根据 1h 操作时间内滚涂界面剂的总量进行计算配制。

（3）首先将 B 组分搅拌均匀，倒入配料桶中计量，然后将 A 组分摇晃或搅拌均匀，按重量比 A∶B＝3∶2 的比例计算，将适量的 A 组分倒入 B 组分中，用电动搅拌器搅拌 2～3min 至均匀为止。

（4）滚涂界面剂时，应均匀滚涂，在保证均匀前提下越薄越好，滚涂后的表面应均匀，无漏涂，无流挂。

3. 涂刮聚脲专用封孔腻子

（1）检查前道工序合格后，配制腻子。

（2）配制时，应用电子秤计量，根据 45min 涂刮总用量，进行计算配制。

（3）首先将 B 组分搅拌均匀，倒入配料桶中，然后将另一组分搅拌均匀后，按重量比 A∶B=1∶1 计算，将适量的 A 组分倒入 B 组分中，用电动搅拌器搅拌 2～3min 至均匀为止。

（4）液体组分搅拌均匀后，再按 A、B 总量的 1.5～1.8 倍加入石英砂和石英粉的混合物（石英砂∶石英粉=1∶2）后再次搅拌均匀。

（5）涂刮腻子时，应预先将大的凹坑填补，然后满刮，涂刮厚度以将基层表面的孔隙封住为准。

（6）涂刮后的腻子表面应无针孔，无较深的刮痕和杂物（若有较深刮痕，局部用砂纸打磨），允许有平滑的凹坑。

4. 滚涂第二遍聚脲界面剂

工艺要求同滚涂第一遍聚脲界面剂。

5. 喷涂聚脲弹性体防腐防水防护涂层

（1）严禁雨天、四级风及以上施工，施工温度在 5～45℃，空气湿度在 85%以下。

（2）喷涂聚脲前，检查基层表面，对界面剂局部黏附的蚊、虫和砂石颗粒物等进行铲除，然后用吹风机将表面再清洁一遍。

（3）喷涂前，首先要把 A、B 两组分搅拌均匀，特别是 B 组分，由于 B 组分中添加有少量无机颜料，容易沉淀，所以将气动搅拌器插入 B 料桶内边搅拌边施工。

（4）聚脲弹性体喷涂机：静态压力 2200～2500psi，动态压力 2000～2200psi，系统温度 55～60℃，原料温度应该保持在 15℃以上，各系统运转正常后，开始喷涂聚脲材料。

（5）聚脲喷涂在 4h 内搭接喷涂，不需处理，可直接在边缘处重叠 200mm 宽的范围内喷涂聚脲，搭接处的厚度在 3mm 左右。聚脲喷涂超过 4h，后再搭接喷涂，必须在聚脲涂层边缘 200mm 宽的范围涂刷界面剂后再喷涂聚脲，搭接处的厚度在 3mm 左右，搭接处应尽量平滑过渡。

6. 滚涂抗紫外线不变色面漆

（1）检查喷涂的聚脲合格后，滚涂抗紫外线不变色面漆。

（2）配制面漆时，应用电子秤计量，首先将 B 组分搅拌均匀，倒入配料桶中计量，然后将 A 组分摇晃或搅拌均匀后，按重量比 A∶B=1∶1 的比例将 A 组分倒入 B 组分中，用电动搅拌器搅拌 2～3min 至均匀为止。

（3）滚涂面漆时，应采用优质、不掉毛的滚筒施工，施工时应均匀交叉滚涂，滚涂厚度控制在 30～50μm 为宜，滚涂后的表面应色泽均匀，无漏涂，无流挂。

（三）处理成效

2017 年 12 月，本工程竣工，上水库库盆蓄水后，经过一年半的上水库加密巡视检查与渗漏量监测，水库渗漏量由治理前的最大值 50L/s 降至最小值 0.24L/s（含库盆背面山体渗水），基本实现了水库零渗漏，防渗治理成效显著。

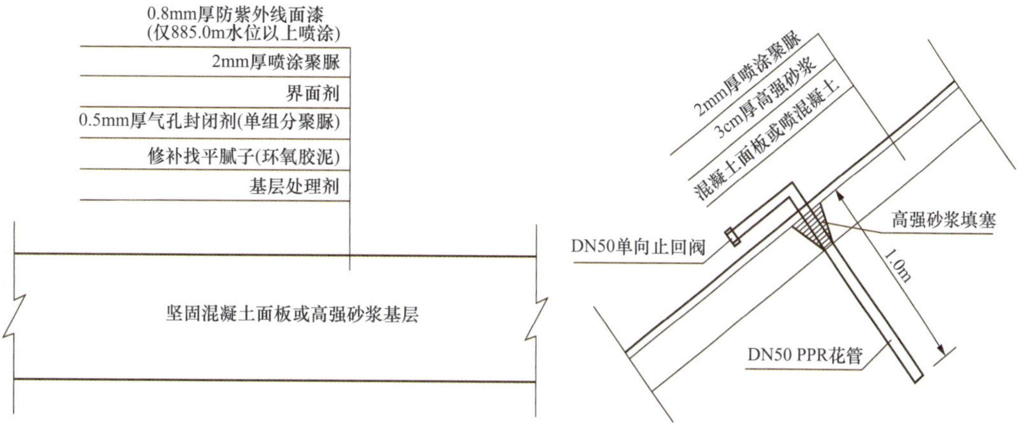

（a）　　（b）

图 1-15-2　库盆主要防渗处理工艺图

（a）聚脲防渗体系；（b）库盆反向水引排

（a）　　（b）

图 1-15-3　库盆喷涂聚脲前序作业

（a）涂刷底漆；（b）刮涂腻子

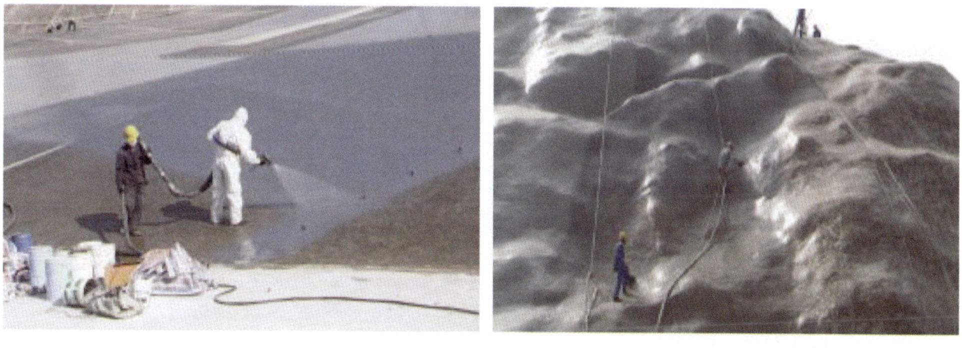

（a）　　（b）

图 1-15-4　库盆喷涂聚脲作业

（a）混凝土面板区；（b）喷混凝土区

四、案例点评

为保证电站上水库库盆聚脲防渗层良好的防渗效果，需要采取以下主要防治措施：

（1）电站水工人员应继续加强库盆与主坝的渗漏观测，加强库盆聚脲防渗层、接地网、排水管、库周山体等巡视检查，增设上水库库周地下水位观测项目，及时对异常情况进行分析处理。

（2）降雨后，及时关注大坝坝顶路面、电缆沟以及库周排水沟是否存在积水，避免积水下渗造成库盆局部反向水压增大。

（3）冬季，提前根据降雪预报情况，向省调申请上水库水位能够较长时间接近正常蓄水位的运行方式，避免库盆结冰冲击破坏接地网支座与聚脲层。

（4）提高上水库库区安全防护等级，增设专门的安全警示标识，维护周边防护网与工业摄像头，防止无关人员对库盆聚脲防渗层造成的意外破坏。

（5）提前制定上水库库盆聚脲防渗层后期维护保养方案，包括常见缺陷处理办法等。建立防渗治理长效机制，在防渗设计年限内定期向各参建单位通报后期效果与可能存在的问题，需要时组织召开专题会，预防并及时消除运行中聚脲防渗层可能存在的问题。

由本案例可见，做好抽水蓄能电站上水库防渗材料选择、设计方案论证、施工工艺控制、大坝安全监测、水工运维等环节，才能保证水库安全与经营效益。该上水库全库盆近10万m^2聚脲防渗工程为全国首例，之前未有成熟经验，目前，聚脲实际应用情况良好，防渗治理效果显著，保障了水库安全性与经济性。

案例1-16　某抽水蓄能电站上水库进出水口截水墙冲蚀受损

一、案例概况

某抽水蓄能电站上水库采用沥青混凝土作为防渗结构，进出水口部位通过截水墙与库盆、库底连接，截水墙底部设置防渗帷幕，以阻止对库底沥青混凝土垫层的侵蚀和淘刷。截水墙基础防渗帷幕于1996年底完成施工，1999年上水库蓄水运行，经过4年的监测，发现其水平截水墙外侧（即5号廊道）测压管的测值明显偏高，防渗帷幕后扬压力测值有逐年增大的趋势，局部排水孔的排水量亦出现异常，说明原水平截水墙帷幕防渗功能有所下降。2003年至2004年进行了水平截水墙和南北截水墙补强帷幕的施工，施工后测压管测值明显下降，排水趋于正常。截水墙帷幕一次补强运行五年后，2009年初监测时发现水平截水墙外侧测压管的测值逐渐回升到一次补强施工前的水平，且呈现逐渐增长的趋势。其中，UP-5 和 UP-6 两孔在 2009 年的扬压力平均测值（水头）分别为 27.13m 和 27.44m，最大测值达到了 36.04m 和 35.61m。经过 6 年的运行，截水墙基础已受到一定程度的冲蚀，其性态正在逐步恶化，需要重新补强加固处理。

二、原因分析

该电站上水库库区分布的地层主要为侏罗系上统黄尖组流纹质角砾（含砾）熔凝灰岩，上部弱风化，下部微风化，局部强风化（4 号区段），进出水口所处部位地质条件相对较差。抽水蓄能电站上水库水位变化频次多、变幅大，上水库地下水扰动频繁，对帷幕强度产生一定的影响，帷幕局部防渗功能减弱。

三、处理方案及过程

（一）处理方案

施工区段扬压力偏高、地质条件较差，且处于动水压力作用下，帷幕施工具有一定的难度。为保证后续施工的顺利进行，将本次补强灌浆分为两个阶段：前期生产性试验阶段和后期补强灌浆阶段。

在帷幕补强全面施工前，先进行一定工作量的生产性试验，可以进一步摸索及调整灌浆压力、浆液比级、孔距、孔深、待凝时间、主灌材料等技术参数，为设计提供帷幕补强更好的技术参数及施工工艺，以保证帷幕补强质量。

1. 前期试验阶段

在 UP5 测压管附近布置两个区段，每区段布帷幕孔 10 个，孔距 1.5m，孔深入岩 20m，按三序施工顺序布置；每个结构段内均布置一只抬动变形监测装置进行监测，试验区段共布设 3 只（T3、T4、T5）；对实验区段内的测压管（UP5）进行封堵灌浆；对相关排水孔的渗流量、测压孔的涌水压力、涌水量和抬动变形装置的变形量进行试验前、试验中和试验后的全过程观测；对有涌水的灌浆孔施工过程中也需进行涌水压力、涌水量的观测记录；每孔段均需进行 5 点法压水试验；分别采用超细水泥、改性水泥、AK 树脂、水溶性聚氨酯作为主灌材料，并进行对比试验；在两个实验区段各布置一个检查孔，进行灌浆效果检查。

2. 后期帷幕补强灌浆

施工期观测：帷幕补强灌浆施工过程中根据原设计和生产性试验成果及其审查意见要求，对相关排水孔和抬动变形孔进行观测，同时加强相关排水孔的渗流量、测压孔的涌水压力和涌水量的观测。

测压孔封堵灌浆：各区段帷幕灌浆施工前，应先拆除布置于施工区内的原测压管，采用钻具扫孔至原孔深，进行钻孔冲洗、压水和灌浆。

抬动变形装置设置：为防止施工过程中压力过高，造成廊道内结构的破坏并导致浆液串流进入沥青混凝土垫层，造成排水失效。根据设计要求，本次生产性试验及帷幕补强施工前需在各结构段内设置抬动监测装置。

帷幕灌浆施工：此次帷幕孔共258个，其中南侧截水墙（3号）帷幕孔共71个，水平截水墙（1号）帷幕孔共24个，水平截水墙（2号）帷幕孔共88个，北侧截水墙（4号）共75个。按三序逐渐加密的原则进行钻灌，基本孔距均为1.5m。当终孔段压水透水率值＞1Lu时，钻孔应继续加深，每次加深段长5m，直至达到透水率≤1Lu。

新设测压孔：各区段帷幕补强灌浆结束后，需在补强帷幕线后重新设置测压孔，以便于水库运行期内涌水压力和流量的监测。新设测压孔包括测压孔的钻孔及测压装置的安装，即在原来孔位的位置附近（帷幕孔后）重新进行安装。

（二）处理过程

1. 前期试验

（1）试验孔的布置。为保证上水库截水墙帷幕二次补强施工的有效可行，前期先进行20个孔的生产性灌浆试验。根据现场测压管的运行及地质条件，本次生产性试验孔选择在扬压力测值较高的UP-5附近，布置帷幕孔20孔（基本孔距为1.5m），分两个区段。1号区段孔号为H120～H129，2号区段孔号为H107～H116。生产性试验孔布置图详见图1-16-1和图1-16-2。

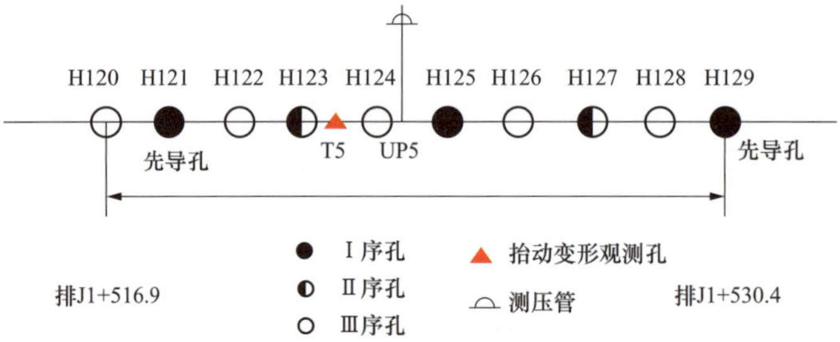

图1-16-1　上水库帷幕二次补强生产性试验1号区段孔位布置图

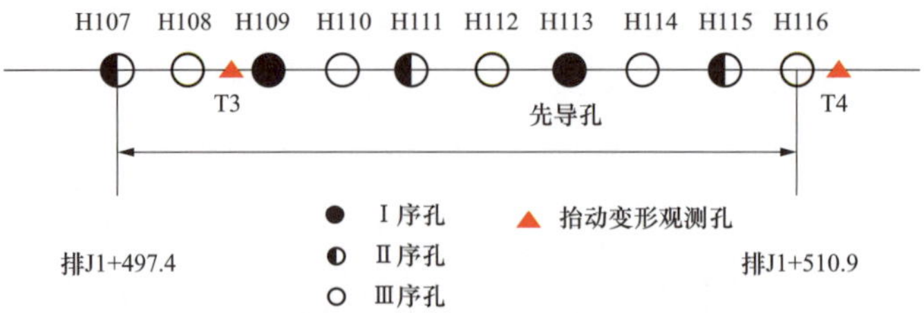

图1-16-2　上水库帷幕二次补强生产性试验2号区段孔位布置图

（2）对比试验的设置。水泥灌浆待凝时间试验：设计要求“水泥灌浆时，为避免外水压力将灌入裂隙内的水泥顶回钻孔内，要求各段灌浆后待凝时间不小于24h”；根据一次补强施工经验，超细水泥在有涌水的情况下待凝时间约为12h。为保证灌浆质量，选择“8h、12h、16h、24h”四级标准，在达到上述待凝时间后开钻按原孔扫水泥结实。选择满足设计要求的最小待凝时间作为水泥灌浆待凝时间。

化灌材料的对比试验：Ⅲ序孔接触段和第一段采用化学灌浆，设计选择的化灌材料为水溶性聚氨酯（HW：LW＝8：2），本次试验拟再选择 AK 树脂与水溶性聚氨酯做化学灌浆对比试验。砂固结体可达中等以上抗压强度（10.3～19.0MPa），抗渗指标 W8～W10；AK 树脂对温度敏感，温度升高将促使其凝固，从而影响灌浆效果，故要求在低温条件下施工；AK 树脂亲水性好，有较为成熟的施工工艺。生产性试验共有 10 只孔 20 段进行化学灌浆，其中 1 号区段 H120、H122、H124、H126 和 H128 这 5 只Ⅲ序孔共 10 个段次选择水溶性聚氨酯作为主灌材料，2 号区段 H108、H110、H112、H114 和 H116 这 5 只Ⅲ序孔共 10 个段次选择 AK 浆液作为主灌材料。试验后整理分析两种材料的钻孔、压水、灌浆数据，并结合排水量、测压管压力、抬动变形等观测数据；从注入量、单位注入量、灌浆时间、灌浆压力、待凝时间等方面，对两种材料进行综合对比，以选择更加适合上水库截水墙地质条件和更加安全环保的化灌材料。

灌浆压力的选择：电站上水库水位变化频繁，根据上水库水位不断调节灌浆压力显得极为重要。生产性灌浆试验时，准确测量灌浆孔段的涌水压力和涌水量，同时根据库水位变化规律，对灌浆压力进行调整。

（3）抬动变形装置的埋设。生产性试验区段布置 3 只抬动观测孔（T3、T4、T5）。采用钻机钻孔，孔径为 ϕ75mm，入基岩 1.0m，向孔底注入约 50cm 深的水泥砂浆，再往水泥砂浆内插入一根 1 寸的钢管，顶端露出孔口 30cm，安设千分表。试验时发现有抬动发生时应立即降低压力至不抬动为止，方可继续工作。

（4）测压管封堵。施工前，先拆除布置在区段内的测压管 UP5，并对测压管进行封堵灌浆。灌浆前先进行扫孔至原孔深，再进行洗孔和五点法压水试验，试验压力为 0.4MPa，测得 UP5 透水率值为 0.74Lu。

测压管封堵灌浆时，灌浆塞卡在混凝土底板中，进行全孔段灌注，要求在底板无抬动的情况下进行。开灌水灰比采用 2：1，灌浆压力 0.6MPa。UP5 孔累计灌入水泥量为 25.40kg。灌浆结束后，采用机械压力封孔，屏浆 4h 后待凝，最后用干硬性水泥砂浆进行人工封堵。

（5）试验中观测工作的实施。试验过程中必须对相关排水孔的渗流量、测压孔的涌水压力和涌水量、抬动变形装置的变形量进行试验前、中、后的全过程观测。另外，对有涌水的灌浆孔施工过程中也需进行涌水压力、涌水量的仔细观测，并提供观测成果。所有试验区段内的观测，都由专门观测人员进行，并做好详细记录。

（6）钻孔。所有生产性试验灌浆孔及检查孔孔径为 ϕ75。钻机安装就位后，采用角度尺校验倾向进出水口方向 10°，达到设计要求后即钻孔加深。钻具采用金刚石单、双管钻具。每只孔均进行钻孔测斜，全部满足设计要求。

孔深保持 20.0m，其中 H113、H121 和 H129 为先导孔，比帷幕灌浆孔多加深 1 段（5m）后达到设计透水率要求 $q \leqslant 1Lu$。

对生产性试验区段帷幕孔，Ⅰ序孔需取岩芯，按取芯次序统一编号，填好岩芯卡片装箱，做好详细钻孔记录，钻孔结束后绘制柱状图，拍照并保留岩芯；Ⅱ～Ⅲ序孔不取岩芯。所有检查孔均需取岩芯，绘制柱状图，拍照并保留岩芯。特殊钻孔岩样注明并装箱保留。

（7）钻孔冲洗及裂隙冲洗。所有钻孔，在某段次造孔结束后必须进行该段的钻孔冲洗和裂隙冲洗，但遇地质条件较差的孔段，则仅进行钻孔冲洗，避免采用高压，以造成对孔壁的破坏，造成坍塌。裂隙冲洗采用本段灌浆压力的 80%，但不大于 1MPa，冲洗至回水清净时止，总冲洗时间不少于 30min。

（8）压水试验。生产性试验 20 个帷幕孔和 2 个检查孔所有孔段均进行五点法压水试验，分析透水率和灌入灰量的关系及岩石节理裂隙类型，以评价各序孔的灌浆效果。本次试验共做压水试验 103 段，其中Ⅰ序孔 28 段，平均透水率为 3.52Lu，Ⅱ序孔 25 段，平均透水率为 1.17Lu，Ⅲ序孔 50 段，平均透水率为 0.88Lu。

（9）灌浆。

1）灌浆材料。根据设计要求，Ⅲ序孔接触段、第一段为化学灌浆，其中 1 号区段 H120、H122、H124、H126 和 H128 这 5 只Ⅲ序孔共 10 个段次选择水溶性聚氨酯作为主灌材料，2 号区段 H108、H110、H112、H114 和 H116 这 5 只Ⅲ序孔共 10 个段次选择 AK 浆液作为主灌材料。Ⅲ序孔其他段次和Ⅰ、Ⅱ序孔均采用水泥作为主灌材料。所用水泥必须检验合格，保证新鲜不受潮结块，化学材料须妥善保管。

水泥浆液制作采用高速搅拌机，搅拌时间不少于 30s，新拌制的水泥浆液和回浆均需过筛再使用。每桶水泥浆液至使用完的时间不超过 4h。水溶性聚氨酯和 AK 树脂须施工时现场配置。水溶性聚氨酯打开包装后需一次使用完毕，AK 树脂浆液在配置时应严格控制温度。灌浆用水需符合拌制混凝土用水要求。

2）灌浆方法和灌浆压力。

灌浆方法：根据设计要求，帷幕灌浆孔采用自上而下进行，孔段划分按接触段长度不大于 1.5m，基本段 5.0m 左右，孔底段长度不大于 7.0m。灌浆时，对于有涌水的孔段，记录涌水压力及流量，灌浆宜在涌水压力及涌水量小的时段进行。水泥灌浆时，孔段有涌水时需测涌水压力及涌水量，灌浆结束后待凝时间根据对比实验确定；无涌水时可不待凝。待凝结束后，灌浆塞留在孔内，在压力降至零，浆液不回流时方可取出。化学灌浆须待凝 24h 后方可进行下一段钻灌。

灌浆压力：根据设计要求，帷幕灌浆的各孔段灌浆压力如表 1-16-1 所示，现场施工时根据库水位、现场排水和测压管监测数据适当进行调整。水泥灌浆动力设备压力表应安装在孔口回浆管路上，灌浆应尽快达到设计压力，但注入率大时应分级升压。灌浆过程中，必须设专人认真对附近观测孔及抬动变形观测孔进行全过程巡回观测，做好详细记录。

表 1-16-1　　上水库帷幕补强生产性试验灌浆长度、压力一览表

灌浆段	基岩面以下孔深（m）	水平截水墙灌浆压力（MPa）	备注
接触段	0～1.5	0.7	要求在低库水位时施灌
第一段	1.5～6.5	1	
第二段	6.5～11.5	1	尽量在低库水位施灌
第三段	11.5～16.5	1.2	
第四段及以下各段	＞16.5	1.3	

3）水灰比和化学浆液配比。水泥浆液的浓度遵循由稀到浓、逐级变换的原则进行。超细水泥浆液水灰比可采用 2∶1、1∶1、0.8∶1、0.5∶1 等 4 个比级。根据前期生产性试验的施工情况，对帷幕灌浆施工进行适当调整。

帷幕灌浆施工过程中按以下原则进行浆液比级变换：当灌浆压力保持不变，注入率持续减少时，或当注入率不变而压力持续升高时，改变水灰比；当某一比级浆液的注入量已达 300L 以上或灌注时间已达 1h，而灌浆压力和注入率均无改变或改变不显著时，应改浓一级；当注入率大于 30L/min 时，可根据具体情况越级变浓；灌浆过程中，应每隔 1h 测量一次浆液比重，灌浆结束时也应测定浆液比重，遇浆液变浓等异常情况时应相应加密测次，并做好详细记录；灌浆过程中，灌浆压力或注入率突变时，应立即查明原因，并采取相应的措施处理。

化学灌浆中水溶性聚氨酯的配比原则上按“HW∶LW＝8∶2”实施；AK 树脂浆液配置应严格控制温度，现场采用冰块或冰柜等其他合理措施进行冷却。灌浆过程中随时检测浆液的温度和胶凝时间，偏差较大时，应及时调整浆液配比。

灌注化学浆液时，采用化学灌浆泵作为动力设备。根据钻孔压水试验成果，确定化学浆液配制比例，并初估化学浆液灌入量。制浆材料必须称量，误差应小于 5%。浆液必须搅拌均匀，测定浆液温度、密度和黏滞度等参数，并做好记录。

4）特殊情况处理。对本次补强帷幕灌浆施工过程中，可能会出现涌水段灌浆难以实施、灌浆过程中浆液串入沥青下混凝土垫层、（接触段）灌浆时浆液串冒严重及灌浆中断等特殊情况，根据不同情况拟分别采取以下措施：

①灌浆过程中，特别是接触段灌浆过程中发现冒浆漏浆，应根据具体情况采用嵌缝、表面封堵、低压、浓浆、限流、限量、间歇灌浆等方法进行处理。

②帷幕灌浆过程中凡遇到吸浆量突然增大或其起始吸浆量成倍大于压水流量，宜高度重视，立即降低压力，防止浆液串入沥青下混凝土垫层，同时加强排水孔及附近孔段检查，控制浆液扩散半径。

③对于灌浆过程中存在局部涌水压力及涌水量较大的孔（段），则可采取适当延长灌浆时间进行处理，以确保该孔（段）的灌浆效果。

④灌浆工作必须连续进行，若因故中断，可按照下述原则进行处理：应及早恢复灌浆，否则应立即冲洗钻孔，而后恢复灌浆。若无法冲洗或冲洗无效，则应进行扫孔，而后恢复灌浆；恢复灌浆时，应使用开灌比级的水泥浆进行灌注。

5）灌浆结束标准及封孔。

水泥灌浆：自上而下灌浆，对于有涌水的孔段，在规定压力下，当注入率不大于1L/min时，延灌120min后结束，保证浆液充填效果；对于没有涌水的孔段，则在规定的压力下，当注入率不大于1L/min时，延灌60min后即可结束；自下而上灌浆时，结束标准同上，无涌水时延灌时间为30min，有涌水时为60min。

化学灌浆：水溶性聚氨酯化学灌浆结束标准为注入率小于0.02L/min或灌入总进量达300L/m，待凝24h即可结束；AK树脂化学灌浆当吸浆量不大于0.01L/min或灌入总进量达300L/m，待凝24h即可结束。

灌浆孔封堵：灌浆结束后，即进行全孔机械压力封孔灌浆。机械封孔灌注压力采用基本段压力（1.0MPa），采用水灰比为0.5∶1浆液。当孔内有较大涌水压力时，机械封孔时间宜超过4h才能结束，待凝24h后再采用水泥砂浆回填封孔。要求不留孔洞，孔口无渗水。

2. 后期帷幕补强灌浆

（1）帷幕补强灌浆施工流程。现场帷幕钻灌施工分三序施工，按照逐次加密的原则进行，先进行Ⅰ序孔（先导孔先施工）的钻灌，而后依次进行Ⅱ序和Ⅲ序孔的钻灌施工。采用自上而下分段灌浆，其中水平截水墙和南、北侧截水墙从底端往上60m（水平长度）范围内Ⅰ、Ⅱ序孔采用改性水泥灌浆；Ⅲ序孔接触段及第一段灌注材料为AK树脂，以下各段采用改性水泥灌浆。

帷幕补强灌浆施工程序如下：

测压管及排水孔观测→孔位放样→施工平台搭设→材料设备就位→抬动变形装置的埋设→测压管的封堵灌浆→Ⅰ序孔钻孔至接触段→测涌水压力及流量→钻孔及裂隙冲洗（对遇断层、破碎带岩石脉等地质条件复杂的孔段，仅做钻孔冲洗）→压水试验（渗流观测及抬动变形观测）→接触段水泥灌浆（渗流观测及抬动变形观测）→（待凝）第一段钻灌（改性水泥灌浆）→终孔段钻灌（改性水泥灌浆）→机械压力回填灌浆→钻灌孔移位→Ⅱ序孔钻灌（水泥灌浆）钻灌孔移位→Ⅲ序孔钻至接触段→钻孔及裂隙冲洗→压水试验→丙酮赶水→接触段化学灌浆（渗流观测及抬动变形观测）→（待凝）第一段钻灌（化学灌浆）→（待凝）第二段钻灌（改性水泥灌浆）→终孔段钻灌→机械压力回填灌浆→钻灌孔移位→（区段灌浆结束）待凝14天后进行灌浆质量检查→新设测压孔钻孔及安装。

（2）帷幕补强灌浆中的观测。在施工过程中，为防止在洗孔、压水及灌浆过程中对结构造成破坏，应做好混凝土底板抬动变形检测工作；为控制浆液的扩散范围，防止浆液串入沥青混凝土下的垫层，保证施工的安全实施，对有涌水的灌浆孔施工过程中需进行涌水压力、涌水量的观测，以指导压水和灌浆施工。

抬动观测：每孔段压水试验和灌浆时，应进行抬动变形观测，抬动值应小于0.02mm，如发现抬动，应立即通知采取降压限流等措施，使压水灌浆在地面无抬动情况下进行，并做好详细记录。

排水孔渗流量观测：每孔段压水试验和灌浆时，均应对附近相关排水孔的渗流量观测记录一次，如发现异常，应及时汇报，增加测次，分析原因，及时控制压水试验和灌浆压力，并加强现场巡回检查，检查有无串通现象。

(3) 孔位放样。施工前按照设计文件及设计图纸进行帷幕孔的孔位测量放样，帷幕孔基本孔距均为1.5m，要求放样误差不超过10cm，当孔位遇结构缝时，则适当错开。

(4) 抬动变形观测。测压管封堵：施工前，应先拆除布置在区段内的测压管UP1～UP11，并对测压管进行封堵灌浆。灌浆前先进行扫孔至原孔深，再进行洗孔和简易压水试验，试验压力为0.4MPa。测压管封堵灌浆时，灌浆塞卡在混凝土底板中，进行全孔段灌注，要求在底板无抬动的情况下进行。水灰比采用2∶1，并逐级变浓，灌浆压力0.6MPa。结束标准为：设计压力下，当浆液注入率≤1L/min后，继续灌注60min即可结束。灌浆结束后，可采用干硬性水泥砂浆人工封填捣实进行封孔。

钻孔：根据设计要求各区段补强帷幕孔基本孔距1.5m，新设测压孔开孔孔径为ϕ130mm，入基岩后换径ϕ110mm，至终孔结束。水平截水墙帷幕孔孔位距离廊道上游侧墙50cm，钻孔角度倾向上游侧10°；南截水墙帷幕孔距离廊道北侧墙50cm，钻孔角度倾向北侧10°；北截水墙帷幕孔距离廊道南侧墙50cm，钻孔角度倾向南侧10°。对于水平截水墙，帷幕深度保持20m，但帷幕孔H192～H212号孔深需从20m渐变为16m，步长为－0.2m；H01～H21号孔深需从16m渐变为20m，步长为0.2m。南侧截水墙帷幕深度均为16m。北侧截水墙帷幕深度1～23号孔深16m；24～53号孔深16～24m，步长约为0.3m；54～75号孔深24～16m，步长约为－0.4m。详见帷幕孔钻孔深度特征表1-16-2。在Ⅰ序孔中布置先导孔，先导孔的数量按Ⅰ序孔数量的50%布置。

表1-16-2　　帷幕孔钻孔深度特征表

区段	部位（桩号）	孔号	入基岩深度（m）	备注
1号	水平截水墙 排J1+657～排J1+620	H189～H191	20	—
		H192～H212	20～16	渐变步长为－0.2m
2号	水平截水墙 排J1+470～排J1+340	H01～H21	16～20	渐变步长为0.2m
		H22～H88	20	—
3号	南侧截水墙	S01～S71	16	—
4号	北侧截水墙	N01～N23	16	—
		N24～N53	16～24	渐变步长为0.3m
		N54～N75	24～16	渐变步长为－0.4m

钻孔孔斜控制严格按照“当孔深 20m 时，最大允许偏差值小于 0.25m”执行。钻孔时，应根据设计要求对岩层、岩性以及孔内各种情况（如涌水、漏水、断层、破碎带等）进行详细记录。钻孔结束后，如不立即进行下一工序的施工，则应妥善做好孔口保护工作，避免异物掉入孔内造成事故。先导孔兼作地质勘探孔，按取芯次序统一编号，填好岩芯卡片装箱，按指定的地点存放，防止散失和混装。要求收集地质资料，并永久保留岩芯，Ⅱ、Ⅲ序孔保留具有特殊意义的（如含断层、破碎带）岩芯；检查孔按先导孔的标准进行。

钻孔冲洗及压水试验：所有帷幕孔，在某段次钻孔结束后必须进行该段的钻孔冲洗和裂隙冲洗，但遇地质条件较差的孔段，则仅进行钻孔冲洗，避免采用高压，以造成对孔壁的破坏，造成坍塌。裂隙冲洗采用本段灌浆压力的 80%，但不大于 1MPa，冲洗至回水清净时止，总冲洗时间不少于 30min。钻孔冲洗方法一般采用钻杆（钻具）通入大流量水流，从孔底向孔外冲洗的方法进行冲洗，裂隙冲洗在压水试验前采用回路冲洗。

压水试验：帷幕灌浆前简易压水孔数不少于总孔数的 20%。Ⅰ序孔及先导孔部分孔段灌浆前需自上而下分段进行简易压水试验，其他帷幕孔孔段均需进行简易压水试验。Ⅲ序孔接触段和第一段为化学灌浆，根据设计要求，化学灌浆前应进行压水试验，以综合选择化灌材料的配合比、凝聚时间以及开路丙酮的用量和聚氨酯材料的用量。部分帷幕孔及检查孔需进行五点压水法压水试验，孔段如下：原测压管封堵各段；先导孔的接触段、第一段、第四段、第五段；Ⅰ序孔的接触段、第一段、第四段；检查孔各段。当试验段灌浆压力小于 1MPa，采用净压力为 0.1、0.2、0.3、0.2、0.1（MPa）5 个阶段进行；当试验段灌浆压力大于（等于）1MPa，采用净压力为 0.3、0.6、1.0、0.6、0.3（MPa）5 个阶段进行。

（5）灌浆。

灌浆材料：根据设计要求，本次补强帷幕灌浆Ⅰ、Ⅱ序孔均采用改性水泥作为主灌材料；Ⅲ序孔接触段、第一段灌浆材料采用 AK 树脂，其他段为改性水泥。所用水泥必须检验合格，保证新鲜不受潮结块；化学材料须妥善保管。

灌浆方法和灌浆压力：各区段帷幕孔段灌浆特征表详见表 1-16-3、表 1-16-4。根据设计要求，帷幕灌浆孔采用自上而下进行，孔段划分按接触段长度不大于 1.5m，基本段 5.0m 左右，孔底段长度不大于 7.0m；接触段及第一段需在上水库低水位时进行灌浆，其余各段尽量选择在低水位时施灌。水泥灌浆时，要求采用孔内循环灌浆方式，射浆管距孔底距离不大于 0.5m。对于有涌水的孔段，记录涌水压力及流量，灌浆宜在涌水压力及涌水量小的时段进行。化学灌浆时，要求采用纯压式灌浆方式，射浆管距孔底距离不大于 0.5m。

水灰比和化学浆液配比：水泥浆液的浓度遵循由稀到浓，逐级变换的原则进行。改性水泥浆液水灰比采用 2∶1、1∶1、0.8∶1、0.6∶1 等 4 个等级；遇到地质构造带等吸浆量大的孔段，或压水试验中透水率大的孔段，应根据具体情况确定开灌水灰比。

表 1-16-3　　水平截水墙和南、北截水墙从底端往上 60m 范围帷幕灌浆分段长度、材料、压力特征表

灌浆段	基岩面以下孔深（m）	灌浆材料		灌浆压力（MPa）		备注
		Ⅰ、Ⅱ序孔	Ⅲ序孔	水平截水墙	南北截水墙	
接触段	0～1.5	改性水泥	AK 树脂	0.7	0.6	要求在低库水位时施灌
第一段	1.5～6.5	改性水泥	AK 树脂	1	0.9	
第二段	6.5～11.5	改性水泥	改性水泥	1	0.9	尽量在低库水位时施灌
第三段	11.5～16.5	改性水泥	改性水泥	1.2	1	
第四段及以下各段	＞16.5	改性水泥	改性水泥	1.3	1.2	

表 1-16-4　　南、北截水墙从底端往上 60m 以外范围帷幕灌浆分段长度、材料、压力建议表

灌浆段	基岩面以下孔深（m）	灌浆材料	灌浆压力（MPa）	备注
接触段	0～1.5	改性水泥	0.4	要求在低库水位时施灌
第一段	1.5～6.5	改性水泥	0.6	
第二段	6.5～11.5	改性水泥	0.8	尽量在低库水位时施灌
第三段	11.5～16.5	改性水泥	0.8	
第四段及以下各段	＞16.5	改性水泥	1	

化学灌浆过程中随时检测浆液的温度和胶凝时间，偏差较大时，及时调整浆液配比；根据钻孔简易压水试验成果，确定化学浆液配制比例，并初估化学浆液灌入量。制浆材料必须称量，称量误差应小于 5%。浆液按照设计比例先配制好，搅拌均匀再倒入灌浆泵容器内进行灌注。

特殊情况处理：本次帷幕补强灌浆工程在对北侧截水墙 N41～N65 区段施工时，本区段部分Ⅲ序孔的化灌孔段透水率较大，电站有针对性地对其中部分帷幕孔孔段进行化学灌浆，发现吸浆量并无明显减少，于是采取了改用改性水泥进行灌浆，然后再采用化学材料进行补灌，达到良好的灌浆效果。

帷幕补强灌浆结束标准：

——水泥灌浆：对于有涌水的孔段，应满足在规定的压力下，当注入率不大于 1L/min时，延灌 120min 后结束，保证灌入浆液的充填效果；对于没有涌水的孔段，则在规定的压力下，当注入率不大于 1L/min 时，延灌 60min 后即可结束。

——化学灌浆：结束标准为不吸浆止，施工中可按注入率小于 0.02L/min 或灌入总进量达 300L/m，继续灌注 30min 作为结束灌浆标准，待凝 24h 即可结束。

灌浆孔封堵：灌浆结束后，即进行全孔机械压力封孔灌浆。机械封孔采用普通硅酸盐水泥，灌注压力采用基本段压力，采用水灰比为 0.5∶1；当孔内有较大涌水压力时，机械封孔时间宜超过 4h 才能结束，待凝 72h 后再采用水泥砂浆回填封孔，要求不留孔洞，孔口无渗水。

（三）处理效果

1. 前期试验性阶段

（1）上水库截水墙生产性试验地段为下伏基岩岩性侏罗系流纹质熔凝灰岩。其上部弱风化层岩石节理裂隙较发育，岩石具有较大的透水率；下部微风化层整体较完整，但局部也有一定量的裂隙，局部孔段受缓倾角切割，岩石仍较破碎；局部孔段深度入基岩 20.0m 后透水率值仍大于 3Lu，故应考虑增加帷幕深度。

（2）从压水试验成果看，帷幕孔局部区段透水率较大，明显超出了帷幕的防渗标准；从灌浆情况看，透水率较大的孔段吸浆量较大，部分孔段出现了串冒浆现象，进一步验证了观测资料所反应的帷幕体局部削弱现象。因此，对截水墙防渗帷幕进行补强加固是必要和及时的。

（3）超细水泥与改性水泥灌浆对比试验表明，两种水泥均对于帷幕补强区段地层均具有良好的可灌性；但改性水泥具有微膨胀性、耐蚀性，对于帷幕补强区段酸性地下水地层具有更好的灌浆效果。

（4）AK 树脂与水溶性聚氨酯化学灌浆对比试验表明，水溶性聚氨酯黏度高、遇水易固化，在此区段地层条件及地下水活动频繁的条件下，可灌性较差，灌浆效果未能达到设计要求；且所用丙酮不能满足环保要求。AK 树脂环保，且化学灌浆效果较好，能够满足本区段帷幕补强的需要；但 AK 浆液对温度敏感，施工时应严格控制温度，以保证灌浆效果。

2. 后期帷幕补强灌浆

（1）从帷幕灌浆效果分析来看，改性水泥灌浆和 AK 化学灌浆吸浆量均较大，各区段帷幕孔平均透水率和单位耗灰量随孔序增加均呈递减趋势，说明本次帷幕补强灌浆使原有渗漏通道得到了有效填充，使截水墙帷幕防渗性和耐久性均得到了有效补强。

（2）检查孔透水率全部满足设计要求，岩芯中多处发现水泥结石和 AK 胶结物，且与基岩胶结紧密，说明本次帷幕灌浆效果较好，达到了防渗加固的目的。

四、案例点评

（1）本次施工在原设计的基础上对施工参数进行了反复试验和适当的调整，形成了一套较为成熟的施工工艺，建议在上水库进出水口帷幕日后维护施工中延续使用；鉴于改性水泥和 AK 树脂在帷幕灌浆中的优越性，建议在相似工况施工中参考使用。

（2）由于进出水口水位变化频繁，帷幕老化较快，需密切关注帷幕监测数据，及时分析其变化趋势，发现异常后，及时对其进行处理。

案例 1-17　某抽水蓄能电站上水库库底廊道渗漏异常

一、案例概况

某抽水蓄能电站上水库库盆采用黏土铺盖护底、沥青混凝土护岸与沥青混凝土面板、钢筋混凝土面板相结合的全库盆联合防渗形式。库岸边坡坡比为 1∶1.7，下部设观测廊道。

上水库工程于 2008 年 2 月 20 日现场通过蓄水验收并开始蓄水。截至 2008 年 9 月 8 日，经多次间断充水后库水位达到 765.00m 高程，当日 21 时即发现库底廊道位于进出水口与副坝段排水廊道之间段靠库区一侧部分排水孔出水量急剧增大，水流从排水管喷射而出，最大渗流量约为 90L/s，廊道积水超过 50cm，如图 1-17-1 所示。开始时水流浑浊、携带泥沙，2～3 天后渗水逐渐变清，廊道排水沟泥沙沉积。渗水观测情况记录如表 1-17-1 所示。

图 1-17-1　库底廊道排水孔出水

9 月 12 日起，上水库主坝坝后集水池水位明显上升，渗漏量达到 30L/s，渗水清澈；9 月 15 日 16 时，渗漏量开始逐渐减小，至 9 月 23 日，实测渗漏量为 13.34L/s。

表 1-17-1　　渗水观测情况

观测时间	蓄水水位（m）	观测情况	备注
2008.9.5	761.41（下午）	排水孔出水点 9 孔；累计一天渗排水量为约 369.87m³	主要集中在进出水口
2008.9.6	761.37（下午）	排水孔出水点 9 孔；累计一天渗排水量为约 350.7m³	主要集中在进出水口
2008.9.7	765.02（晚上）	排水孔出水点 14 孔，其中新增 5 处；累计一天渗排水量为约 1113.74m³	新增孔位位于左岸廊道
2008.9.8	764.09（下午）	排水孔出水点 32 孔，其中新增 18 处；累计一天渗排水量为约 9702.7m³	新增孔位位于左岸廊道

二、原因分析

1. 库盆检查

为探明廊道渗水原因，进行了水下检查及上水库放空检查。

从水下检查现场画面来看，在副坝～风门口左岸侧，位于库盆斜坡面与库底水平面交线向库内 3～5m 处，有一条明显的顺廊道向的裂缝，宽度 1～3cm，沿程长度较长，其中一条连续长度约 20 余米。裂缝扒开 15cm 左右，由于黏土淤合的原因，裂缝不再明显。往裂缝内灌墨水，没发现墨水吸入现象，说明裂缝处无明显渗漏直接贯通。在进出水口前池检查发现共有 9 处渗水，主要集中在 753～757m 高程一带的止水部位，局部位置墨水有吸入现象。

上水库放空后，对库底及进水口前池进行全面普查，发现问题如下：

（1）库底黏土。

1）库底黏土渗水深槽（A 点）：距库底排水廊道轴线约 11.4m，平面位置在廊道桩号 0+137.44～0+144.01 范围内，缝宽 0.3～0.5m，最宽的部位约 1.5m，出现在桩号 0+144.01 处，如图 1-17-2（a）所示。

(a)

(b)

图 1-17-2 渗水深槽 A 点示意图

（a）集中渗水深槽 A 点；（b）库底贯穿裂缝

2）库底贯穿裂缝：主要从进出水口前池外侧到 4 号冲沟位置，裂缝沿库底开挖区和回填区分界线附近区域沿线布置，该段裂缝较长，间断不连续，总长约 170m，现场查看局部有渗漏现象，如图 1-17-2（b）所示。

3）库底未贯穿裂缝及局部沉陷：分布在库底不同部位，主要在库周 753m 平台上规律性环向分布，局部位于库底 750m 平台上。

上述裂缝经统计共 87 条，总长约 1811m，主要裂缝统计如表 1-17-2 所示。

表 1-17-2　　　　　　　　　　主要裂缝统计表

编号	1	2	3	4	5	6	7	8	9
裂缝长度（m）	17.8	4.14	4.73	19.91	18.12	72.29	14.22	9.29	14.17
编号	10	11	12	13	14	15	16	17	18
裂缝长度（m）	63.99	17.68	13.26	22.23	6.52	8.49	9.73	4.36	9.96
编号	19	20	21	22	23	24	25	26	27
裂缝长度（m）	25.8	11.81	75.86	103.75	53.99	9.19	26.85	8.20	59.22
编号	28	29	30	31	32	33	34	35	36
裂缝长度（m）	69.53	29.71	34.7	48.92	29.94	20.47	4.98	8.82	3.68
编号	37	38	39	40	41	42	43	44	45
裂缝长度（m）	9.6633	7.0988	14.196	7.467	13.458	6.4802	20.975	32.456	54.601
编号	46	47	48	49	50	51	52	53	54
裂缝长度（m）	61.717	12.455	2.2087	9.3385	9.8558	27.872	9.2928	28.852	24.96
编号	55	56	57	58	59	60	61	62	63
裂缝长度（m）	9.0898	5.3735	8.2193	12.742	22.314	28.483	25.943	23.6	18.465
编号	64	65	66	67	68	69	70	71	72
裂缝长度（m）	16.6	30.165	19.188	4.2748	8.6992	8.124	11.267	4.9912	16.72
编号	73	74	75	76	77	78	79		
裂缝长度（m）	18.875	17.473	15.677	3.6973	4.4564	26.386	24.339		

（2）进出水口前池。

在进出水口前池靠山体侧 1∶1.7 边坡混凝土防渗面板及库底交通洞封堵防渗面板上，发现集中渗水点。当库内蓄水放空后，在进出水口左、右侧及库底交通洞防渗面板表面均发现大量湿润点，局部还有反向渗压水流出。通过检查，在进出水口前池左侧面板共发现 54 处，右侧面板发现 46 处。

2. 原因分析

（1）库底裂缝原因分析。

1）从放空后裂缝分布检查情况分析，主要裂缝位于库底开挖、回填分界区域，呈间断连续状。上水库在初期蓄水期间，由于采用水泵工况充水，水位上升速率较难控制。在充水过程中，受上部荷载加载速度较快的影响，基础沉降变形不能完全适应库底开挖、回填分界区域的初期变形协调，产生不均匀沉降，使上部黏土结构拉裂破坏，从而在开挖和回填区分界线附近区域出现较大范围的裂缝。

2）由于上水库施工完成至初期蓄水时间间隔较长（从开始蓄水到库盆底部全部覆盖共用了 6 个月时间），库底周围黏土与沥青混凝土坡面接头 1∶5 黏土斜坡表面在此期间受多次降雨影响，库盆坡面雨水汇流冲刷导致坡面土体破坏，形成雨水冲蚀沟槽、局部塌陷。

3）库底黏土和库盆沥青混凝土接头部位设置3m高黏土加厚区，加厚区紧贴沥青混凝土面板，在蓄水过程中，受库底基础和黏土铺盖整体沉降变形的影响，带动加厚区产生拉伸变形，导致加厚区中部沿环库一周出现大量呈规律性分布的浅层裂缝。

4）根据地质资料分析，A点塌陷深坑部位位于基岩，虽不存在明显的基础沉降问题，但该部位位于廊道岩基开挖坡面线边缘附近，受开挖廊道基础的地形限制，廊道岩石基础开挖后形成小区域回填。同时，由于库盆工期要求，该部位库内侧先行施工，廊道后期形成，从而在库盆和廊道之间形成了一个狭窄的回填工作面，导致了该部位无法采用大型碾压设备施工，可能存在局部碾压不均匀，在初期蓄水过程中出现不均匀沉降引起A点变形塌陷。

(2）进出水口前池混凝土缺陷原因分析。出现集中渗水点的3个部位，共5块混凝土防渗面板坡度均为1∶1.7，坡度较陡，斜坡施工难度大，混凝土面板在浇筑过程中局部振捣可能不密实。当库水位上升后，不密实处内部被水充填，局部可能贯穿后通过无砂混凝土透水层形成渗流通道，当水位下降后，在反向水压的作用下，内水溢出混凝土面，形成渗水点。

三、处理方案及过程

(1）库底黏土渗水深槽处理：沿深槽两侧放1∶1.5坡度开挖，处理范围为沿开挖区四周各延长20m，开挖至密实黏土后再重新使用新土换填，回填黏土并超过原设计库底高程0.5m后，人工铺设一层厚度为0.8mm、800g/m^{2}的土工膜，土工膜四周锚固在黏土槽内，土工膜上部再铺设一层土工布（400g/m^2，厚3.0mm），然后在其上回填0.5m厚保护层（其中中沙厚0.2m，土夹石料厚0.3m）。

(2）库底贯穿裂缝处理：前池附近部位裂缝已形成贯穿裂缝，采用局部黏土换填加厚、铺设土工膜和底部灌浆处理。对该类裂缝采用局部黏土换填加厚、铺设土工膜和底部灌浆处理，保护层开挖后局部黏土换填加厚，再铺设土工膜，裂缝处做成突出微弧状，土工布（膜）四周锚固在锚固槽内，土工膜上部铺设一层土工布，土工布上部回填0.5m厚保护层（含中砂厚度，保护层同原黏土上部保护层土夹石）。裂缝两端处理长度在原裂缝两端加长10～20m。

(3）库底表面裂缝处理：对于库底表面裂缝，主要采用黏土灌浆和加强碾压处理。

浆液配制：选择具有失水性快、体积收缩小的中等黏性土料，黏粒含量在20%～45%之间，按设计要求的浆液浓度在搅拌机中进行拌制，泥浆的比重控制在1.45～1.7。

充填灌浆：利用浆液自重，将浆液灌入黏土裂缝（或洞穴）处，以堵塞洞穴和裂缝。封面碾压：在浆液初凝后（一般为12h），采用21t振动碾进行封面碾压。

(4) 库底局部塌坑、沉陷、黏土平台滑坡处理：对库底（包括 753.0m 黏土平台）出现的局部塌坑，经渗水检查为贯穿性渗水坑的，按贯穿性裂缝处理的方法进行施工；检查为表面裂缝塌坑的，按表面裂缝处理施工方法进行处理。

(5) 混凝土缺陷处理：前池靠近库岸侧反向渗压点较多、较为集中部位，先对混凝土面板反向渗压点进行化灌处理，化灌浆材采用 LW 型水溶性聚氨酯和 HW 型水溶性聚氨酯混和浆液，配合比为 7∶3，处理完成后表面喷涂一层 3mm 厚聚脲防水材料防水。

裂缝处理情况如图 1-17-3 所示。

(a) (b)

(c)

图 1-17-3　库盆裂缝处理

(a) 黏土换填；(b) 土工膜及锚固施工；(c) 库盆全貌

库底缺陷处理于 2008 年 11 月 4 日全部处理完成。处理完成后，库区再次蓄水，库底排水廊道的渗水监测成果显示，排水管基本不出水，坝后集水池水位未见明显升高，表面本次缺陷处理效果明显。

四、案例点评

本案例中缺陷发生的主要原因是库区蓄水导致库底回填与开挖分界区存在不均匀沉降而出现渗水，它提示我们在施工阶段要高度重视回填、开挖分界区的结合处理问题；

另一方面，蓄水初期要严格控制库水位上升速率，严格做好变形、渗漏监测及巡视检查工作。

本案例通过对库底渗水深槽及贯穿性裂缝采取黏土覆盖层开挖换填、铺设土工膜、砂石盖重的措施及对浅层裂缝缺陷用灌注水泥黏土浆进行处理、重新蓄水的操作的之后，库底廊道排水孔未发现明显出水现象。实践结果表明，该防渗处理措施有效可行，可供其他同类工程参考借鉴。

第二章　下　水　库

案例 2-1　某抽水蓄能电站下水库坝基排水孔堵塞

一、案例概况

某抽水蓄能电站下水库大坝为浆砌石重力坝，续建加高前坝顶高程 466.65m，续建后坝顶高程 490m，坝顶长度 430m，坝顶宽 12.53m，最大坝高 77.35m，下游坝坡 1∶0.7。原老坝体内设置 1 条灌浆排水廊道，城门洞型断面尺寸为 2.4m×3.5m（宽×高），河床坝段底部高程为 437.65m。由于原坝体坝基排水设施缺乏维护已失效，在续建过程中，沿坝基帷幕灌浆下游重新设置了 54 个排水孔，孔间距为 3m，孔口直径为 100mm，孔深在 30～50m 之间，用于坝基排水。

下水库坝基排水孔施工于 2005 年 11 月施工完成，2006 年 10 月下水库通过初期蓄水验收开始蓄水。由于该水库归属当地水库管理处，下水库大坝水工建筑物日常运行维护由原水库管理处负责，公司负责管理。2015 年 5 月，公司水工人员在对下水库灌浆廊道开展汛前安全检查期间，发现水库管理处对廊道路面进行了大修，在原有的路面上铺设了一层 10cm 的混凝土路面，导致排水孔被混凝土填埋，坝基排水失效。发现此问题后，水库管理处对排水孔孔口混凝土进行了凿除，凿除后发现大部分排水孔已被堵塞。

二、原因分析

（1）运维人员认识不足。坝基排水是通过在灌浆廊道下游侧沿坝轴线方向钻设排水孔，形成一排排水幕，达到坝基排水的目的，以降低坝底渗透压力，即进一步降低坝基扬压力，使坝体保持稳定。水库管理处运维人员在对廊道路面进行混凝土浇筑过程中没有对排水孔进行任何保护措施，而是直接选择填埋。

（2）排水孔孔口未保护。2005 年 11 月排水孔施工完成，孔口位置位于廊道路面靠下游处，孔口高程与路面高程一致，施工单位完成钻孔工作后只是简单地对孔口用编织物进行了封堵，并未对孔口进行任何其他保护措施，导致施工期的部分杂物覆盖在编织物顶部，运行维护人员忽视了排水孔的存在。

（3）孔内钙化物析出。排水孔内钙化物析出沉淀形成淤积物。由于混凝土内部的氢氧化钙析出，与空气中的二氧化碳反应生成白色的碳酸钙，由于长时间运行，碳酸钙沉积于孔底形成淤积物，影响排水孔的正常排水功能。

三、处理方案及过程

针对现场发现的问题，首先排查了现有的排水孔情况，记录排水孔的布置位置、孔口尺寸及孔深，并与竣工图纸进行详细比对。

然后采用回旋式钻孔机、配合钻杆、钻头等设备清除排水孔内的沉积物及排水孔壁上的附着物，如图 2-1-1、图 2-1-2 所示。

图 2-1-1　清孔施工现场图

图 2-1-2　孔内杂物

具体处理方案如下：

（1）对排水孔孔口进行清理，并做好防护措施，确保孔口周边无杂物、碎石落入孔内。

（2）采用回旋式转孔机对排水孔扫孔，所使用钻头直径应略小于或等于排水孔直径。

（3）钻机扫孔到底后，多次来回正反转钻头，通过钻杆往孔底加压空气和水，将孔内杂物从上部清出，并检查排水孔内的沉积物及孔壁上的附着物是否已经清理干净。

（4）如孔内的沉积物及孔壁上的附着物未扫除干净，应重复上述步骤，直至孔内扫除干净为止。

（5）冲洗结束标准：排水廊道排水孔应清至图纸标明的深度，直至回水洁净再延续 10～20min 后结束。

（6）排水孔扫孔清洗后，对无自流的排水孔进行灵敏度检验，其方法采用注水试验，一般在水位稳定期进行。试验前先测定孔内水位，然后向管内注清水，注水量相当于每米排水孔容积的 3～5 倍，注水后不断监测水位，直至恢复到或接近注水前的水位。

清理完成后在孔口部位安装 PPR 弯头，对孔口进行保护，防止杂物落入孔内，造成堵塞，如图 2-1-3 所示。PPR 弯头的制作安装要求如下：

（1）PPR 管外径为 100mm，能与已有的排水孔（直径 100mm）紧密相扣，若有松动应在四周涂抹密封胶，确保安装后密封牢固。

（2）PPR 管套入排水孔内尺寸应不少为 150mm，上部与 PPR 专用弯头（90°）相熔接，弯头另一端应熔接一段 PPR 管，其长度不等，约为 200mm，根据现场实际尺寸制作，管口朝向排水沟，PPR 管切口应与排水沟侧边相齐。

（3）排水孔管口混凝土凿除时，应向下凿除 50mm，PPR 套管水平段应埋入地面 5cm，安装完成后应将排水沟四周采用混凝土封填，并与地面相平。

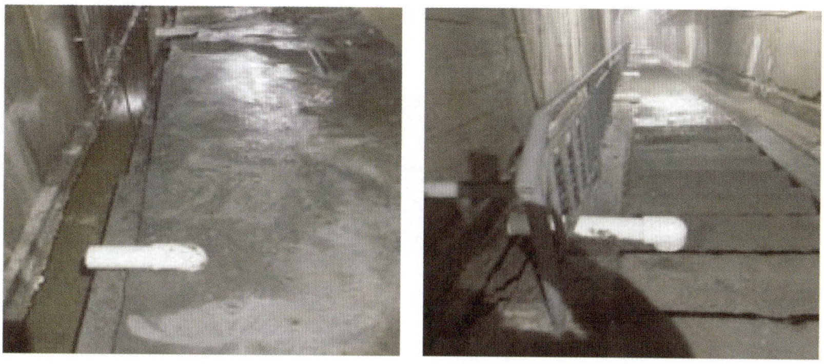

图 2-1-3　PPR 套管

处理效果：本次处理采用了回旋式钻孔机、配合钻杆、钻头等设备对排水孔内的沉积物及排水孔壁上的附着物进行清除，比一般高压水扫孔清洗效果更加明显，通过灵敏度检测，排水孔均已恢复排水效果。

四、案例点评

（1）大坝坝基排水孔是降低坝基扬压力，影响坝体稳定的重要设施，应建立坝基排水孔设施台账，将其纳入日常巡视检查工作中，加强对坝基排水孔的日常维护管理。

（2）应定期对排水孔的排水性能进行灵敏度检测，及时掌握坝基排水设施的运行状况。

（3）对管口加设 PPR 套管，该措施可有效阻挡杂物落入孔内堵塞排水孔。

案例 2-2　某抽水蓄能电站下水库导流泄放洞消力池冲刷破损

一、案例概况

某抽水蓄能电站下水库导流泄放洞位于右岸，由进口引水渠、进水口、事故检修门井、有压洞段及出口消能工程组成。隧洞中部靠近右坝头附近设一道事故检修门，隧洞出口设一道工作弧门，孔口尺寸为 2m×3m。泄放洞洞长 525.01m，洞径 4.8m，出口消能方式为消力池底流消能，闸室后至消力池长 96.7m，宽 5～16.2m，池底高程 71.5m，池长 63m，池宽 7.9～16.3m，池深 7m；泄放洞最大工作水头 63.0m，设计泄量 176.1m³/s。消力池段的岩石为强风化至弱风化的砾岩夹含砾粉砂岩，消力池底距地表深 12m 左右。消力池边墙采用重力式挡墙，底板与边墙分开，消力池段侧墙及底板表层 50cm 采用抗冲磨、抗空蚀性能较好的 C40 钢纤维混凝土，底板厚 1.5m。导流泄放洞消力池纵剖面图如图 2-2-1 所示。

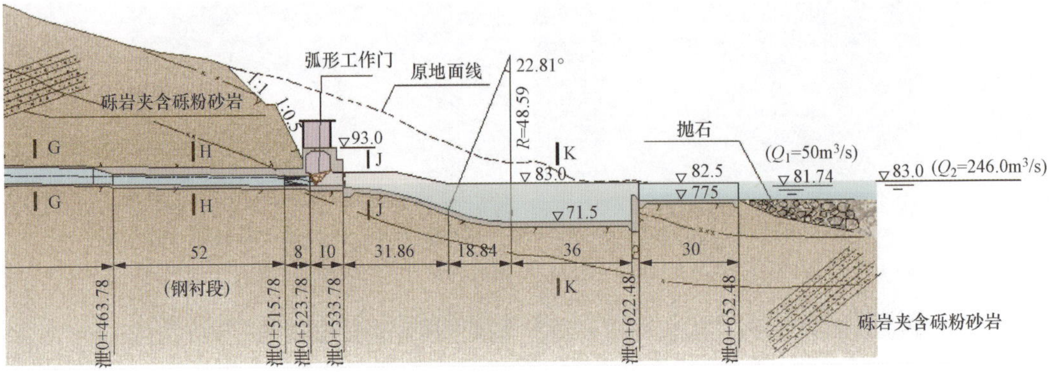

图 2-2-1　导流泄放洞消力池纵剖面图

下水库导流泄放洞消力池为底流消能，自 2005 年运行以来每年放水约 20 次，大部分时间为小开度小流量放水，消能形态表现为挑流消能，因而溢流面冲刷露出粗骨料及局部钢筋；较大洪水且长时的泄洪将危及导流泄放洞运行安全。为保证导流泄放洞安全运行，对消力池进行处理。

二、原因分析

自 2005 年运行以来，下水库泄放水库洪水及多余水量均采用下水库导流泄放洞；为了保证执行《水库控制运用计划》规范，下水库导流泄放洞闸门绝大部分时间为 0.1m 小开度（5m³/s）放水，泄放水流形态呈挑流状，水舌落点在消力池前半部分溢流面上，实际为挑流消能，对采用底流消能的消力池溢流面冲刷严重，日积月累使溢流面露出粗骨料和局部钢筋，危及导流泄放洞安全运行，溢流面缺陷部位示意图如图 2-2-2、图 2-2-3 所示。

图 2-2-2　溢流面处理前状况

图 2-2-3　处理前局部状况

三、处理方案及过程

1. 处理方案

查阅其他电站溢洪道溢流面处理技术，采用抗冲磨刮涂聚脲（也称单组分手刮聚脲）和高韧性环氧涂膜对比试验，单组分手刮聚脲性能更优越，其具有拉伸强度大、硬度高、柔性好、耐老化、耐低温等特点，适用于混凝土溢流面、泄洪洞等具有抗冲磨要求的泄水建筑物正表面的防护及裂缝表面封闭；研究后采用单组分手刮聚脲进行涂刷保护溢流面混凝土的方案是适宜的。其物理力学性能见表 2-2-1。

表 2-2-1　单组分手刮聚脲物理力学性能

序号	检测项目	检测结果
1	固含量（%）	100
2	拉伸强度（MPa）	>20
3	扯断伸长率（%）	>200
4	撕裂强度（kN/m）	>70
5	表干时间（h）	5
6	与混凝土黏结强度（MPa）	>2.5
7	黏度（MPa·s）	>3000
8	颜色	灰色，不变色
9	耐磨性（阿克隆法）（mg）	≤20
10	密度（g/cm^3）	1.05

2. 处理过程

（1）接触面处理。混凝土接触面处理采用角磨机对混凝土表面进行打磨平整，用高压水枪冲洗干净，混凝土表面干燥后，对其局部孔洞用高强找平腻子填补，找平材料固化后，再使用角磨机对混凝土表面进行打磨、清洗，要求混凝土表面平整、坚固、无孔洞；对混凝土面有大于 0.2mm 裂缝，需增加胎基布；对渗水裂缝，则根据具体情况先进行渗水处理后再处理。

（2）聚脲层和界面剂涂刷。聚脲层涂刷前，在混凝土表面涂刷界面剂；涂刷厚度要薄而均匀，无漏涂现象；保证聚脲与混凝土表面之间的黏结强度应大于 2.5MPa。涂刷手刮聚脲具体步骤如下：

1）界面剂干燥后，开始刮涂抗冲磨型聚脲涂层。涂刷聚脲在界面剂初始固化（黏手而不拉丝时）进行，如果时间过长，需要增加 HM 活化剂。

2）聚脲大面积涂层厚度 2mm，共涂 3 遍，第一遍涂刷 0.5mm 厚，待第一层干燥后，刮涂第二遍厚 1.0mm，第三遍涂刷厚 0.5mm。

3）混凝土伸缩缝两侧 30cm 范围内、裂缝及拐角 10～15cm 范围内应先涂刷 1mm 厚的聚脲弹性体，粘贴胎基布，然后再大面积涂刷聚脲；伸缩缝、裂缝及拐角部位聚脲厚度为 4mm。

4）聚脲涂层厚度要均匀，层间不能有水或灰尘，保证聚脲各层之间的黏结良好。

5）单组分手刮聚脲在 10～40℃温度条件下，干燥、避光保存（保质期为 6 个月）。超过贮存期可按企业标准进行复检，若符合技术要求仍可使用。

6）单组分手刮聚脲在使用时必须使用专门手刮板，聚脲涂层厚度要均匀，涂刷时应纵横涂刷，保证凹凸处均能均匀涂刷。

7）如材料保存温度较低，聚脲涂料较稠，不宜施工。此时需要将单组分手刮聚脲桶放入加热 60℃以上的水域中加热，待聚脲融化后搅拌均匀再使用，单组分手刮聚脲打开盖后必须 1h 内施工完毕。单组分手刮聚脲施工过程中，如遇大风和下雨，必须立即停止施工，用帆布等防护材料对聚脲层进行遮盖保护。等风停雨歇后，擦干净单组分手刮聚脲涂层上的附着物，吹干后方可以继续施工。聚脲涂刷完工后，24h 内尽量不要有水浸泡，常温养护即可。

（3）周边处理。在聚脲涂刷范围的周边，为了保证聚脲涂层与周围混凝土的搭接牢固可靠，避免在高速水流冲刷下开口掀起，收边处混凝土打磨成倒三角，边缘聚脲厚度大于 4mm，并保证聚脲与周围混凝土搭接边处采用平滑过渡，如图 2-2-4 所示。

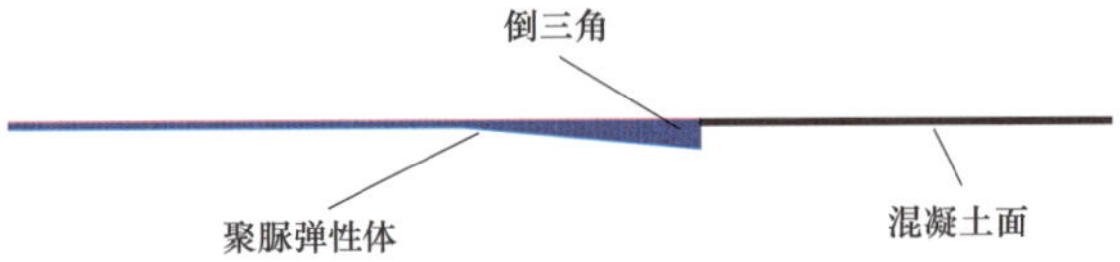

图 2-2-4　聚脲与混凝土收边示意图

3. 溢流面处理成果

经处理后溢流面光滑平顺，经 2016 年放水考验后，经常为小开度挑流冲刷的部位目前未见损坏。溢流面处理效果如图 2-2-5、图 2-2-6 所示。

图 2-2-5　打磨后溢流面

图 2-2-6　修补后溢流面

四、案例点评

下水库导流泄放洞14年来运行正常，启闭使用灵活、可及时泄放洪水及水库多余水量。本案例采用手刮聚脲修补溢流面是合适的，但只是治表；根据设计要求，下水库导流泄放洞应尽量避免小开度放水，建议应尽快改变导流泄放洞运行方式，增加小流量的放水锥阀，泄量大时再采用导流泄放洞开启闸门放水，避免对溢流面损坏。

案例2-3　某抽水蓄能电站下库坝弧形闸门左下角混凝土贯穿漏水

一、案例概况

某抽水蓄能电站下库混凝土重力坝，最大坝高16.0m，坝顶宽3.0m，坝顶高程71.50m，坝顶长260.0m，共分18个坝段。从右至左编号，1～10号为右岸非溢流坝段，11～15号为溢流坝段，16号为放水孔坝段，17、18号为左岸非溢流坝段。溢流坝段长61.0m，共5孔，每孔净宽10.0m，最大泄量1200m^3/s。16号坝段布置放水孔，以满足下游灌溉用水，兼作下库冲沙之用，放水孔断面尺寸为4.0m×6.0m（宽×高），最大泄量180m^3/s。

2017年10月，在水工日常巡视检查过程中，发现下库坝1号弧形闸门左下角闸墩混凝土局部漏水且形成小水柱。经长时间观测发现，该处缺陷混凝土渗漏量随水位变化而变化，水位在接近正常蓄水位70m时渗漏量达到最大，约0.25L/s。若该隐患进一步扩大，将影响闸门及大坝的安全运行。为控制并消除该处混凝土渗漏缺陷，需要在平时的日常运维工作中加强监测，利用水库放空期间对其进行化学灌浆补强加固。

二、原因分析

基建期混凝土施工质量差，振捣不密实，其中遗留的木方腐烂后形成孔洞，经大坝长时间运行，混凝土持续被破坏，是导致此缺陷的主要原因。混凝土内部现状及老化现状分别如图2-3-1、图2-3-2所示。

三、处理方案及过程

1. 灌浆处理

通过用锤敲击该区域混凝土，确定该区域混凝土存在空隙的部位及脱空区域并标记。确定后采用补充灌浆处理方式，消除安全隐患。处理材料清单见表2-3-1。

图2-3-1　混凝土内部现状

图2-3-2　混凝土老化现状

表2-3-1　　**处理材料清单**

序号	材料名称	型号	单位	数量
1	环氧砂浆	NEⅡ	m^3	2
2	环氧灌浆液	CW	kg	100

2. 处理过程

（1）清除破损处所有松动部分，而且在凿除过程中发现原有混凝土浇筑施工过程中内部遗留有木方，木方现已腐烂，从而导致此处发生缺陷。施工过程中采用手工凿除的工艺把所有破损松动的混凝土及木方清理干净。再骑缝钻灌浆孔，孔深一般0.15～0.4m，孔径ϕ12mm，孔距50cm左右。

（2）采用高压水枪冲洗凿除后的修补面及灌浆孔。用高压水（气）枪冲洗所凿的槽面，并用钢刷反复刷冲，做到槽内混凝土无松快、无粉灰。钻孔经验收合格后，进行孔内和缝面冲洗。采用风水轮换进行，水压0.15MPa，风压0.2MPa。冲洗时孔口敞开，将风（水）管插入孔底，风（水）轮换冲洗，等回清水后即可结束。

（3）预埋注浆管，并回填环氧砂浆。以灌浆管能埋入和稳固为原则，埋管埋入孔深2/3左右。

（4）灌环氧灌浆液。在回填的NEⅡ环氧砂浆达到一定的强度时先进行单孔压水，进行压水实验逐孔检查，然后开始灌浆，化灌材料采用CW环氧灌浆液，以达到防渗堵漏与补强加固的双重效果。灌浆压力控制在0.1～0.2MPa，缝宽大、贯通性好的部位灌浆压力宜选低些，缝宽小、贯通性差的部位灌浆压力宜选高些，且按注浆实际情况确定，保证缝面内浆液饱满密实，防止缝内过高灌浆压力对缝面两侧的劈裂破坏，为防止在灌浆压力作用下，裂缝两侧混凝土产生有害的应力和变形，在灌浆施工中应布置适量仪器对裂缝进行观测。灌浆应按由下至上，由一侧向另一侧的顺序进行灌浆。灌浆结束标准为单孔吸浆率趋于零，再继续灌注 15min 且压力不下降，结束该孔灌浆。灌浆结束前，将孔口皮管反握并用铁丝绑扎。注意：在注浆过程中若发现有串缝和蜂窝现象时，应注满串缝和蜂窝并达到止水效果为原则。

（5）养护、清场。

（6）环氧砂浆填补完成 3 天时，用小锤轻击表面，声音清脆表示质量良好。

混凝土处理前、后现状分别如图 2-3-3、图 2-3-4 所示。

图 2-3-3　混凝土处理前现状

图 2-3-4　混凝土处理后现状

四、案例点评

在水工建筑物中，由于设计材料、施工及维护不当所引起的水工混凝土渗漏等病害屡见不鲜。而一些投入运行时间较长的水工建筑物，由于长期的水流冲蚀、碳化、冻融破坏或腐蚀介质的侵蚀等原因，也会出现不同程度的缺陷和病害，严重影响了水工建筑物的正常使用和安全运行。

由本案例可见，随着大坝长时间的运行，一些当时的设计思路和施工工艺的局限性也渐渐暴露出来，比如支撑模板木方遗留、振捣不密实、养护不到位等问题。由本案例产生缺陷的原因可知，只有加强基建期混凝土施工过程质量管理，才能从根本上提高水工建筑物结构安全性与运行可靠性，保证大坝安全稳定长久运行。

案例 2-4 某抽水蓄能电站下水库大坝溢流面裂缝

一、案例概况

某抽水蓄能电站下水库大坝利用未完建的浆砌石重力坝续建加高而成，续建坝型为毛石混凝土重力坝，沿原坝轴线进行加高，上游坝面按 1∶0.1 的坡比至一定的高程后变为铅直坝面，下游坝面仍按 1∶0.7 的坡比至坝顶。坝顶长度 430m，坝顶高程 490.00m，最大坝高 77.35m。泄水建筑物对称布置在主河床，由 4 个中孔、4 个表孔、2 个底孔、1 个冲砂孔组成。下水库大坝按 1 级建筑物设计，按 100 年一遇洪水设计、1000 年一遇洪水校核，消能防冲建筑物按 50 年一遇洪水设计。大坝共分为 16 个坝段，其中 3～13 号（部分）坝段（桩号 0＋051.00～0＋348.50）在原浆砌石重力坝基础上续建加高，其余为新建坝段。泄洪表孔布置在 5 号（桩号 0＋113.000～0＋142.000）和 8 号（桩号 0＋200.000～0＋229.000）坝段。每个坝段分设 2 孔，共 4 孔。表孔堰顶高程 480.500m，溢流前缘净宽 4×10.5m，中墩厚 4.0m，边墩厚 2.0m，下游两侧导墙厚 2.00m，泄槽宽度 25m，为避免两孔水流在中墩后交汇形成水冠，经水工模型试验推荐，中墩后增设潜没尾墩，上游坝面在 466.65m 高程以下为 1∶0.1 的坡比，以上为铅直坝面，加高续建部分为混凝土结构，表孔溢流面混凝土为 C30W6F300，混凝土保护层厚度为 100mm。溢流面和导墙在坝下 0＋018.500 和坝下 0＋038.500 处设两道纵缝，根据有限元计算成果，纵缝按施工缝处理，溢流面和导墙钢筋穿过施工缝，缝内设铜止水一道。从坝下 0＋020.620～坝下 0＋046.044，导墙顶以 1∶0.7 的坡度由 481.000m 降低至 444.680m，挑坎段导墙高程为 444.680m。

下水库大坝表孔溢流面裂缝最早出现在施工期，进行了部分处理。电站进入运行期后，在日常水工巡视检查过程中，发现下水库大坝表孔溢流坝面存在大量裂缝。2013 年 10 月，委托专业机构对下水库大坝溢流坝面裂缝进行了普查和检测。普查结果表明，溢流坝面裂缝以横向裂缝居多，纵向裂缝次之，还有部分斜向裂缝，绝大多部分裂缝宽度大于 0.2mm，个别裂缝存在渗水现象。普查裂缝总数量 113 条，总长度 1099m，裂缝宽度在 0.15～1.2mm 之间。

二、原因分析

下水库大坝溢流面裂缝产生的原因比较复杂，分析认为原因主要有以下几点：

（1）下水库大坝为改建、续建工程，工程主体混凝土浇筑从 2004 年 6 月 20

日开始，2006 年 5 月 27 日结束，施工期间 2005 年经历了夏季和冬季混凝土施工。

（2）3～14 号坝段，除 9 号坝段为 15m 外，其他坝段最小宽度为 30m，最大为 32m。坝体坝段宽度达到或超过设计规范允许的最大值，顺流向方向易出现垂直裂缝，左、右非溢流坝段上下游面裂缝属于这一类。

（3）原设计为 15m 或 16m 宽为一个坝段。新的设计图要求将原来两个坝段合并为一个坝段（9 号坝段除外），但没有采取并缝措施，从发生裂缝的部位来看，大部分都集中在坝段中间部位。左右非溢流坝段上下游面裂缝属于这一类。

（4）没有采取解除浆砌石基础约束的措施。下水库大坝高程 466.15m 以下为浆砌石基础，经过 20 多年早已达到稳定温度，在原有浆砌石基础上浇筑混凝土，此基础成为强约束区，产生较大的拉应力，当拉应力超过混凝土抗拉强度时，混凝土就产生了裂缝。

（5）防渗墙、溢流面、闸墩和垫层混凝土等都是有温度控制要求的部位，均应使用低热水泥，但实际使用了普通硅酸盐水泥，即使是普通硅酸盐水泥供应紧张，运送到现场的水泥自身温度达到 80 多摄氏度，虽然施工单位在使用过程中在水泥罐外围采取了降温措施，但仍然不能解决混凝土内部水化热温升高的问题，这也是诱导裂缝的原因之一。

2006 年 3 月，相关专家在现场召开了“下水库大坝（局部）混凝土裂缝问题专题讨论会”，与会人员根据施工单位提供的材料和现场的实际情况，经过充分研讨，一致认为“大坝（局部）混凝土出现裂缝的主要原因系温度应力所致”。

三、处理方案及过程

1. 主要材料特性

（1）手刮聚脲。本次采用的抗冲磨型手刮聚脲（单组分）具有抗冲磨性能好、柔性大、耐老化，能适应混凝土裂缝及伸缩缝变形。抗冲磨型手刮聚脲的特点如下：

1）抗冲磨型手刮聚脲强度及抗冲磨性要高于防渗型手刮聚脲。

2）抗冲磨型手刮聚脲有较高的伸长率，能适应伸缩缝及混凝土表面裂缝的变形。

3）抗冲磨型手刮聚脲与基础混凝土黏结强度高。

4）涂层耐老化、耐腐蚀性能好，可对混凝土表面起到保护左右。

5）手刮聚脲材料施工简洁、方便，不需要专门的施工设备。

抗冲磨型手刮聚脲（单组分）在一些水电站溢流面防护工程上得到了应用，且应用效果很好，已得到使用单位的认可。例如，某水电站右表孔溢洪道、某水电站水垫塘、某抽水蓄能电站面板以及某水电站泄洪道均使用了抗冲磨型手刮聚脲。手刮聚脲（抗冲磨）的主要技术指标见表2-4-1。

表2-4-1　　手刮聚脲（抗冲磨）的主要技术指标

序号	检测项目	性能指标
1	外观	均匀黏稠液体
2	固含量（%）	≥80
3	表干时间（h）	≤6
4	黏度（mPa·s）	≥3000
5	密度（g/cm^3）	1.1±0.1
6	拉伸强度（MPa）	≥20
7	拉断伸长率（%）	≥200
8	硬度（邵A）	80±5
9	撕裂强度（kN/m）	≥70
10	黏结强度（MPa）	≥2.0

（2）裂缝化学灌浆材料。化学灌浆材料为遇水膨胀高强聚氨酯浆材，其主要性能指标见表2-4-2。

表2-4-2　　高强聚氨酯化学灌浆材料主要性能指标

试验项目	技术要求	实测结果
粘黏（25℃，mPa·s）	小于100	40～70
凝胶时间（min） 浆液：水=100：3	小于20	18
黏结强度（MPa）（干燥）	大于2.0	2.1

2. 处理方案

（1）裂缝宽度大于0.2mm、小于1.0mm的裂缝处理。对宽度大于0.2mm、小于1.0mm的混凝土裂缝，首先对裂缝进行化学灌浆，然后对裂缝表面涂刷手刮聚脲进行封闭，处理示意图如图2-4-1所示。化学灌浆的主要目的是对裂缝处的混凝土进行补强加固，恢复溢流面混凝土整体性，表面涂刷柔性抗冲磨涂层是为了封闭裂缝，进一步提高混凝土的耐久性。化学灌浆施工工艺如下：

1）灌浆孔造孔及清洗。沿混凝土裂缝两侧打斜孔与缝面相交，孔距为30～40cm，孔径为ϕ14。

2）灌浆孔钻好后，用高压气吹净造孔时产生的粉尘，然后再用高压水冲洗灌浆孔，冲出孔内的混凝土碎渣与粉尘等杂物，清孔验收标准以孔内无任何杂物为准。

3）埋设灌浆嘴。将洗好的灌浆孔装上专用的灌浆嘴并上紧。

4）灌浆。化灌使用的材料为改性环氧类浆材。为了保证灌浆质量，采用高压灌浆工艺。灌浆压力至少要大于灌浆嘴打开的压力，约为 4.0MPa，最高压力根据现场工艺性试验确定。

5）当灌浆材料固化后，砸除灌浆嘴，用环氧腻子封堵灌浆孔。

6）沿裂缝两边进行打磨，总宽度为 15cm，边缘部位打磨成倒三角的形式，深度为 2～3mm。

7）清洗打磨的混凝土表面，待混凝土表面表干后，可涂刷界面剂。

8）界面剂指干后，涂刮聚脲对裂缝进行表面封闭，涂刷宽度为 15cm，平均厚度为 3mm，中间厚度为 4mm，并复合 10cm 宽的胎基布，两侧厚度大于 2mm。

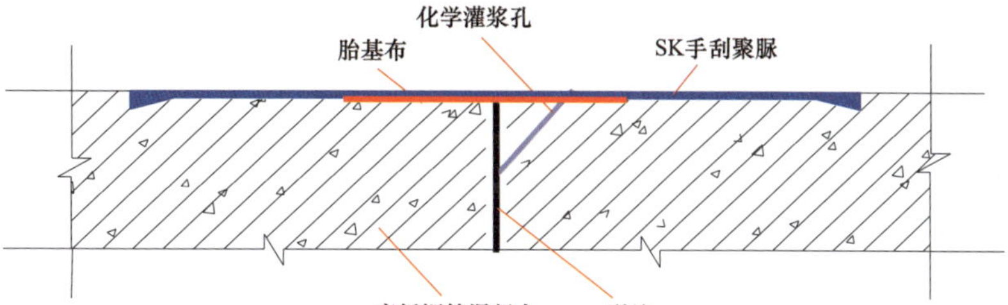

图 2-4-1　裂缝处理示意图

（2）裂缝宽度小于 0.2mm 的裂缝处理。对于缝宽小于 0.2mm 的裂缝，采用表面涂刮手刮聚脲对裂缝进行表面直接封闭，涂刷宽度为 15cm，平均厚度为 3mm，中间厚度为 4mm，并复合 10cm 宽的胎基布，两侧厚度大于 2mm。

（3）裂缝宽度大于 1.0mm 的裂缝处理。对宽度大于 1.0mm 的混凝土裂缝，首先对裂缝表面进行临时封闭，裂缝内部进行化学灌浆，然后打磨清楚裂缝表面的封堵材料，在裂缝表面涂刷手刮聚脲进行封闭。

（4）渗水裂缝的处理。对于有渗水的裂缝，采用聚氨酯灌浆材料进行化学灌浆，聚氨酯灌浆材料有遇水膨胀的特性，具有很好的止水效果。灌浆工艺和对裂缝的封闭与上述方法相同。

3. 施工过程

裂缝处理主要施工过程如图 2-4-2～图 2-4-7 所示。

图 2-4-2　钻打灌浆孔

图 2-4-3　化学灌浆图

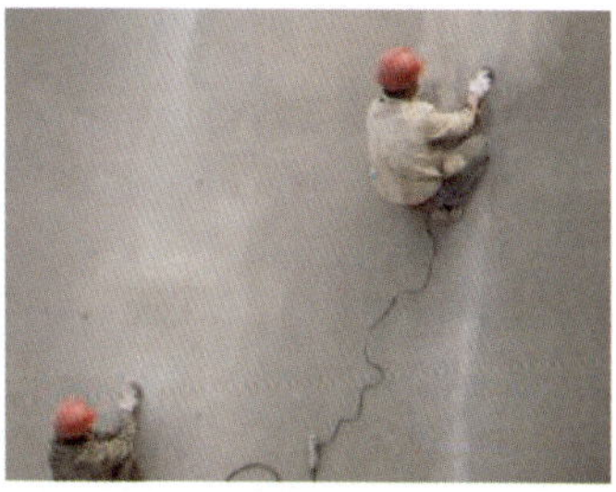

图 2-4-4　清除灌浆嘴，沿裂缝表面打磨

图 2-4-5　刮涂聚脲涂层

图 2-4-6　粘贴胎基布

图 2-4-7　裂缝处理后

4. 处理效果

大坝溢流面混凝土裂缝于 2013 年和 2017 年分两次处理完成。裂缝处理完成后，经现场检查，裂缝化学灌浆效果明显，缝内浆液饱满；漏水裂缝处理后现场无渗漏；涂刷的手刮聚脲涂层防护效果良好，未发现质量问题。从截至目前的日常巡视检查情况来看，处理效果较好，未发现异常。

四、案例点评

（1）大坝溢流面混凝土裂缝的存在，会对混凝土的耐久性造成不利影响，当大坝泄洪时，强大的动力压力可能沿着缝隙（贯穿裂缝、结构缝）传入内部，导致溢流面底板脉动压力将底板掀起，继而造成大坝严重破坏，危及大坝安全。因此，必须要引起高度的重视。

（2）关于大坝溢流面混凝土裂缝的防范，一方面在施工期要做好混凝土施工质量控制，如：特殊部位使用低热水泥，对水泥罐采取降温措施，采取冰水拌和混凝土、混凝土内埋设冷却水管等措施，防止混凝土产生裂缝；另一方面对已经出现的裂缝，应及时委托专业机构进行普查和检测，并尽早采取适当的处理措施。

（3）应继续加强大坝溢流面的日常巡视检查，关注该部位的运行状况，并详细记录处理部位的检查情况，尤其是汛期水库泄洪后，要对溢流面进行全面检查。针对缺陷处理部位，应加强后期跟踪，关注处理效果，若发现问题，及时处理。

案例 2-5　某抽水蓄能电站溢洪道裂缝

一、案例概况

2017 年 3 月 15 日，某抽水蓄能电站对下水库溢洪进水渠、溢流堰（闸室段）、泄槽段、挑流鼻坎段及出水渠进行全面检查。检查发现，溢洪道泄槽段底板和溢流堰存在多条裂缝，导流边墙分缝渗水和钙化物析出，其中横向裂缝 23 条，纵向裂缝 14 条，裂缝宽 0.1～2.0cm。

2017 年 10 月 15 日，再次对下水库溢洪进水渠、溢流堰（闸室段）、泄槽段、挑流鼻坎段及出水渠进行全面检查。检查发现，溢洪道泄槽段和溢流堰处的裂缝增多，导流边墙分缝渗水和钙化物析出，其中横向裂缝 35 条，纵向裂缝 23 条，裂缝宽 0.1～2.0cm。

溢洪道裂缝情况如图 2-5-1 所示。

图 2-5-1 溢洪道裂缝图

二、原因分析

由于溢洪道泄槽段底板所处位置多为风化层、弱风化岩层、沉积物，地质条件较差，边坡和底板基础不稳定，导致基础产生不均匀沉降；泄洪时，底板受高速水流冲刷、振动导致混凝土底板开裂，导流墙产生裂缝，渗水、钙化物析出。水流经裂缝下渗会逐步掏空基础，若不及时处理，将危及溢洪道整体安全。

三、处理方案及过程

溢洪道泄槽段修补采取以化学灌浆为主、其他处理方式为辅的综合裂缝修补处理原则。对于表面裂缝灌浆处理方案如下：

1. 裂缝清理

（1）磨缝：采用手持打磨机沿裂缝进行打磨，打磨的宽度为裂缝两侧各 100mm，打磨深度为 2mm 后用高压水进行洗缝 .

（2）凿槽：骑缝凿 V 形槽，槽深 3～5cm，槽宽 3～5cm；并将槽采用清水、风枪对裂缝进行清洗，吹干净，以保证槽内缝口张开内无粉尘后进行布置孔位。

（3）布置孔位：骑缝孔间隔 0.3～0.5m 布孔。

（4）开孔：按照规定间距采用开孔机进行打孔，并及时用压力水进行洗孔。

（5）洗孔：采用清水加风对打好的孔进行清理。

2. 安装注浆嘴及封缝

（1）安装注浆嘴：灌浆嘴底座上的应对准缝口孔内插上，然后将注浆嘴压向注浆孔内；采用快速堵漏剂固定好灌浆嘴，表面用环氧胶泥对注浆嘴进行加固，同时采用环氧胶泥对裂缝进行封堵处理，以免灌浆时裂缝渗漏。

（2）封堵裂缝：采用环氧胶泥沿原裂缝左右各100mm宽度刮抹3mm厚（保证裂缝中心的环氧胶泥厚度，两边可以略薄），从而实现对裂缝的封闭；封缝完成按照灌浆的顺序给每个孔口编号，编号从1号向后依次类推。

3. 注浆

（1）注浆顺序：注浆时按照从下至上的顺序。

（2）注浆压力：注浆起始压力为0.4MPa，最大压力不超过0.6MPa，屏浆压力均为0.6MPa。

（3）注浆方法：先从低端往高端灌注，先从低端1号孔展开，往上2号孔出浆并关闭结扎出浆管，继续灌浆3号出浆同里一样。

（4）灌浆结束标准：一整条裂缝灌满浆液后，并稳压5～10min屏浆压力不下降，即结束灌浆。

4. 表面处理

（1）基面处理：对混凝土基础表面进行处理，清除基面上的水泥净浆表层或松动颗粒等，使表面外露坚硬、新鲜骨料。

（2）界面处理：用高压水或高压风清除表面沙粒、粉尘。

（3）涂刷基液：在处理好的混凝土基面上用毛刷均匀地涂刷薄层底层基液，尽可能做到薄而且均匀、不流淌、不漏刷。

（4）涂抹环氧砂浆：待基液初凝（表面不流动、指触拉丝）时，用抹刀涂抹环氧砂浆，涂抹时要边压边抹光，涂抹厚度为5mm，分层涂抹。

（5）环氧砂浆养护：完工3～14天后即可投入使用。

四、案例点评

由本案例可见，工程的地质基础和混凝土浇筑质量应从基本建设时期抓起。工程地质条件差时，应开挖到基岩或者风化程度低的岩石，或应加强基础地基的处理，达到基础条件要求；隐蔽性工程验收时，应留有旁站监理验收签字，及时汇报建设单位；重要位置混凝土浇筑前，应进行出仓混凝土试验，达到要求方可浇筑；发现裂缝或者问题应及时处理，并加强巡视检查工作。水流流经裂缝，冲刷、振动将会掏空基础，若溢洪道底板裂缝不及时处理，基础被掏空将导致溢洪道边坡滑坡、塌方等。因此，建议与施工建筑物或者高危边坡有关的隐患，应及时处理，防止事态进一步扩大。

案例2-6　某抽水蓄能电站下水库围堤内边坡滑移

一、案例概况

某抽水蓄能电站下水库由均质土堤圈围、库盆深挖而成，库底高程－0.05～0.95m，地面高程5.50～7.00m，库围堤采用库盆开挖料粉质黏土Q3填筑。堤顶高程16.50m，最大堤高25.77m，堤顶宽7.5m，堤顶长3784.23m。围堤库内坝坡1∶2.75～1∶3.0，库外坝坡1∶2.75，内坡采用预制混凝土块护坡，外坡为草皮护坡。

2016年11月，电站水工专业人员在巡检过程中，发现围堤迎水面7.5m马道以下出现两处表面滑移（堤2+287～2+380段、堤3+614～3+731段）。2017年3月，马道表面滑移新增4处（堤0+65.8～0+152.8段、堤0+296～0+326段、堤0+366.5～0+434.5段、堤0+558～0+676段）。下库围堤典型测点位移过程线（堤3+614～3+731段）如图2-6-1所示，下库围堤迎水面7.5m马道以下表面滑移（堤3+614～3+731段）如图2-6-2所示。

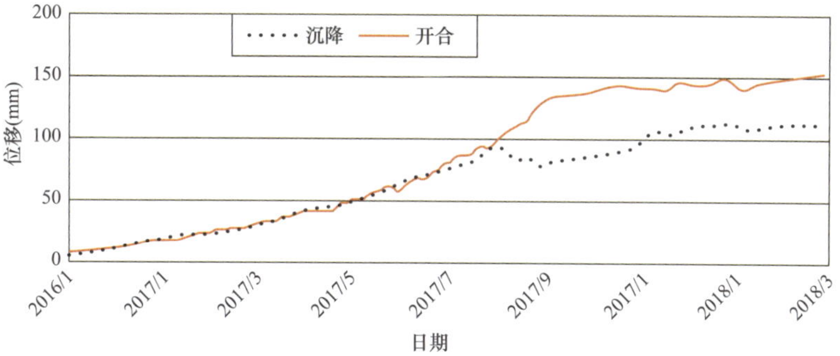

图2-6-1　下库围堤典型测点位移过程线（堤3+614～3+731段）

图2-6-2　下库围堤迎水面7.5m马道以下表面滑移（堤3+614～3+731段）

二、原因分析

1. 内在原因

（1）沟口段以外的其他堤段。该5处堤段均为有贴坡体的堤段，这些堤段产生的沉降变形，主要是贴坡黏土的下滑变形引起的马道混凝土格埂、混凝土预制块的张开（个别表现为挤压隆起）。由于变形量小，尚未构成失稳破坏（否则将表现为大面积的滑塌），也就是说贴坡在外界因素的作用下产生的内力没有超过其本身或界面的抗剪强度。因此，这种变形可以归结为由贴坡土体本身或与地基界面间的流变所造成。流变在竣工投运后开始产生，并随时间推移而加大。

（2）沟口堤段（堤3+614～3+731段）。堤3+570～堤3+746段位于冲沟处，围堤外侧有一水塘。本段堤基坐落在洪积块石、碎石、砂砾石层上，该层渗透系数建议10～2cm/s，建议允许水力坡降0.15。由于该层渗透性较大，当水库运行后，高水位时库水朝外渗，低水位时外水往库内流，这种补给、反补给的频繁交替有可能导致围堤产生渗漏或管涌等渗透破坏问题。沟口段马道内侧格埂与预制块的大尺寸沉降很可能是在渗透水流长期作用下堤基土层内因管涌将细颗粒带走后产生的沉降。

2. 外在原因

电站抽水、发电使用较频繁，库水位骤升骤降幅度较大。在水位骤升骤降作用下，贴坡土内孔隙水压力来不及释放，表面土体产生下滑。

三、处理方案及过程

2017年3月，电站邀请有关专家赴现场查勘，经查勘后专家认为表面滑移对围堤整体安全性无影响，建议下一年度进行处理。

2017年9月，经不断观测，几处滑移位置表面变形不断增加，且滑移有加速趋势。电站立即组织邀请相关专家开展专题分析会，会议对下水库围堤迎水面表面变形原因进行了分析，对后续处理的方案进行了讨论、确定。经项目储备、设计及招标采购，2018年3月，下库围堤内边坡修复及渗漏处理项目开工，同年5月，该项目所有内容全部完成，并顺利通过竣工验收。

该项目按照缺陷成因进行分析后，确定处理方案为：①所有滑移堤段内边坡恢复至原设计尺寸；②沟口段在堤段外边坡与堤顶路面交界处增加防渗墙。具体处理方案如下：

1. 内边坡修复

（1）方案布置。围堤马道混凝土格梗、混凝土预制块的张开主要是因为由贴坡土体本身或与地基界面间的流变所造成，堤坡及堤身的整体稳定并没有问题。故围堤采用翻修处理方案，施工时先拆除变形部位的马道混凝土格梗和马道及护坡上的坡面结构，将堤身粉质黏土按照原设计断面恢复后，表面按照原设计恢复护坡结构。

（2）施工工艺。根据电站运行特点，不设施工围堰，在低水位条件下进行施工，分段拆除坡面变形处的马道混凝土格梗及坡面结构，对堤身的粉质黏土层进行修复，恢复相应段原设计断面尺寸。

在 2.00m 高程处进行抛石压坡，在抛石压坡顶部外侧浇筑 C20 钢筋混凝土格梗，然后沿粉质黏土表面铺设土工布一层，土工布上设砂碎石垫层厚 200mm，最后将拆除后的预制块重新铺设在坡面及马道上，预制块铺设完成后预留孔中填塞装满豆石的土工布袋。

平行围堤轴线方向格梗每 20m 设一道伸缩缝，与垂直轴线方向伸缩缝及格梗错开。伸缩缝缝宽 20mm。预制块与格梗之间以及圆弧段局部不规则空隙处采用与预制块同标号素混凝土回填，并勾缝。

土工布袋高度为 8mm，尺寸为 77cm×55cm，用尼龙线缝制，袋口用尼龙线绑扎。土工布规格为不低于 $100g/m^2$，豆石规格为 5～15mm，填入预留孔中的土工布袋距离预制块顶面 50mm。

砂碎石过渡层由砂与碎石掺配，压实后厚度为 200mm，其最大粒径为 80mm，孔隙率<20%，渗透系数 $K \geqslant 1\times10^{-2}$cm/s。过渡层的砂与碎石的掺配比例、碾压参数、加水量等由现场试验确定。施工时进行斜坡碾压 2 遍。

2. 防渗墙施工

（1）施工布置。围堤防渗处理主要内容包括堤身粉质黏土、地基 Q4pl（含大块石）挖除、塑性混凝土防渗墙成墙等。

塑性混凝土防渗墙布置在围堤中心线上游处，利用堤顶作为施工平台，沿围堤轴线方向长度为 204m。墙身厚度取 0.45m，墙底深入不透水层地基，最大墙高 23.50m。

（2）施工过程。由于该段围堤渗漏处堤身粉质黏土大部分坐落在 Q4pl 上，初步分析渗漏产生的主要原因是堤身黏土与地基土之间的接触面出现了渗漏通道，该层分布范围基本为堤 3+555.00m 顺延至围堤下游山体处，为截断该渗漏通道，保证处理效果，塑性混凝土防渗墙平面布置起点桩号布置在堤 3+550.00m 处，沿围堤中心线方向超出 Q4pl 层末端约 5m，朝下进出水口方向终点布置在堤 3+784.23m 处，可有效包裹住 Q4pl 层，与围堤下游侧山体形成封闭系统，防渗墙平面总长 204m。

围堤堤顶高程为 16.50m，防渗墙顶高程设为 16.00m，墙底深入不透水层地基，对墙底为砂岩的，要求最小入岩深度 0.5m；对墙底为 Q3-1-2 黏土层的，要求深入 2.0m。墙底最深处高程为－7.50m，最大墙高 23.50m。

防渗墙墙体厚度主要由防渗要求、抗渗耐久性以及施工设备等因素确定，本工程防渗墙水头差最大约 12m，塑性混凝土防渗墙的容许水力梯度采用 50～60，则墙厚约0.2～0.24m，由于堤基下部 Q4pl 层中存在直径 0.2～1m 的块石，且防渗墙为隐蔽工程，质量控制比较困难，考虑一定的安全储备并结合施工要求，墙厚取为 0.45m。

防渗墙墙体材料为塑性混凝土，R28≥2MPa，弹性模量 $E<1000$MPa，渗透系数 $K \leqslant 1\times10^{-6}$cm/s。

塑性混凝土优先选用矿渣大坝水泥、矿渣水泥、黏土和膨润土。黏土和膨润土含有足够黏粒（小于 0.005mm）和胶粒含量（小于 0.002mm），含黏量大于 50%。黏土和膨润土进行物理和化学试验。

砂选用新鲜的石英含量高的河砂，其级配曲线平滑且连续，细度模数为 2.4～2.8 之间。适宜的含砂率为 35%～45%。

粗骨料选择天然卵石，石子的粒径尺寸由大到小连续，并组成平滑的凸形的颗分曲线，最大粒径尺寸不超过 40mm，小石与中石的比例为 4∶6。

滑移堤段处理并运行一段时间后，经现场复查，未发现各堤段有新的裂缝与沉降发生。各堤段效果对比图如图 2-6-3～图 2-6-8 所示。

(a)　　(b)

图 2-6-3　堤 0+65.8～0+152.8 段处理前后照片

(a) 处理前照片；(b) 处理后照片

(a)　　(b)

图 2-6-4　堤 0+296～0+326 段处理前后照片

(a) 处理前照片；(b) 处理后照片

(a)　　(b)

图 2-6-5　堤 0＋366.5～0＋434.5 段处理前后照片

(a) 处理前照片；(b) 处理后照片

(a)　　(b)

图 2-6-6　堤 0＋558～0＋676 段处理前后照片

(a) 处理前照片；(b) 处理后照片

(a)　　(b)

图 2-6-7　堤 2＋287～2＋380 段处理前后照片

(a) 处理前照片；(b) 处理后照片

(a)

(b)

图 2-6-8　堤 3+614～3+731 段（沟口段）处理前后照片

(a) 处理前照片；(b) 处理后照片

四、案例点评

通过对水工建筑物的日常巡检，巡检人员发现下库围堤内边坡滑移缺陷，自发现之日，电站立即在现场设置点位监测，及时分析变化情况，不定时将监测数据及现场情况反馈至原设计单位，适时召开专题讨论会，为后期能够快速判断原因，找到解决办法，对开展现场检修工作提供帮助。该项目的实施，为以后同类抽水蓄能电站设计提供了素材，为同类水工建筑物的类似工程缺陷处理提供了经验参考。

案例 2-7　某抽水蓄能电站下水库渗水量异常

一、案例概况

某抽水蓄能电站下水库 2003 年开工建设，2008 年开始首次蓄水，2012 年通过竣工安全鉴定验收，水库采用开挖、拦沟成库，由一座主坝、一座副坝及岩坡库岸围库而成，正常蓄水位 838m，死水位 798m，工作水深 40m，总库容 502.99 万 m^3，调节库容 432.2 万 m^3，整个水库防渗采用混合衬砌方案，即库岸岩坡为钢筋混凝土面板衬砌、主坝及库底为沥青混凝土面板衬砌，总衬砌面积 17.93 万 m^2，其中钢筋混凝土衬砌面积 6.85 万 m^2，沥青混凝土衬砌面积 11.08 万 m^2，库岸混凝土面板分岸坡混凝土面板和进/水口顶部水平防渗面板。

进/出水口共有 4 个，为岸边侧式进/出水口，4 个进/出水口平行布置，中心线间距为 18.90m，采用相同的体形尺寸。下水库进/出水口为钢筋混凝土结构，主要由防涡梁段、扩散段、整流段、渐变段及连接尾水闸门井的隧洞段组成。

该水库自 2008 年首次蓄水开始就发现有渗漏量偏大的问题且全部集中在钢筋混凝土面板衬砌区域，后水库经过 2008、2009 年两次放空处理，由于放空后无法准确找到渗漏源，效果并不明显，库水位 831.2m 时，总渗漏量数据为 35.2L/s，超设计理论计算最大值 29.1L/s。2012 年电站枢纽工程竣工安全鉴定时，专家组认为："水库仍然存在渗漏量偏大且局部集中的问题，并建议分析原因，结合检修进行检查和必要的处理"。

二、原因分析

(1) 2012 年 3 月，电站委托专业单位开展了《下水库渗漏水水质分析及其对混凝土面板影响研究》项目，通过现场检查发现：

1) 下库混凝土面板的主要缺陷是施工期经过灌浆处理后的裂缝由于内部聚氨酯灌浆材料遇水膨胀而造成的胀裂破坏。

2) 下库混凝土面板表面防护层（聚氨酯涂层＋玻璃丝布）存在相当普遍的脱落现象。

3) 下库混凝土面板表面防护层另一个问题是聚氨酯涂层的厚度总体上讲不均匀，导致裸露面板的外观颜色不甚相同。

4) 除个别部位外（主要是表层止水的 T 形接头位置），面板接缝表层止水结构未发现明显破坏现象。需要指出的是，还有近 30 多米长的面板位于水位 810m 以下（板底高程约 787m），这部分面板的缺陷无法观察到。

5) 在库底排水廊道巡查发现水库渗漏主要集中在 YPQ3、5、6、8、9、10 区及进/出水口区域，其中进/出水口区域渗漏量约占总渗漏量的 50%以上。

(2) 2012 年 6 月，电站又组织设计、施工及其他技术支撑单位开展了专题分析会议，结合渗漏发生的一般规律及现场的实际设计、施工情况，认为：

1) 进/出水口区域渗漏的主要原因为进/出水口结构型式复杂、接缝止水施工难度大且存在缺陷造成的。

2) 根据 2012 年现场检查结果，其他各区域面板鼓包、胀裂、裂缝、止水破坏及表层聚氨酯涂层剥落等缺陷也是造成渗漏量偏大的原因。

(3) 2012 年 8 月 26～30 日，委托水下作业单位对下水库进/出水口接缝和混凝土进行了全面的水下检查，范围包含出口段和防涡梁段，共检查出渗漏点 6 处。

按照制定的修补方案，9 月 26～27 日，对这 6 处渗漏点进行了临时封堵。封堵完成后，对比封堵前后的渗流量观测数据，详见表 2-7-1。

通过表 2-7-1 可以看出，1～6 号渗漏点封堵后，库底廊道排水孔 J-006、J-023、J-027、JN-11 共 4 处的合计渗流量较封堵前 1 日减小了 24.85%。因此，分析下库还存在其他渗漏点，通过查看图纸，了解下库的止水布置情况，决定扩大检查范围。

表 2-7-1　　第一次封堵前后渗流量观测数据对比

日期	排水孔渗流量（L/s）					下库水位（m）	封堵时间
	J-006	J-023	J-027	JN-11	合计		
封堵前：2012 年 9 月 25 日	3.00	0.84	0.90	0.17	4.91	824.00	9 月 26～27 日
封堵后：2012 年 9 月 27 日	2.57	0.47	0.50	0.15	3.69	824.00	

9 月 28～30 日，首先对出口段和防涡梁段的结构缝再次进行了重点排查，接着对整流段、扩散段结构缝进行了全面的检查，本次共发现了新增渗漏点 15 处。

10 月 2～5 日，对上述 15 处渗漏点进行了临时封堵。封堵完成后，对比封堵前后的渗流量观测数据，详见表 2-7-2。

表 2-7-2　　第二次封堵前后渗流量观测数据对比

日期	排水孔渗流量（L/s）					下库水位（m）	封堵时间
	J-006	J-023	J-027	JN-11	合计		
封堵前：2012 年 9 月 29 日	2.23	0.39	0.38	0.14	3.14	819.60	10 月 2～5 日
封堵后：2012 年 10 月 6 日	1.87	0.34	0.39	0.15	2.75	820.00	

通过表 2-7-2 可以看出，7～21 号渗漏点封堵后，库底廊道排水孔 J-006、J-023、J-027、JN-11 共 4 处的合计渗流量较封堵前 1 日减小了 12.42%。

表 2-7-3　　两次封堵前后渗流量观测数据对比

日期	排水孔渗流量（L/s）					下库水位（m）
	J-006	J-023	J-027	JN-11	合计	
封堵前：2012 年 9 月 25 日	3.00	0.84	0.90	0.17	4.91	824.00
封堵后：2012 年 10 月 6 日	1.87	0.34	0.39	0.15	2.75	820.00

通过表 2-7-3 可以看出，1～21 号渗漏点封堵后，库底廊道排水孔 J-006、J-023、J-027、JN-11 共 4 处的合计渗流量较第一次封堵前 1 日减小了 43.99%，间隔 11 天。

10 月 6～9 日，再次扩大了检查范围，主要检查防涡梁段上游区域至库岸的混凝土面和结构缝。由于该区域覆盖了 20～100cm 不等的淤泥、树叶、杂物等，因此在检查前首先采用高压水枪对其进行了清理。

10 月 10～20 日，对下水库八区、三区面板及结构缝进行了检查，已完成八区 9 块面板、三区 19 块面板的检查。其中，在三区发现渗漏点 4 处，面板破损 8 处，结构缝严重破损 1 处。

10 月 25 日上午，对下水库三区结构缝的 4 处渗漏点进行了临时封堵；下午，潜水员复查时发现 7～8 号面板结构缝封堵区域附近新增渗漏点 4 处，并进行了封堵；26 日上午，潜水员再次复查时，发现 7～8 号面板结构缝封堵区域附近新增渗漏点 2 处，并进行了封堵。7～8 号面板结构缝共发现 9 处渗漏点，不排除在上述点之外还存有其他渗漏点。通过对其外观进行检查，该结构缝处于面板拐角处，易于看出水面下和水面上结构缝均存在施工质量问题，造成渗漏。

10 月 26 日下午，潜水员对进/出水口段已封堵的 21 处渗漏点进行封堵 20 天后的再次复查，发现 3 号渗漏点、21 号渗漏点附近各新增 1 处渗漏点，并进行了临时封堵，封堵后，稳压监测水库渗漏量同比减小明显。

（4）2013 年 6 月 1 日～7 月 2 日，再次委托水下作业单位对 33 处临时封堵点进行检查；对三区 10～11 号面板结构缝底部石块淤积情况及石块周边 1m 范围内面板破损情况以及三区 16～19 号面板间一条横向结构缝进行检查；并对拦污栅上游侧 795.07m 高程混凝土板清理、检查。

通过对原有的 33 处和新发现的漏点进行临时封堵，渗漏量较处理前减小显著，说明渗漏点主要集中在结构缝处，推断结论正确。

（5）2013 年 7 月，为了最终确认分析结果并找出合理的处理方案，电站组织召开了“下水库水下检查阶段成果分析会”，与会专家经过长时间的认真分析讨论，最终认为：造成渗漏的主要原因就是由于进/出水口区域及局部钢筋混凝土面板区域结构缝止水失效引起的，同时根据现场普查结果，电站运行期局部混凝土面板产生的缺陷（裂缝、鼓包、胀裂等）也是影响渗漏的重要因素。同时，会议研究讨论通过了缺陷处理方案。

三、处理方案及过程

为了不影响正常的发电、抽水运行，同时兼顾降低施工安全风险，电站以 810m 水库水位为界，分水上、水下处理两部分执行，项目于 2014 年 4 月分别开工，同年 7 月全部竣工。

（一）水上处理

1. 水上处理过程

施工区域内面板的坡比为 1∶0.75，坡度陡，施工难度大。为了保证施工作业的安全和施工的顺利完成，针对现场的施工条件制作了施工台车，使施工人员可站立在台车上作业施工，保证了施工人员的作业安全。施工作业及台车和地锚的安装见图 2-7-1，施工处理过程见图 2-7-2。

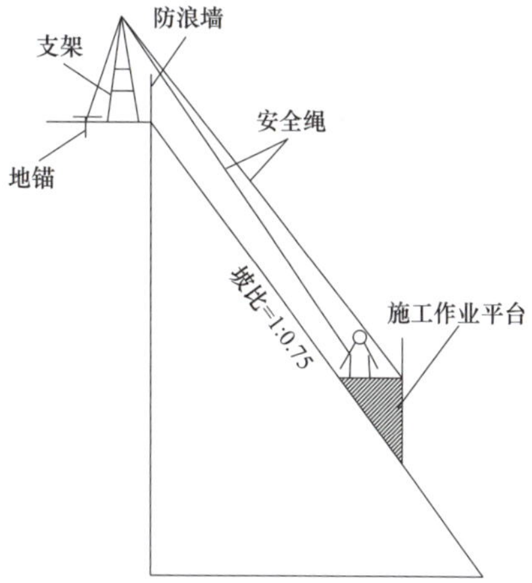

图 2-7-1　施工作业及台车和地锚安装

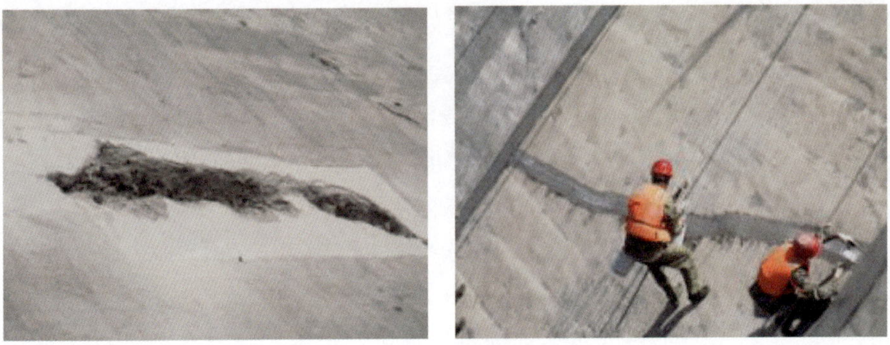

图 2-7-2　水工处理施工过程

2. 水上处理工艺

（1）施工期灌浆处理后裂缝破坏的修复。对施工期经过灌浆处理后的裂缝由于内部聚氨酯灌浆材料遇水膨胀而造成混凝土的胀裂破坏的部位，采用如图 2-7-3 所示的处理方案。

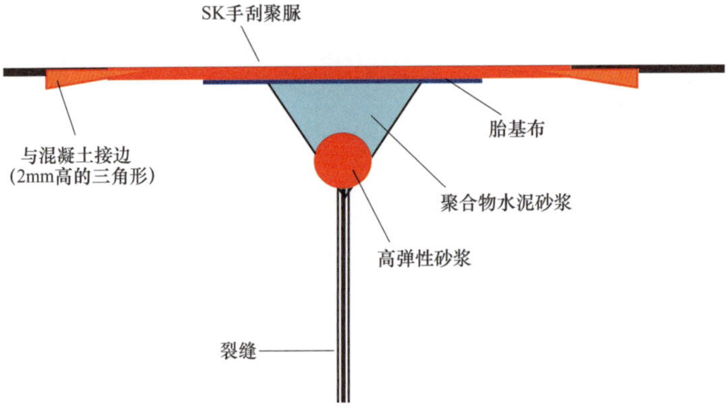

图 2-7-3　已胀裂的混凝土裂缝处理方案

（2）运行期新发现的裂缝修复。对宽度小于 0.3mm 的混凝土裂缝表面直接涂刷 SK 手刮聚脲复合胎基布，如图 2-7-4所示。

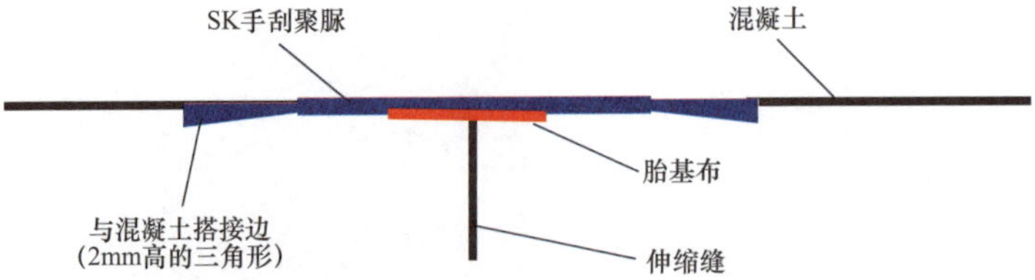

图 2-7-4　混凝土裂缝（宽度小于 0.3mm）处理方案

对宽度大于 0.3mm 的混凝土裂缝或贯穿性裂缝需要先进行化学灌浆处理，表面再涂刷 SK 手刮聚脲复合胎基布，SK 手刮聚脲宽度为 25cm，中间厚度大于 3mm，两侧厚度为 2mm，胎基布宽度为 10cm，如图 2-7-5 所示。

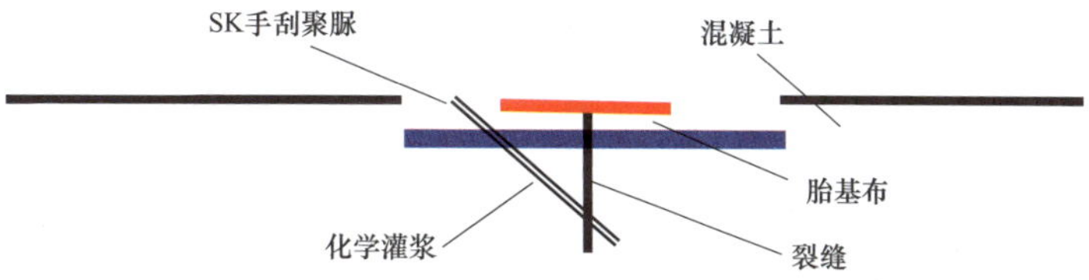

图 2-7-5　混凝土裂缝（宽度大于 0.3mm）处理方案

（3）聚氨酯涂层脱落的修复。在面板混凝土表面涂刷柔性防渗涂料可以阻止面板裂缝的发展，提高混凝土的抗冻性、防渗性及耐老化。实践证明，目前该电站下库混凝土面板采用的的聚氨酯涂层耐老化性能较差，需要采用 SK 手刮聚脲更换目前已破损的聚氨酯涂层。

（4）面板伸缩缝漏水处理。采用 SK 手刮聚脲将原处理后的伸缩缝盖板表面涂刷 SK 手刮聚脲复合胎基布进行柔性封闭处理。

（二）水下处理

1. 水下处理过程

水下检查采用管供式空气潜水进行近观目视和水下摄像检查。潜水员按照预先制定的行动路线下水，并配备管供式空气潜水装具、水下照明设备、水下摄像机、潜水电话和水下测量工具。水下摄像机和水下电话通过电缆与水面监视器连接，这些先进设备保证把检查过程的每一画面连续传送到水面监控器，供水面工程监督和业主方人员观看，业主方和工程监督可以通过监控系统直接和潜水员对话，直观地监督和指导水下检查作业，保证检查作业水上水下的统一性。

2. 水下处理工艺

（1）结构缝处理（见图 2-7-6）。对漏水点进行临时封堵、基面清理、涂刷黏结剂、嵌填柔性止水、粘贴盖片、固定盖片、封边、录像验收。

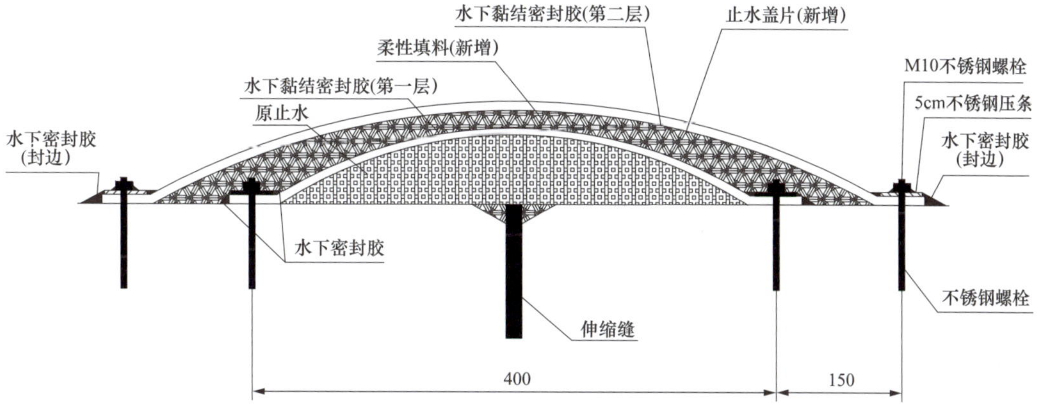

图 2-7-6　水下结构缝处理图（单位：mm）

（2）裂缝处理（见图 2-7-7）。在待修补裂缝表面增加 1 道柔性止水结构，进行修复。裂缝处理工作内容包括：前期准备、基面清理、嵌填止水材料、粘贴盖片、封边、录像验收。

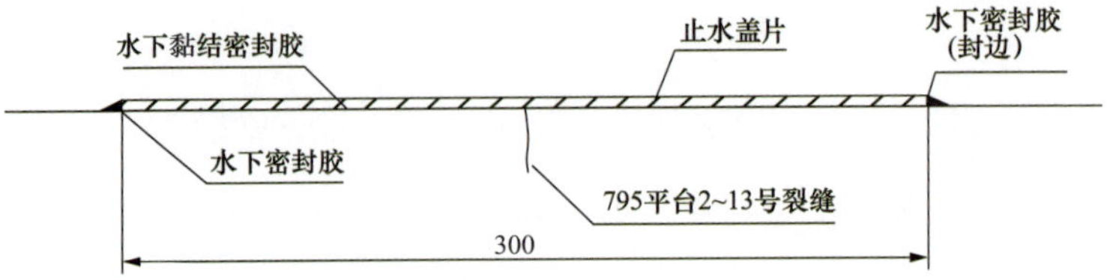

图 2-7-7　795 平台 2～13 号裂缝处理图（单位：mm）

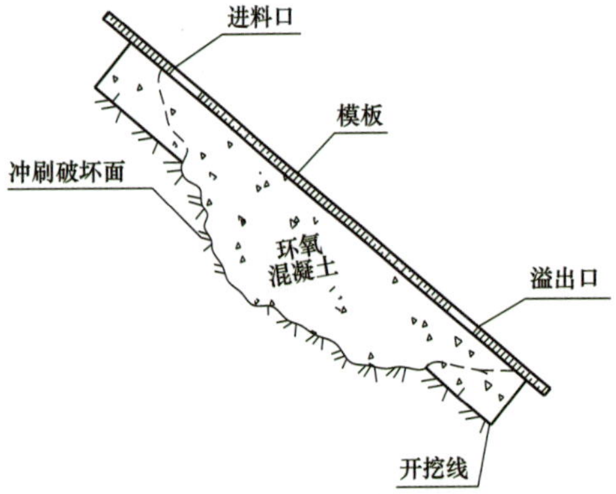

图 2-7-8　面板破损修补示意图

（3）面板破损处理（见图 2-7-8）。有两处混凝土面板缺陷位于 810m 高程水位以下，需要对面板破损部位进行水下浇筑修复，总面积 0.405m^2。由于是薄层混凝土浇筑，需要浇筑水下不分散环氧砂浆，并架模。

水下部分：2014 年 6 月 21～30 日，下水库水位在 810m 附近稳压，经监测评估，封堵后库底廊道总渗流量平均值为 2.11L/s，在 810m 水位附近相比封堵前减少 79.09%，效果显著。

水上部分：2014 年 10 月 31 日 00 时，电站水库水位升至为 835m（正常蓄水位 838m），2014 年 10 月 31 日 22 时稳压结束。2014 年 10 月 31 日 9 时、15 时、17 时、21 时分别对排水孔及总量水堰进行了监测，封堵后 835m 附近水位库底廊道总渗流量平均值为 17.11L/s，相比封堵前减少 51.4%，效果显著。

四、案例点评

（1）根据 2012 年现场缺陷普查情况，下水库钢筋混凝土面板鼓包、胀裂等缺陷几乎集中在 2008、2009 年放空灌浆处理过的裂缝处，经现场查看分析认为：面板鼓包、胀裂主要是由于内部聚氨酯灌浆材料遇水膨胀造成的。建议：施工工艺及材料一定要经过严密地研究分析后确定，没有经过工程实例验证的，必要时可做试验。

（2）采用钢筋混凝土面板衬砌防渗时，对接缝部位施工质量控制要严格，尤其是进/出水口等结构复杂区域，其中最重要的是保证铜止水施工质量。

（3）通过放空检查，可以更直观地反映出渗漏通道，便于准确、有效地锁定渗漏源。为便于施工且保证质量，处理过程中有条件进行水库放空的，建议放空处理；若不具备放空条件，还应选择合适水位，既能满足调度运行需求，又能极大地降低作业人员安全风险。

（4）受水库水位变幅频繁、受力条件经常变化、薄弱部位情况不明及局部处理不彻底等因素的影响，渗漏处理效果很难事先评估。因此，从项目管控及准确验证效果的角度出发，建议：①合同中渗漏量控制标准选择应合理；②验收过程中渗漏量监测数据应可靠，必要时做保压试验。

由本案例可见，安全质量管控需从基建期抓起。涉及安全质量问题需进行二次处理时，一定要采用成熟且经验证过的工艺，若确需采用新材料、新工艺时，一定要经过严格的论证和试验并审批后方可使用。

第三章 输 水 系 统

案例 3-1 某抽水蓄能电站输水系统衬砌混凝土裂缝渗水

一、案例概况

某抽水蓄能电站输水发电系统位于上下水库之间的山体内，按两洞四机布置，两条引水隧洞中心间距为 48m，内径 9.0m，衬砌厚度 50cm。斜井倾角 50°，斜长 390.2m；采用钢筋混凝土岔管，支管直径 5.5～3.1m，为钢衬结构；从上水库进/出水口到机组中心线引水系统长 872.9～884.6m，其中钢衬长 107.6～141.9m；尾水隧洞采用单管单机，内径 7.0m，衬砌厚度 50cm；机组中心线至下库进/出水口长 391.8m，其中尾水钢衬 72.85m，其余为钢筋混凝土衬砌，尾水隧洞与下库进/出水口之间通过 50°的短斜井连接。

1 号输水系统自 2006 年运行以来，2008 年放空检查，2014 年 10 月 15 日～11 月 30 日 1 号输水系统放空检查处理，采用智能裂缝测量仪测量混凝土裂缝的宽度和深度，并对裂缝进行分类：Ⅰ类裂缝，缝宽 $\delta<0.2$mm 且不渗水；Ⅱ类裂缝，缝宽 $\delta\geqslant0.2$mm 裂缝（包括贯穿性裂缝、有渗水的裂缝、施工缝等）。

二、原因分析

输水系统自首次充水至 2014 年已运行 9 年，观测数据表明两条输水系统渗水主要在 1 号输水系统；其渗水通道主要为裂缝及施工缝，渗水量在 20L/s 左右，且集中在厂房右侧 A3 及 A6 廊道内 F46、F13 等处渗出。1 号输水道渗水来源有几个方面：一是衬砌混凝土施工时因本身的水化热产生温度裂缝和围岩约束产生的应力裂缝而渗水；二是混凝土衬砌在 100m 水头以上是透水的，从围岩断层或裂隙渗出；三是衬砌混凝土围岩的固结灌浆孔封堵不好而产生的内水外渗。渗水可能会对结构面薄弱环节产生水力作用造成通道扩大，继而渗水增大，破坏输水系统防渗体系，危及电站安全运行。

三、处理方案及过程

1. 处理方案

经比较水泥灌浆和化学灌浆优劣后选用化学灌浆，采用水溶性聚氨酯 HW（低强度）/LW（高强度）混合浆液进行灌浆，性能见表 3-1-1。混合浆液优点是：既可有效控制浆液的凝结时间，确保浆液扩散半径，又可提高浆液的抗拉、抗压强度，以弥补 HW 或 LW 单一浆液灌浆的不足；具有黏度小、凝固时间可调、操作方便等优点，对混凝土结构中的细微裂缝、温度裂缝、施工缝、冷接缝等灌浆后可以恢复结构的整体性和密实性，并且在有水、潮湿和干燥的基面上均可进行施工；对中等水头的输水系统检修是可行的。

表 3-1-1　　水溶性聚氨酯化灌材料的物理力学性能

材料 性能	LW 水溶性聚氨酯	HW 水溶性聚氨酯
黏度（25℃，mPa・s）	≤400	≤100
比重	1.05±0.05	1.10±0.05
凝胶时间	≤60s（浆液：水=1：5）	≤30min（浆液：水=100：3）
黏结强度（MPa）	—	≥2.0
抗拉强度（MPa）	≥1.8	≥5.0
抗压强度（MPa）	—	≥20（破坏强度）
包水量	≥25	—
扯断伸长率（%）	≥80	—
遇水膨胀率（%，28 天）	≥100	—

2. 实施过程

经过 2008 年放空检查后，决定结合机组大修进行以下的渗水处理：1 号引水下平洞段下弯段起点至引水钢衬起点约 224m；1 号尾水隧洞尾水钢衬末端至尾水平洞末端约 103m 段。渗水处理的对象为衬砌混凝土渗水裂缝、施工缝以及渗水量较大部位的围岩。渗水点处理措施主要为化学灌浆及表面封闭（单点渗水部位或成片渗水部位），对该部位围岩进行适当的化学灌浆处理，封闭衬砌外围岩裂隙，孔距 3m 左右，孔深入岩 2.0m（后调整为 0.2m）。渗水裂缝处理施工：将裂缝两边各 10cm 表面各种杂物打磨干净；沿缝钻设与裂缝斜交 45°灌浆孔，间距 30～50cm，孔径 14mm，确保钻孔与裂缝面相交；集中渗水点灌浆。1 号引水下平洞进行了 33 处围岩化灌处理，布设灌浆孔 106 个，钻孔 151.18m，灌入聚氨酯 6462.96kg；渗水裂缝灌浆 202 条，总长度为 1287.5m；渗水裂缝水溶性聚氨酯灌浆 365kg。裂缝处理后外观如图 3-1-1 所示。

3. 处理效果

1 号输水系统化学灌浆处理前 2014 年月总渗水量最大值为 13.16L/s，处理后 2015

图 3-1-1　裂缝处理后情况

年月最大值为 6.66L/s，最大值同比减少率为 49.4%，表明灌浆效果显著，达到预期效果。2014 年和 2015 年月度总渗水量最大值见表 3-1-2。

表 3-1-2　　2014～2015 年输水系统总渗水量表

年份	本月最大值（L/s）											
	1 月	2 月	3 月	4 月	5 月	6 月	7 月	8 月	9 月	10 月	11 月	12 月
2014 年	9.99	11.32	13.16	9.78	8.12	6.09	5.53	5.76	5.39	4.51	0.24	3.8
2015 年	6.21	5.86	6.66	4.8	2.96	2.2	1.97	1.47	1.46	2.37	1.65	2.76

四、案例点评

该电站 1 号输水系统在运行后对输水系统排充水速率严格按照设定的速率进行排充水，保障了输水系统结构安全和防渗体系安全；对局部衬砌和防渗存在缺陷检修技术进行研究比较，采用水溶性聚氨酯进行化学灌浆技术是合适的，结合机组大修进行灌浆，提高了防渗体系可靠性，保证了输水系统安全运行。

案例 3-2　某抽水蓄能电站闸门槽二期混凝土贯穿性漏水

一、案例概况

某抽水蓄能电站进水口采用水下岩塞爆破施工，闸门井距进水口岩塞中心 96.82m。闸门井内设置有两道门槽，上游一道为预留的检修闸门槽，下游一道为正常使用检修闸门槽。井内设置一扇平板钢闸门，作为检修闸门使用。闸门孔口尺寸（宽×高）为 6.5m×8.0m。闸门井底板高程 66.0m，检修平台高程 132.5m。2010 年 5 号机组 A 级检修大修期间排空输水主洞检查，发现上游闸门槽（面向下游侧右侧）二期混凝土出现上下游贯穿性的渗漏通道，漏水量达到 500m³/h，如图 3-2-1 所示。

图 3-2-1 处理前漏水量

二、原因分析

1. 水下机器人检查

水下检查的目的是检查门槽混凝土有无明显的破损，有无钢筋外露，门槽与底板拐角有无淤积物，钢衬有无明显脱离，保障闸门可以顺利落下及密封水流。

本次水下检查采用的是 200 型水下观测潜水器，设有前进后退、左右平移、潜浮 6 个电动推进器，两只摄像头具有观测录像、时间日期字幕，最大工作深度 200m。

检查重点为前门槽和门槽之间靠漏水侧的混凝土墙面，检查的路线如图 3-2-2、图 3-2-3 所示。

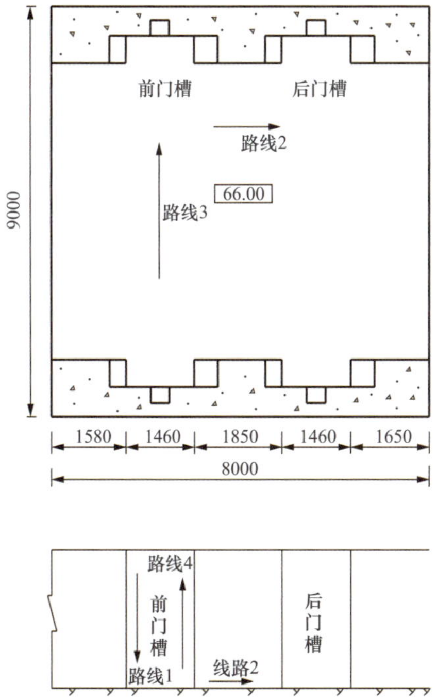

图 3-2-2 水下检查路线图

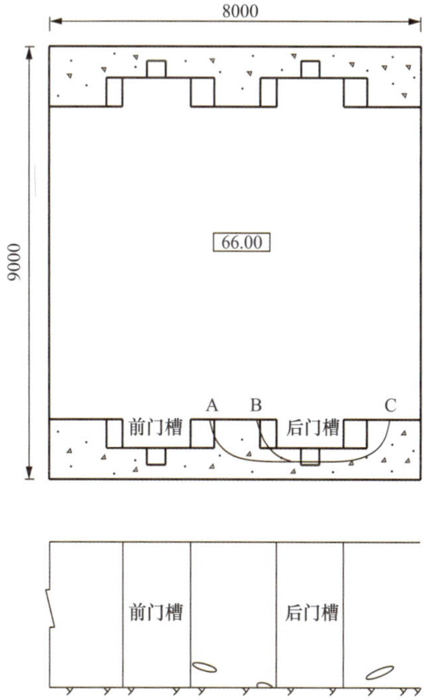

图 3-2-3 水下检查渗水点示意图

线路1：从前门槽右面水面到门槽底部。

线路2：检查前门槽到后门槽之间混凝土墙面下部。

线路3：检查前门槽底坎。

线路4：从前门槽左边底部向上检查到水面。

检查结果，前门槽后面40cm，离底坎30cm处存在一疑似漏水点A，后门槽前40cm，底坎和混凝土墙交汇处存在一疑似漏水点B，后门槽后80cm，底坎和混凝土墙交汇处存在一疑似漏水点。

2. 闸门井门槽二期混凝土漏水

一是门槽二期混凝土施工期浇筑时，混凝土入仓手段采用溜管，入仓面与浇筑面高差太大（入仓面在检修平台132.5m高程，浇筑面最低66.0m高程），施工过程中混凝土跌落高度控制不到位，没有采取必要的缓冲措施，浇筑中混凝土可能已产生较严重的离析问题，同时一次浇筑高度太大，混凝土振捣器无法插到浇筑层底部，致使混凝土振捣不密实。二是闸门井开挖施工由于爆破松动，洞周围岩裂隙张开，后续的固结灌浆施工质量一旦不能保证，将无法封闭裂隙，高压渗水将通过张开裂隙进入不密实的混凝土，从而形成渗水通道。

3. 漏水量逐渐增大

门槽混凝土施工期间的缺陷，机组多次检修期间主洞排空，在上下游水压力作用下，可能产生局部击穿破坏，围岩裂隙张开或混凝土内空洞扩大，形成较大的渗水通道而引起漏水量加大。无论是存在缺陷的二期混凝土，还是张开的围岩裂隙，在长期高压水的作用下，都可能引起围岩裂隙和不密实混凝土产生渗透破坏，甚至有可能被彻底击穿，从而引起严重的工程事故。

三、处理方案及过程

1. 潜水平台、卷扬机改造

潜水平台在本次渗漏处理施工中的作用：一是作为交通通道，方便设备、人员上下移动；二是作为施工平台，满足钻孔、灌浆需要。因承担施工平台的任务，按原设计图纸原配20kN卷扬机起吊能力不足，存在一定安全隐患。将原20kN卷扬机拆除，更换为单绳拉力50kN的卷扬机，由于受空间位置限制，起吊时对现50kN卷扬机进行解体，待解体后全部提升至现启闭机房内进行二次安装，恢复原出厂前的性能，待潜水平台吊耳焊接、加固完成后进行卷扬机安装，并以潜水平台吊耳中心线为基准对卷扬机进行找正，其纵、横向中心线符合安装要求。

2. 平压阀机械强制导向限位

根据机组大修期间主洞排空检查，发现平压阀漏水量达到130m^3/h，从闸门门叶平压阀弯管形成一股水柱，如果不能将平压阀有效关严，将影响闸门槽漏水处理施工。对漏水情况进行观察分析，平压阀与密封座本身密封良好，平压阀密封的原理是当钢丝绳与动滑轮组受力悬吊闸门时，平压阀通过阀杆与动滑轮组相连被提起脱离平压阀锥座。当闸门下落至底坎，钢丝绳与动滑轮组松弛，平压阀在动滑轮组自重及水压力作用下垂直落至平压阀锥座。存在的主要问题是：平压阀角度不垂直或动滑轮组到位后产生偏斜将直接影响其密封。针对这一情况，分析对平压阀角度及动滑轮组角度进行机械式强制导向限位（见图 3-2-4、图 3-2-5），保证平压阀对中良好，动滑轮组不因钢丝绳松弛后偏斜造成平压阀位移。

图 3-2-4 动滑轮组机械限位图

图 3-2-5 平压阀机械限位图

3. 闸门及启闭机移位

根据前后门槽功能设计理念，为消除永久性门槽的漏水问题，必须将现安装在永久性门槽（后门槽）内的检修闸门及启闭机移至前门槽进行挡水，前门槽内的潜水平台及附属启闭设备拆除，为检修闸门及启闭机移位安装提供位置，待后门槽渗漏缺陷处理完工后，再将检修闸门及启闭机移位恢复至后门槽。

（1）潜水平台及启闭机拆除。潜水平台及启闭机原先是安装在前门槽内，其拆除工艺如下：

利用现启闭机将潜水平台提出门槽；用钢丝绳及手拉葫芦配合，将潜水平台慢慢移至检修平台上游侧，其动作为“垂直—倾斜—平卧”，在进行动作时，搭设临时简易滑移平台，并用滚动件移位；起吊设备配合，待平卧拆除启闭机吊钩后，将潜水平台运出移至工作区域之外；拆除启闭机房内的钢围栏和方钢，并将启闭机运出至不阻碍检修闸门和启闭机移动的区域之外；利用后门槽埋件与闸门吊耳之间的尺寸关系，找出前门槽启闭机起吊中心线，并做出标志，待启闭机移至前门槽时启闭机动滑轮中心线定位之用。其定位精度按门槽纵、横向中心控制在±3.0mm 范围之内。

（2）检修闸门及启闭机移至前门槽。正常运行时检修闸门在永久性门槽上方采用锁定梁进行锁定，启闭机已安装在启闭机房内，检修闸门及启闭机自重参数为：闸门自重54.2t、启闭机自重28t，其中含钢丝绳4.2t，钢丝绳长度约为970m。启闭机架采用地脚螺栓与其固定。

（3）闸门出槽。在闸门及启闭机维护过程中发现，当闸门底缘尚未提出检修平台时，上部启闭机钢丝绳偏角过大，出现相邻钢丝绳剧烈啃绳现象，这对启闭机安全运行及钢丝绳寿命和强度带来不安全因素。在确保安全情况下，根据现启闭机房高度，将启闭机安装高程尽可能增大，使检修闸门上部空间满足向上游侧倾斜，达到卧倒平拖的目的。

（4）闸门倾斜、卧倒。在距闸门槽上游侧15m大门外固定锚桩。采用钢丝绳将2台250kN水平卷扬机固定，水平卷扬机滚筒钢丝绳缠绕于三轮起重滑车上，滑车吊钩拉住闸门倾斜钢丝绳，倾斜钢丝绳另一端采用专业卡具与闸门滑块螺孔连接（闸门滑块拆除），检修平台处及前门槽上方均采用型钢搭设滑移平台，平台上方用钢板与型钢焊接。为保护闸门及止水，平台上方焊接固定钢板的上方再放置一块滑移钢板，两钢板之间涂抹足够的润滑油。滑移平台尺寸为6m×6m，滑移钢板尺寸为6m×2.5m，为增大滑移钢板与闸门底缘处的摩擦力，其之间采用木板垫牢并锁定，如图3-2-6、图3-2-7所示。

当闸门底缘提出检修平台约0.5m时，启动250kN卷扬机，先使其闸门底缘开始向上游倾斜，并将闸门底缘落至滑移钢板之上，其木板垫牢、锁定之后，在专业起重人员的指挥下，操作小平拖卷扬机人员及启闭机房内操作人员，启动各卷扬机设备，其动作应根据闸门倾斜方向和速度进行协调配合。

图3-2-6　闸门倾斜

图3-2-7　闸门卧倒

在小平拖卷扬机和垂直起吊启闭机的共同作用下，将闸门放至完全卧倒状态，此时可将启闭机的动滑轮销轴与闸门吊耳拆除。

在小平拖卷扬机作用下，将闸门向上游侧拖动，使闸门吊耳基本定位在上游门槽中心。

（5）检修闸门QPG1×1450kN-67m卷扬式启闭机移位。根据启闭机高度及启闭机房空间高度，决定增大启闭机安装高程的具体数值。其高程数值主要由启闭机最大高度、启闭机房内空间最大高度、地脚螺栓露出混凝土基础的最大高度等综合因素考虑。其移位工艺如下：

1）在启闭机架加强筋板端 4 点各焊一工艺板，其高度应满足 10t 液压顶式螺旋千斤顶的最小尺寸。

2）4 只千斤顶同时起升，千斤顶附件随时根据顶升高度采用硬木块（板）逐个将机架垫牢，不允许一次顶到油缸全行程。

3）待起升高度满足启闭机水平位移时，将钢梁放入机架下端（利用钢梁将启闭机安装高程抬高），钢梁下端放入滚动件，钢梁及滚动件摆放距离及长度应满足逐步位移的要求。

4）启闭机所属附件如各滑轮组等应绑扎可靠，旋转角度合理，满足机架与启闭机基础之间空间高度的要求。

5）根据需要将启闭机房立柱端的填充物掏空，以利于手拉葫芦的固定。

6）逐步水平拖动启闭机，使启闭机沿直线移至前门槽基础孔，按动滑轮起吊中心、门槽中心及闸门吊耳中心找正位置。

7）再次将启闭机顶起，抽出滚动件，落下钢梁，使启闭机机架与钢梁可靠垫牢，采取临时焊接，使钢梁与启闭机固为一体；钢梁采用连接件与后门槽地脚螺栓可靠连接。

（6）检修闸门入前门槽。

1）启动启闭机，放下动滑轮，将动滑轮销轴与闸门吊耳连接并锁定。

2）起吊指挥人员检查水平牵引卷扬机及启闭机钢丝绳连接情况，启闭机起升，水平牵引卷扬机钢丝绳放松，慢慢将闸门提升至垂直状态。

3）将闸门提起，解除水平牵引的钢丝绳，起吊设备配合将前门槽上方所有搭设的平台拆除，禁止任何构件吊入前门槽。

4）启闭机起落将闸门入槽后，直至将闸门落至底槛。

4. 漏水处理

漏水严重的侧墙部位布置两排灌浆孔，上游水平孔孔向向上游倾斜，倾角 27°，下游水平孔垂直门槽侧壁，底坎及门楣均布置一排灌浆孔，底坎竖向孔向上游倾斜，俯角 27°，门楣竖向孔也向上游倾斜，仰角 45°，灌浆孔孔距 2m，入岩深度 2m，共计灌浆孔 32 孔（见图 3-2-8、图 3-2-9）。灌浆材料以水泥浆为主，遇压力水，水泥灌浆难以封堵时，可以采用快凝的化学灌浆，待封堵成功后，采用水泥浆液灌浆充填混凝土及裂隙空隙，以组成封闭圈，抵抗渗透水压力。

5. 处理效果

通过监测，处理前漏水量达到 500m^3/h，处理后基本无渗水，渗水通道封堵效果良好。处理后渗水量如图 3-2-10 所示。

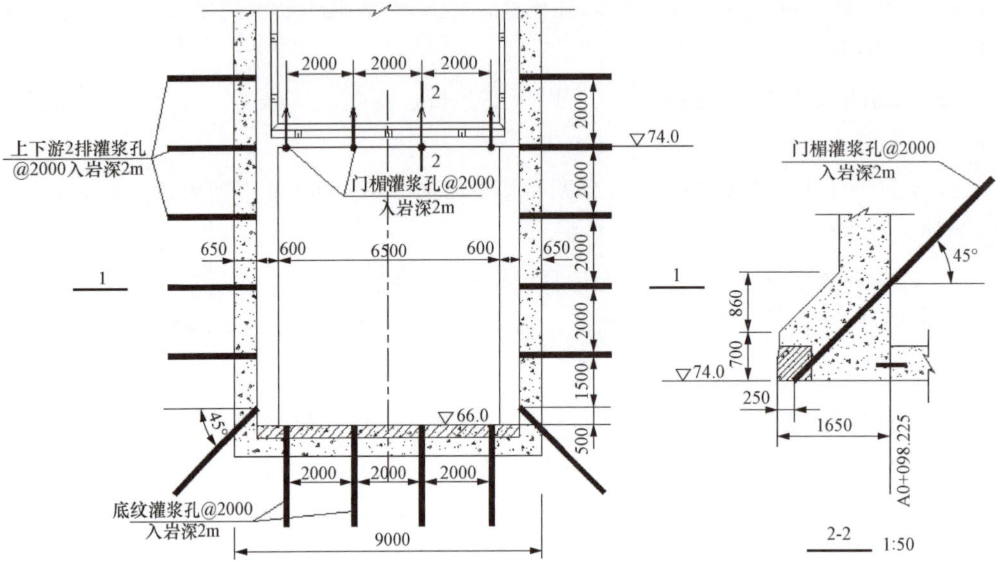

图 3-2-8　进口闸门井混凝土堵漏灌浆孔布置图（上游正视）

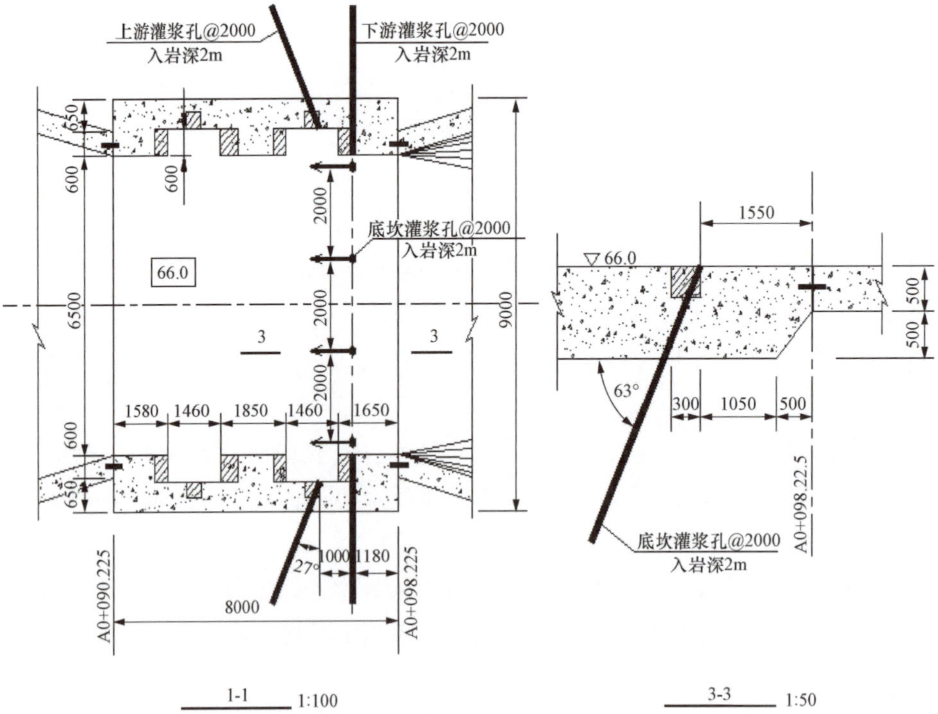

图 3-2-9　进口闸门井混凝土堵漏灌浆孔布置（截面图）

图 3-2-10　处理后漏水量

四、案例点评

由此案例可以看出，闸门槽混凝土施工期过程中，一是要应严格控制混凝土入仓面与浇筑面高差，采取必要的缓冲措施，充分振捣致，保证混凝土施工质量；二是严格控制闸门井开挖爆破震动；三是要保证固结灌浆质量，确保岩体岩裂隙封闭密实。

案例 3-3　某抽水蓄能电站上水库闸门槽二期混凝土掏空

一、案例概况

某抽水蓄能电站于 2017 年 6 月 12～21 日对其上水库水下建筑物进行了检查，检查发现：1 号闸门井左侧门槽（背对库盆）746.7、774.7、775.7m 高程存在 4 处混凝土掏空现象；2 号闸门井右侧门槽（背对库盆）763.2、765.2、766.2、767.2、767.7、768.2、769.2、770.4、772.2、773.4、774.2m 高程共计 11 处混凝土存在掏空缺陷。

上水库 1 号闸门井左侧门槽缺陷检查图如图 3-3-1 所示。

二、原因分析

施工原因：上水库闸门槽混凝土属于二次浇筑，因施工空间有限，局部可能存在振捣不密实等细微缺陷。

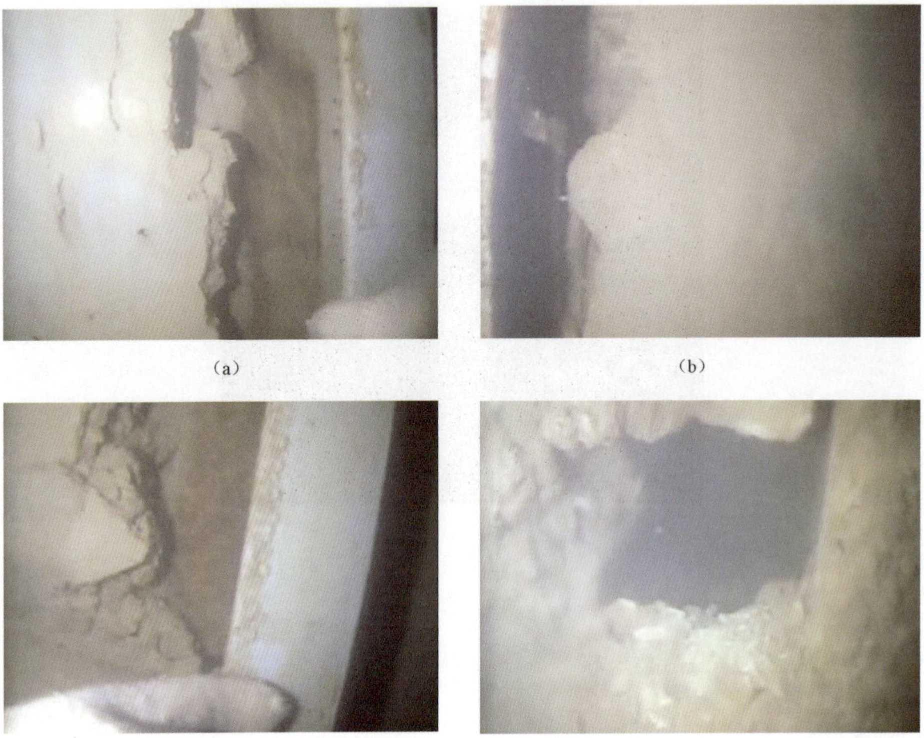

（a）　（b）　（c）　（d）

图 3-3-1　上水库 1 号闸门井左侧门槽缺陷检查图

（a）1 号缺陷；（b）2 号缺陷；（c）3 号缺陷；（d）4 号缺陷

运行原因：上水库闸门井位于上水库岸坡与输水道结合处，由于电站机组运行频繁，抽水、发电工况来回切换，水流反复冲刷造成闸门槽二期混凝土局部表面掏空、剥落。

三、处理方案及过程

2018 年 5 月 25 日～6 月 1 日，原检查施工单位对上水库闸门槽二期混凝土缺陷进行水下检修，主要工作内容包括：对上水库 1、2 号闸门槽二期混凝土掏空部位进行修复；对二期混凝土与闸门导轨预埋件交接处不同程度的混凝土脱落进行修复。总体施工方案为：检修部位搭设施工作业平台，潜水员对水下混凝土缺陷进行凿除、立模等处理，工序完成后由潜水员将现场拌制完成的 PBM-3 混凝土灌入模板内，24h 后进行拆模及表面清理。具体过程如下：

1. 水下检查及测量

根据 2017 年检查结果及相应的图纸、技术资料，潜水员下潜操作水下彩色录像的方式对处理的缺陷部位进行全面检查记录。

2. 水下清理

（1）切边凿除混凝土。潜水员在水下用风动切割机沿破损边缘线进行切割，切割深度为混凝土保护层厚度，切后对切割线内部的混凝土进行凿除，凿除部位的混凝土深度不小于切割深度。

(2) 凿毛。破损部位进行凿毛处理，潜水员对缺陷部位及边缘进行处理，对有青苔等黏结物处则采用水下风动砂轮进行扫刷，消除新老混凝土结合面的隔离层，确保新老混凝土的有效黏结面积和黏结强度。

3. 钢筋制作安装

(1) 水下钻孔及树脂锚杆安装。

1) 孔位放样。根据缺陷部位实际情况，对施工孔位进行施工放样。

2) 钻孔。根据孔位布置由潜水员在缺陷部位进行水下钻孔，深度按现场测量后定。

3) 清洗。钻孔后，对孔内杂物进行清理。清除孔内碎块及粉尘，要求孔内干净无杂质。

4) 树脂锚杆安装。清理干净后，插入 $\phi12$ 螺纹钢。HK-983 水下锚固剂按厂家说明比例配比搅拌均匀后，向锚孔内注入锚固剂，锚固剂充填量应满足锚杆插到孔底之后，锚固剂能够填满锚筋周围的环形空间。安装后的锚筋牢固，无松动。

(2) 布设钢筋网。面积较大的混凝土缺陷部位，待植筋锚固剂硬化后，布设钢筋网，钢筋网与插筋之间用铁丝绑扎或水下电焊连接。面积较小处混凝土缺陷可省略。

4. 仓面清洗

钢筋网固定完成，在混凝土浇筑之前用风钻对仓面进行彻底冲洗，消除冲蚀坑内的渣屑、浮淤、青苔皮等杂物，以免在浇筑过程中形成明显的分层，降低新老混凝土的黏结牢度和抗冲击力。

5. 水下立模

修补部位属于立面缺陷，浇筑时需要模板，钢模板由钢板制作而成，为了拆模方便，模板表面涂蜡，模板大小根据缺陷的尺寸设计，在陆上制作好后吊放入水，在水下固定。

6. PBM-3 水下树脂混凝土制备及浇筑

PBM-3 水下树脂混凝土具有在水中不分散、自流平、自密实、可直接通过水层操作、快速固化、结合强度高的特点；同时其施工方法简单，在水下可以直接浇铺，无需设围堰，其性能如表 3-3-1 所示。

表 3-3-1　　PBM-3 水下树脂混凝土特性表

龄期（天）	黏结强度（MPa）	抗拉强度（MPa）	抗折强度（MPa）	抗压强度（MPa）
1	1.5～1.8	2.5～3.5	8～9	16～18
3	2.0～2.2	4.5～5.0	10～14	35～40
30	2.3～2.5	6.0～7.0	18～20	65～80

（1）水泥。水泥采用 P. O42. 5 型号，水泥质量满足最新《中热硅酸盐水泥、低热硅酸盐水泥、低热矿渣硅酸盐水泥》标准中对强度等级的要求。

（2）黏接剂。PBM-3 树脂为黏接剂，将骨料固结而成混凝土。

（3）树脂混凝土浇筑。

1）现场试验。施工时的气温、砂石料的粒径、施工时间等情况进行现场试验，以合适的稠度和固化时间来确定各组分的比例及促进剂和引发剂的用量。凝固时间不超过 60min。

2）拌和。先将砂、石、水泥等骨料按比例干拌均匀，待用；按 A∶B=10∶1 的比例将树脂拌和均匀，再加入促进剂搅拌均匀，最后加入引发剂，拌匀即成为树脂组分；将配制好的树脂组分立即倒入骨料中，拌和均匀。PBM-3 水下树脂混凝土配比如表 3-3-2所示。

表 3-3-2　PBM-3 水下树脂混凝土配比表

混凝土	配比（重量比）					
	石子	砂	水泥	PBM 树脂	促进剂	引发剂
推荐配比（%）	32～36	38～43	9～10	16～19	树脂的 1.0～2.5	树脂的 1.0～2.5
本次选用（%）	30	42	10	18	2.5	2.5

3）水下浇筑。用吊罐法进行浇筑。浇筑混凝土时，发现模板四角预留的孔洞中溢出混凝土后，预留洞封堵，直到最后一个预留孔洞中溢出混凝土并把预留洞封堵为止。

7. 模板拆除

模板拆除小心谨慎，避免损坏混凝土表面，在需要将混凝土和模板分开的时候，只能使用木楔块，不能使用金属楔块、钢筋或钢撬棍等类似工具。

8. 施工记录

水下检修过程重要部分录像、拍照记录，经剪辑、配音后刻成光盘，便于施工验收及存档。

9. 处理效果分析

上水库 1 号闸门井左侧门槽（背对库盆）及 2 号闸门井右侧门槽共计 15 处缺陷处理完成后，潜水员下水对施工质量进行检查，缺陷部位回填的 PBM-3 水下树脂混凝土成型完好，硬度高，表面光滑平整，与原混凝土结合紧密，处理效果良好。部分缺陷部位处理前后情况如图 3-3-2 所示。

四、案例点评

由本案例可见，抽水蓄能电站上、下水库闸门井受水流反复冲击，闸门槽二期混凝土易出现掏空、脱落现象。因此，施工期二期混凝土的施工应严格规范，运行期应定期对闸门槽二期混凝土进行检查，及时发现问题，及时进行治理，避免造成事故。

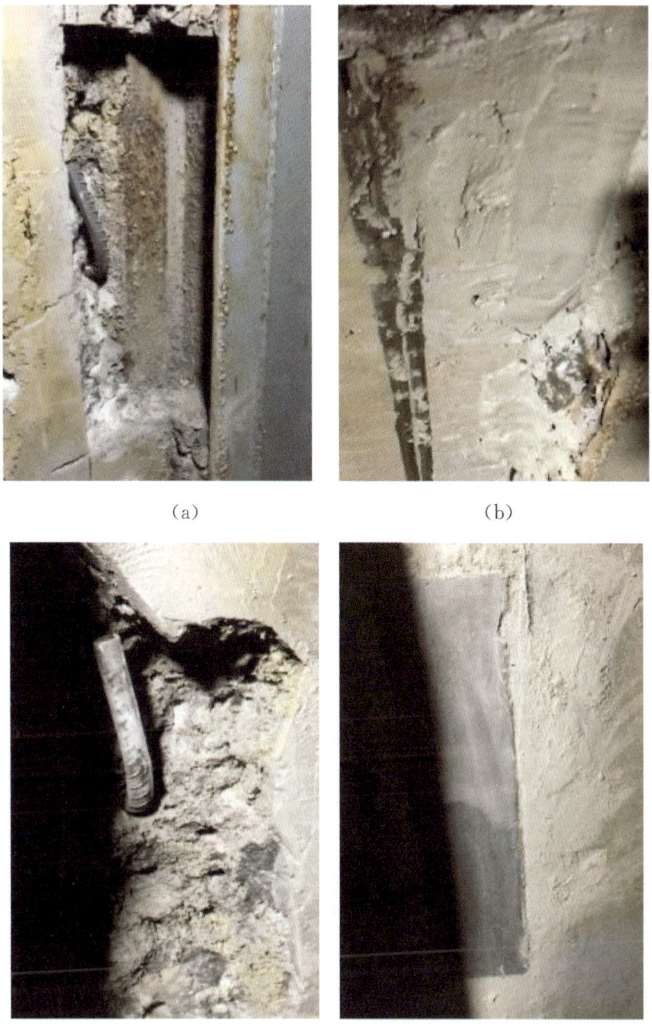

(a)　(b)　(c)　(d)

图 3-3-2　部分缺陷点处理前后对比图

(a) 1 号缺陷修补前；(b) 1 号缺陷修补前后；(c) 4 号缺陷修补前；(d) 4 号缺陷修补后

案例 3-4　某抽水蓄能电站引水系统下平段钢板焊缝裂纹

一、案例概况

某抽水蓄能电站引水系统采用一洞一机的布置方式，引水系统平面呈折线布置，共 4 条引水道，引水道上平段与下平段之间有一夹角，1 号与 2 号引水道上平段轴线方位角为 NE2°，洞轴线间距为 22.7m。4 条引水道下平段平行布置，轴线方位角为 NE5°，

1 号与 2 号、3 号与 4 号洞轴线间距为 22.158m。引水系统布置有上水库引水明渠、上水库进/出水口、引水压力管道等水工建筑物。

引水道自闸门井到厂房，1～4 号 4 条洞长度分别为 366.239、370.889、355.435、362.971m，隧洞中心高程由 135.05m 到－10.0m，由上平段、上弯段、竖井段、下弯段和下平段组成，上平段及上弯段洞径为 6.0m，竖井段为 6.0m，下弯段及部分下平段为 5.4m，在蝶阀前约 7m 处设渐变段，长 11.2m，内径由 5.4m 渐变到 4.1m。

由于竖井段及下平段围岩较差，为避免钢筋混凝土衬砌开裂内水外渗恶化岩体，确保运行期的围岩稳定，自上弯段上游 21m 起向下游至蝶阀前均采用 16MnR 钢板衬砌，钢板厚度 16～40mm，钢管外回填 0.5m 厚素混凝土，其余部分为钢筋混凝土衬砌，混凝土衬砌厚 0.5m，混凝土强度为 C20。

二、原因分析

1. 压力钢管缺陷情况

压力管道放空完成以后，对水道系统进行检查时，发现压力钢管下平段Ⅱ182 管的第 29 条焊缝处有外水内渗的现象。

缺陷发现后，对该处焊缝进行了超声波探伤和磁粉探伤。探伤结果显示，渗水部位共有 3 处缺陷，分别位于压力钢管下平段Ⅱ182 管的第 29 条和第 30 条焊缝位置。具体情况如下：

（1）缺陷发生部位位于 2 号压力钢管的下平段 C-C 断面附近。

（2）第 29 条焊缝处缺陷分布示意图（面向上游方向）和现场照片如图 3-4-1～图 3-4-3所示。

（3）第 30 条焊缝处缺陷分布示意图（面向上游方向）和现场照片如图 3-4-4、图 3-4-5所示。

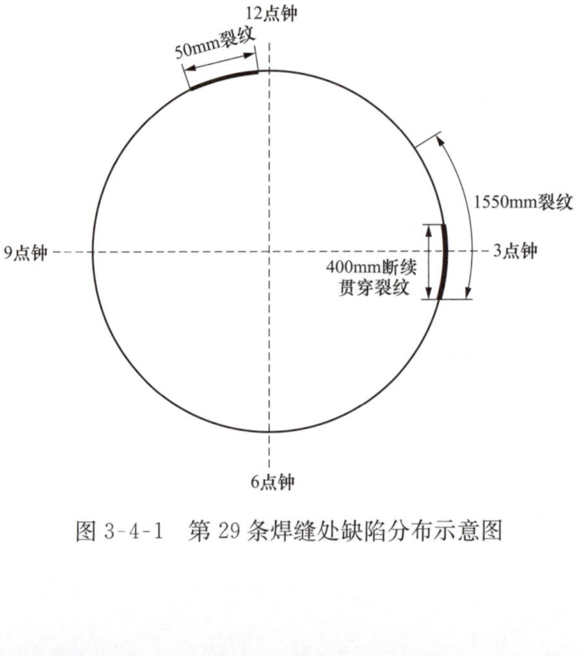

图 3-4-1　第 29 条焊缝处缺陷分布示意图

图 3-4-2 第 29 条焊缝 11 点钟方向裂纹缺陷

图 3-4-3 第 29 条焊缝 3 点钟方向裂纹缺陷

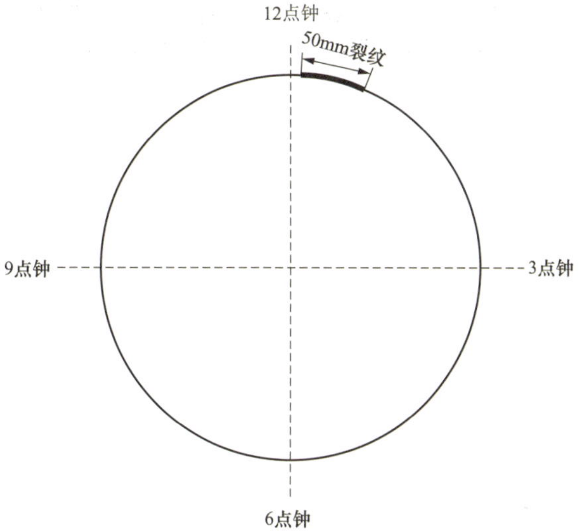

图 3-4-4 第 30 条焊缝处缺陷位置示意图

图 3-4-5 第 30 条焊缝处缺陷现场照片

2. 压力钢管缺陷原因分析

通过现场观察缺陷处渗水的趋势，发现裂纹处的渗水量在明显减少，结合压力钢管环焊接头的套管结构（见图3-4-6），综合分析渗水应为套管与钢管之间的间隙水。在机组运行过程中，由于发电和抽水工况的频繁转换，压力钢管也在承受着不同工况下水推力和水流的脉动作用，对其本身产生一种疲劳效应，使其在容易产生缺陷的隐患处产生应力的释放，导致缺陷的发生。机组运行时，压力管道中的水在高压之下，流入套管与钢管之间的间隙处，产生内水外渗；检修期间，压力钢管中的水被放空，压力降低，导致间隙中的水反渗入钢管之中。

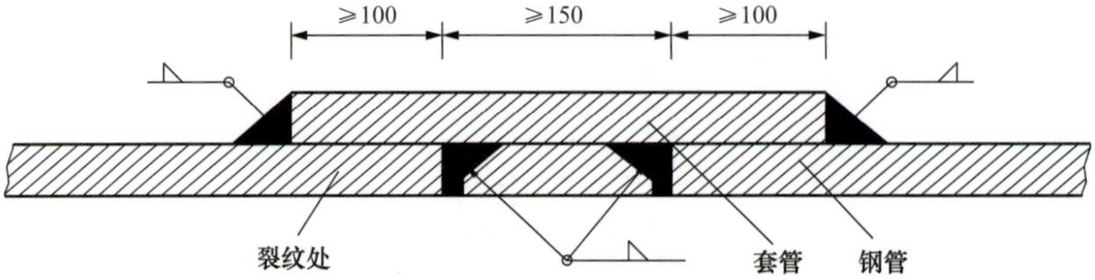

图3-4-6　压力钢管环焊接头的套管结构（单位：mm）

三、处理方案及过程

1. 处理方案

针对本次缺陷，该抽水蓄能电站采取的处理方案为：将渗水处焊缝采用电弧气刨刨开，重新堆焊处理。具体程序如下。

（1）缺陷焊缝刨开。

刨前预热：刨开前先用乙炔氧气火焰烘烤缺陷焊缝处，加热时从下往上烤，把水分充分蒸发出来。

修坡口：采用碳弧气刨方法将焊缝开V形坡口，坡口深10mm。碳弧气刨采用ZGF-1000焊机，气刨时焊机极性采用直流反接方法，气刨所用碳棒采用ϕ10mm圆形碳棒，气刨电流600～800A，气刨风压0.6～0.8MPa。刨后采用风动砂轮机将坡口打磨修正。

（2）焊缝施焊：采用氧气乙炔将焊接部位预热150～200℃，焊机选用Z×5-400型号，焊条采用J507（E507）焊条，焊前焊条需经300℃加热，保温2～3h。

打底：采用ϕ3.2mm焊条。

填充焊：填充时采用ϕ4.0mm焊条，焊接电流在120～160A，填充时焊接采用窄道焊接方法。填充焊时，每焊接一层须采用风铲锤击焊道，以消除焊缝内部应力，防止应力过于集中。

封面：当焊缝填充完成后，进行封面。封面采用ϕ4.0mm焊条，焊接电流选用120～

160A。封面用窄道焊接，压道封面，错牙部分采用过渡焊接，全部焊缝封满后，用焊枪对焊缝表面逐步加热，使整体焊缝缓慢冷却，以降低焊缝应力的过于集中，待焊缝全部冷却后做 PT 表面探伤进行自检。

（3）焊后检查及表面防腐：全部焊接完成后，探伤检查焊缝质量，探伤采用 PT 探伤，质量合格后做表面防腐处理。表面防腐采用氟碳漆料，漆料加厚，施工两遍，第一遍为氟炭黑色软底漆，喷涂 3 层，每涂一层隔 2h 左右，再涂第二层；第二遍为氟炭黑色硬面漆，喷涂 1 层。

2. 处理过程

按照既定处理方案，对焊缝进行了处理，经过打底、填充和封面之后，宏观检查焊接质量完好，堆焊之后的部分现场照片如图 3-4-7 所示。

图 3-4-7　堆焊处理完成后效果图（第 29 条焊缝 11 点钟方向裂纹缺陷）

堆焊处理之后，进行焊接质量的 PT 探伤。经探伤，表面无裂纹、无气孔，未发现明显缺陷，焊缝 PT 探伤合格。如图 3-4-8 所示是探伤结果部分图片。

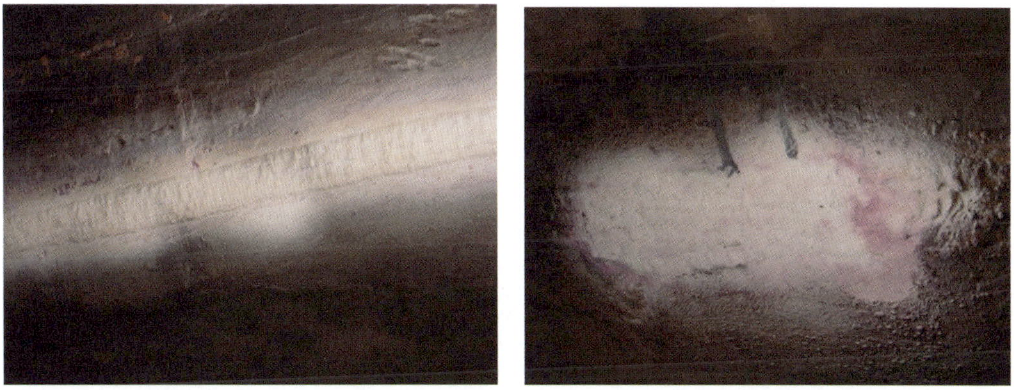

（a）　　（b）

图 3-4-8　焊缝处理后的 PT 探伤图

（a）第 29 条焊缝 11 点钟方向裂纹缺陷；（b）第 30 条焊缝处缺陷

探伤完成之后进行了防腐处理，防腐处理后的现场照片如图 3-4-9 所示。

图 3-4-9　防腐处理后渗水裂缝现场照片

四、案例点评

（1）对于承受高压水头的金属结构焊缝，工程建设期应加强对焊缝的检验、验收。

（2）根据《压力钢管安全检测技术规程》（DL/T 709—1999）规定，一般首次安全检测应在钢管运行后 5～10 年内进行，首次检测后，压力钢管每隔 10～15 年应进行一次中期检测。巡视检查是压力钢管安全检测的必检项目，是运行管理单位的经常性工作。压力钢管投入运行 3 个月内，运行管理单位应每周巡视检查一次。运行稳定后，应至少每月检查一次。在特殊情况下（如汛期或寒冷地区的冬季等），应适当增加巡视检查的次数。

压力钢管定期检查主要项目有技术资料审查、宏观检测、腐蚀检测、材质复查和无损检测 5 项。

运维单位对管道进行有效地规范管理，其检查重点有：档案台账建立及维护情况，查看压力钢管设计、制造、安装、运行、维修等不同阶段资料的归档档案、管道运维检查记录及缺陷问题处理的台账。由于钢板出厂时都是经过严格检验的，因此压力钢管运行后，对钢管进行的检查主要是对焊缝进行检查。压力钢管的定期检查着重是表面探伤。

（3）遇到出于机组检修需要对水道系统进行放空的情况，建议利用有利条件，组织对水道系统的运行情况进行检查，并注意尽量在具备条件的情况下立即组织开展，一旦发现缺陷，留足充足的消缺时间。

案例 3-5　某抽水蓄能电站引水系统放空过程内外水压力差异常

一、案例概况

某抽水蓄能电站引水系统采用两洞四机布置，为降低压力钢管外水压力，在引水高压钢管的上方布置了排水廊道系统，在钢衬的起始处设置了两排防渗帷幕灌浆，并在与引水道平行的排水廊道内布置了斜向上 45°的系统排水孔，形成排水孔网。

本次 2 号引水系统放空检修排水按 2～3m/h 进行控制，充水按充水分级参数表控制，其间对 2 号引水系统监测仪器进行了全过程实时监测、分析，其中，上下库水位和引水隧洞水位按 0.5h/次监测，自动化监测按 0.5h/次，人工辅助监测按 1h/次进行，为判断相关水工建筑物运行状况提供了可靠的数据支撑。

放空过程中 2 号引水下平段 P5 渗压计及竖井段 4 支渗压计，压力变化缓慢，外水压力上升迅速，且均超过了设计参考值 1.2MPa。竖井段内外水压力差最大达到 243.33m（根据 259m 高程断面的渗压计监测数据，并假设 259m 高程以下的连通性较好），下平段内外水压力差最大达到 208.91m（根据下平段 0＋202m 处断面的渗压计监测数据）。

二、原因分析

首先分析 1、2 号引水隧洞间的连通性，对 2 号隧洞保压 12h，之后放下 1 号隧洞闸门 12h，观测 1、2 号隧洞内水位及各观测数据变化情况。经观测分析认为，1、2 号隧洞之间无明显的连通性，且可得出以下结论：

（1）5 个长观孔水位变化很小，维持在 359～399m，接近地表线，也高于水库死水位 386m。山体地下水位受水库水位影响很小，主要与降雨关系密切。该监测数据与以往正常运行时监测成果接近，目前分析整个山体是安全的。通过 1、2 号引水系统闸门落下后的渗漏情况分析，整个山体是饱和的，同样可佐证山体是安全的。

（2）根据 2 号竖井 260m 高程的渗压计数据判断，该断面的外压与内水没有关系，与山体地下水或 f101 断层关系密切。外压维持在 67～87m，衬砌是安全的。

（3）综合监测断面钢筋应力水平及计算分析成果，引水系统放空后，最不利情况下（外压 220m，内压为 0）隧洞衬砌混凝土的整体是安全可靠的，但考虑混凝土局部应力集中点、混凝土质量不均、外水压力局部集中等因素，衬砌混凝土可能出现局部出现裂缝、表面破碎等破坏现象。

综合分析认为，竖井的水可按照目前排水速率继续降低至竖井底部，保持钢管外排水的畅通。在此过程中，应密切关注下平段的衬砌应变和钢筋应力情况。

之后继续进行放水，在放水过程中，密切关注下平段的衬砌应变和钢筋应力等情况，并严格控制以下数据：

（1）放水速率严格控制在 2.5m/s 以下。

（2）应变计 Sph6 测值不大于 $-550\mu\varepsilon$。

（3）钢筋计 Rp5、Rp6、Rp7 数值绝对值不大于 300MPa，且趋势变化正常。

放空过程顺利完成。

三、处理方案及过程

1. 水位监测

水道内水位监测，采用 3、4 号机组监控系统压力钢管读数经换算得出，两个读数直接互相校核，且与现场压力表数据也进行互相校核，分辨率达毫米级，保证了水位监测的可靠、准确。

2. 放空检修程序

下库水位以上高程采用自流方式排水至下库水位→关闭 3 号机组尾闸，打开 3 号机组检修排水阀，启动检修排水泵排水，直至 3 号机组尾水管排空→4 号机组引水系统剩余水量，通过 4 号机引水系统排水管路排至 4 号机组尾水管，经检修排水泵排空→2 号引水系统检查及检修→下库水位以下高程采用自流方式充水至下库水位→采用上水库充水泵进行充水至 372m 高程→停止上水库充水泵，打开上水库 2 号进出水口闸门充水阀进行自流充水至平压→闸门提起。

2 号引水系统排水速率控制在 2～3m/h，若排水过程中发现水工监测数据异常，应立即停止排水过程。引水系统高程及水量如表 3-5-1 所示。

表 3-5-1　　2 号引水系统高程及水量

部位	高程（m）	水量（m^3）	备注
上平段	369.135～361.135	1568.94	闸门中心线到上弯段
上弯段	361.135～335.264	2216.18	
竖井段	335.264～133.425	10140.39	
下弯段	133.425～107.425	2366.30	
下平段	107.425～99.425	2291.30	岔管分岔点
岔管段		1854.66	钢衬起始点
3 号引水钢衬段		1474.25	

续表

部位	高程（m）	水量（m^3）	备注
4 号引水钢衬段		1267.86	
合计		23179.88	

检修后 2 号引水系统充水量及分级参数如表 3-5-2 所示。

表 3-5-2　　2 号引水系统充水量及充水分级参数表

高程（m）	充水里程（m）	分级充水量（m^3）	累计充水量（m^3）	水头（m）	水位上升速率（m/h）	充水流量（m^3/h）	充水历时（h）	稳压时间（h）	稳压期间水位下降参考速率（cm/h）
101～201	170.3	12100	12100	100	10	<1000	10	24	—
201～301	270.3	5050	17150	200	5～10	<500	10～20	24	14.6
301～372.179	406.2	6854	24004	271.2	5	<500	14	48	46.4

3. 渗漏情况

本次充排水过程中，1 号及 6 号施工支洞堵头处、地下厂房三层排水廊道、3 号及 4 号高压钢管外排水管等部位情况如下：

（1）1 号及 6 号施工支洞堵头无明显渗水点。

（2）3 号及 4 号高压钢管外排水管渗漏量无异常。

（3）三层排水廊道渗漏量无异常。

4. 数据观测情况及分析

（1）在 2 号引水系统充排水过程中，输水系统山体水位变化较小，最大降幅为 5.97m，其与水道水位的相关性不明显，输水系统山体地下水位的变化不影响输水系统的稳定。

（2）2 号引水隧洞竖井段监测结果表明，竖井衬砌混凝土、钢筋受力正常，基本表现为受压状态，排充水过程中变化规律符合实际情况，且无突变情况发生；竖井段内外水压力差最大达到 243.33m（根据 259m 高程断面的渗压计监测数据，并假设 259m 高程以下的连通性较好），其外水压力已恢复至充排水开始阶段水平，外水压力与水道水位有较强相关性，外水压力最大降幅为 32.19m，外水压力变化正常；竖井段 260m 高程断面的衬砌混凝土环向及轴向应变与水道水位有较强相关性，充排水过程中围岩与衬砌的接触缝变形较小，与水道水位无明显相关性，表明衬砌与围岩结合较紧密，无明显脱空现象，引水隧洞竖井整体运行正常。

（3）2 号引水隧洞下平段监测结果表明，下平段 0+202m 处断面外水压力与水道水位存在一定的相关性，但总体变化滞后，且变幅较小，下平段内外水压力差最大达到 208.91m（根据下平段 0+202m 处断面的渗压计监测数据），由于外水压力变化滞后于水道水位，充排水结束时其外水压力均低于开始时的外水压力，下平段外水压力总体表现正常；下平段 0＋202m 处断面的深层围岩变形不明显，表明隧洞围岩变形基本不受隧洞内、外水压力影响，围岩稳定性较好；下平段 0＋202m 处断面衬砌混凝土环向及轴向应变与水道水位无明显相关性，表明隧洞衬砌受力基本不受隧洞内、外水压力影响，衬砌混凝土受力正常；下平段 0＋202m 处断面环向钢筋应力与水道水位有较强相关性，水道水位降低，应力减小；水道水位升高，应力增大，钢筋应力均表现为受压，且变幅较小，其量值已恢复至充排水开始阶段水平，表明下平段衬砌钢筋受力正常。

（4）2 号引水岔管监测结果表明，2 号引水岔管外水压力与水道水位有很强相关性，水道水位降低，外水压力减小，水道水位升高，外水压力增大，且变幅基本接近水道水位的变化量，表明 2 号引水岔管混凝土衬砌存在裂缝，有较强的连通性，外水压力表现正常；2 号引水岔管衬砌混凝土三向应变与水道水位有较强相关性，变化规律符合实际情况，衬砌混凝土应变已基本恢复至充排水开始阶段水平，表明 2 号引水岔管衬砌混凝土受力正常；2 号引水岔管钢筋应力与水道水位有较强相关性，变化规律符合实际情况，钢筋应力均表现为受压，其量值已恢复至充排水开始阶段水平，表明 2 号引水岔管衬砌钢筋受力正常；2 号引水岔管的围岩与衬砌的接触缝变形较小，与水道水位无明显相关性，表明衬砌与围岩结合较紧密，无明显脱空现象。

（5）3 号引水钢岔管监测结果表明，3 号引水钢岔管的衬砌混凝土与围岩接缝变形及钢管与衬砌混凝土接缝变形均较小，与水道水位无明显相关性，表明接缝结合较紧密，无明显脱空现象；3 号引水钢岔管的钢板环向和轴向应变与水道水位有较强相关性，水道水位降低，应变减小，水道水位升高，应变增大，3 号引水钢岔管钢衬受力正常；3 号引水钢岔管外水压力与水道水位有较强相关性，水道水位降低，外水压力减小，水道水位升高，外水压力增大，3 号引水钢岔管外水压力与水道水位的变化具有较好的同步性，3 号引水钢管外水压力正常。

（6）1 号引水系统水位监测结果表明，1 号引水岔管外水压力和 2 号引水钢管外水压力过程线变化平缓，与水道水位的相关性不明显，说明引水系统两隧洞无连通性。

（7）三层排水廊道监测数据分析认为，引水高压支管排水廊道测压管水头变化较小，排水廊道渗流量稳定，表明引水钢管渗漏量较小；中层排水廊道底板高程在 132～140m 之间，而实测排水廊道测压管水位低于 132m，处于无压状态，可见厂房上覆围岩的水压力很小，厂房排水廊道的渗流量总体不大，说明厂房四周围岩水压力较小，2 号引水系统充排水期间，排水廊道渗流量变化不明显。

5. 主要部位检查情况及水道检查

（1）本次充排水过程中，对 1 号及 6 号施工支洞堵头处、地下厂房三层排水廊道、3 号及 4 号高压钢管外排水管等部位按 2 次/天进行巡检。巡检情况如下：

1）1 号及 6 号施工支洞堵头无明显渗水点。

2）3 号及 4 号高压钢管外排水管渗漏量无异常。

3）三层排水廊道渗漏量无异常。

（2）隧洞内部检查。经过检查，总体情况良好，基本未见渗水现象，混凝土衬砌段和钢衬接缝处也未见渗水，下平段个别部位混凝土剥落，仅存在一处 60cm×40cm×15cm 的缺陷位于 4 号引水岔管与压力钢管交界处岔管方向约 5m 处，为原先化学灌浆处理的部位；压力钢管结构完好，仅存在局部防腐漆脱落，采用环氧树脂混凝土对发现的缺陷进行了修补，闸门结构完整，闸门密封完好，无任何漏水现象。

6. 地质雷达探测情况

本次检修过程中，对 2 号引水隧洞下平段、4 号岔管和 3 号岔管段衬砌开展了一次地质雷达探测工作，天线频率为 400MHz，采集样本点为 512 个。本次探测测线布置示意图如图 3-5-1 所示。其中，97、98、99、102 为下平段左侧测线；100、101 为下平段右侧测线；103、104 为 4 号岔管左侧测线；105、106 为 4 号岔管右侧测线；107、108 为 3 号岔管左侧测线；109、110 为 3 号岔管右侧测线。

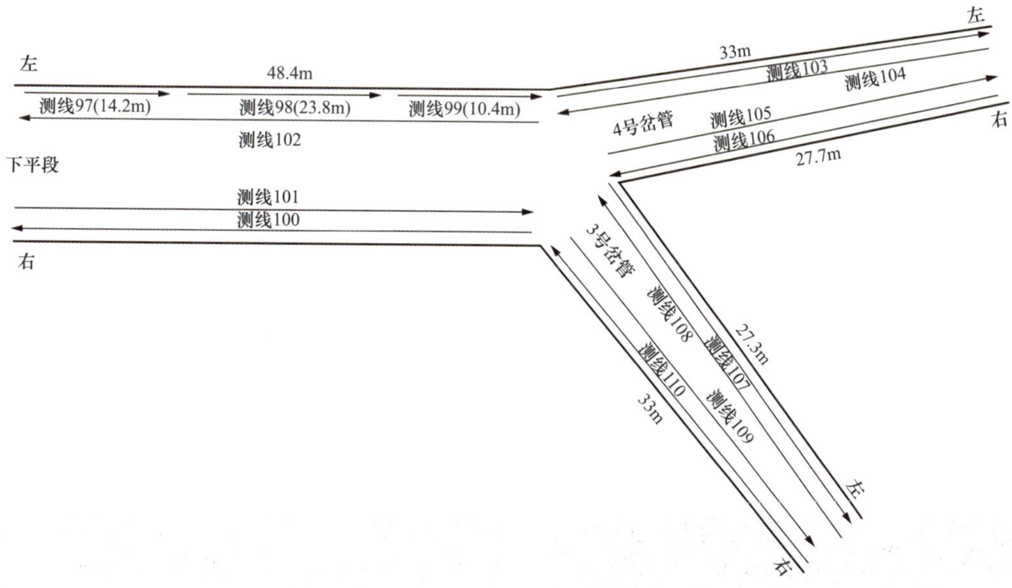

图 3-5-1 输水隧洞衬砌雷达测线布置示意图

探测结果表明，总体结构未见明显异常，仅局部范围内雷达信号反映较强烈，推测对应区域衬砌内部存在一定的含水量，认为可能是衬砌长期在高压水渗透作用下，导致一些微裂隙的产生。

四、案例点评

（1）放空检修过程应严格按照事先制定的技术方案执行，充排水速率应按设计要求执行。

(2) 检修过程可检验水道运行情况，对多年运行后的水道施工、设计情况进行复验，对监测成果及分析合理性进行检验。

(3) 可结合检修工作进行球阀上游压力钢管阀门更换，上游压力钢管焊缝打磨探伤、内部防腐等工作。

(4) 充排水监测过程中要综合关注各重要监测物理量之间的相关性关系，综合分析判断结构的稳定性等情况，部分监测指标设计计算参考值的设定应在实际运行过程中，根据建筑物运行情况及理论计算成果进行校核。

(5) 此次充排水监测过程中，根据各监测物理量长期变化情况，对山体稳定性及引水系统稳定性情况进行了分析，并通过放空数据得以有效验证，另外经计算渗压计水头与山体地下水位直接相关性较大，为后续观测分析工作提供了更加广阔的思路，应及时加以总结提炼。

案例 3-6　某抽水蓄能电站引水系统上斜井渗漏

一、案例概况

某抽水蓄能电站引水系统由上水库进/出水口、上平洞、上斜井、中平洞、下斜井、下平洞、钢筋混凝土岔管和引水高压支管等组成，按两洞四机布置。两条引水隧洞中心间距为 41.35m，衬砌后隧洞内径为 6.5m。引水系统自 2008 年 2 月起进行充排水稳压试验。试验过程中，引水系统渗漏较严重，沿线山体、冲沟及高边坡多处发现地下水出漏点。地表出漏水点主要为 6 号施工洞洞口下古风化壳出露部位（见图 3-6-1），相关监测部位也均发现泉水出漏点。上述出露点距引水系统水平距离 1.2～2.5km；泉水出露

图 3-6-1　6 号洞洞口渗漏情况

高程比较集中，大部分出水点高程均在下古风化壳破碎带高程或以下山坡裂隙内。两条引水隧洞同时和上水库贯通下闸后引水系统总渗漏量 1h 平均值最大约 600L/s，单洞漏水量 1h 平均值最大约 300L/s（1 号洞渗漏量较 2 号洞稍大）。根据上水库水位下降速率推算得引水系统渗漏量约 800L/s。类比国内其他类似工程，该渗漏量较大。

二、原因分析

为探查发生渗漏的主要原因，同时检查钢筋混凝土衬砌情况，2009 年 9 月 21 日，利用上水库沥青混凝土面板缺陷处理时 1、2 号机组停运时机，管理单位对 1 号引水系统上斜井进行了放空下井检查，2010 年 4 月 18 日进行了 2 号上斜井放空检查。根据检查结果及相关地质、水文资料分析引水系统渗漏原因如下：

（1）1 号引水隧洞上斜井 630m 高程左右（上古风化壳下部约 20m）混凝土衬砌存在缺陷，主要表现为局部混凝土脱落，钢筋外露、局部架空。缺陷深度为 7～8cm，面积为 5～6m^2，如图 3-6-2 所示。

图 3-6-2　1 号引水隧洞 630m 高程混凝土缺陷

（2）2 号引水隧洞斜井砂岩段为主要渗漏部位。监测及调查发现，渗漏发生在 500m 高程以上，具体位于汝阳群、古风化壳区域、馒头组等透水地层，局部砂岩地层、下古风化壳顶部区域和上古风化壳顶部馒头组区域等。上古风化壳以上的斜井及上平洞，混凝土衬砌承受的内水压力为 50～140m，其外部围岩为寒武系馒头组，该地层透水率普遍较大，为 15.52～25.19Lu，以中等透水性为主，其中馒头组第一层（∈1ml）

透水率加权平均值为 25.19Lu，压水试验时有 36%的试验段抬不起头，渗水量大于 180L/s，雨季该层中有大量的季节性泉水涌出，上斜井开挖进入该岩层时，总出水量较大，出水带位于该层的底部，可能为山体地下水的水平运动通道。进行上古风化壳区域固结灌浆和锥形灌浆时，透水性强、吸浆量大。虽然该段承受的内水压力相对较小，且采用 80cm 厚 CF30 钢筋混凝土衬砌，但通过观测资料分析衬砌与外部有一定联系，有可能发生内水外渗。由于砂岩在地表卸荷较强，上古风化壳区域可能的出水沿山体地表卸荷裂隙汇集到下古风化壳附近形成集中出露。2 号上斜井检查结果表明：上斜井 620～540m高程之间漏水量较大，总量为 50～70L/s。其中，在 540～610m 高程之间较为集中。540m 高程汇总渗漏水量和在 2 号下平段观察的渗漏流量基本相当，约 8L/s，由此可以说明渗漏主要集中在 2 号斜井砂岩段。上、下古风化壳与引水隧洞位置关系如图 3-6-3所示。

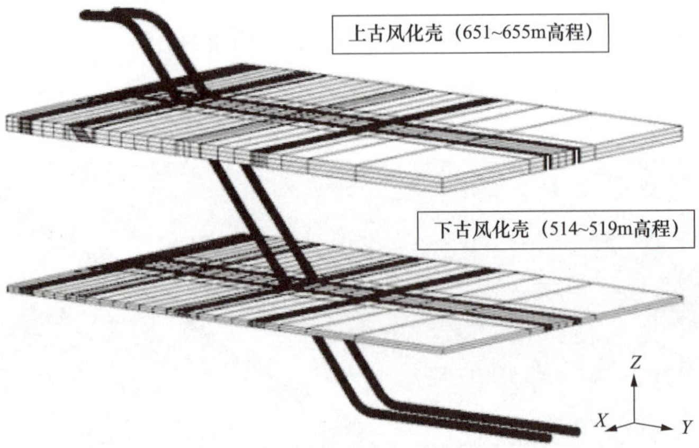

图 3-6-3 上、下古风化壳与引水隧洞位置关系示意图

（3）从总渗漏量结合地质条件及混凝土衬砌结构来分析，有可能有集中渗漏通道存在。上水库进出水口闸门下闸后，1 号引水道水位与时间关系线在 630m 高程左右产生拐点也说明有集中渗漏通道存在。在 1 号引水系统充水（水位高程 770m）、2 号引水系统放空的情况下，2 号下平段可测的总渗漏量为 60～80L/s，说明两条引水隧洞之间已存在一定的水力连通。产生集中渗漏通道的可能性有两种：一是混凝土衬砌结构产生较大裂缝，且与岩体排水通道相接，可能产生大量渗漏；二是灌浆孔与岩体排水通道相接，灌浆与封孔没有做好也会产生大量渗漏。

三、处理方案及过程

为彻底解决引水系统上斜井下古风化壳以上发生的渗漏，采用在引水上斜井内部内套钢板防渗。拟定防渗工程施工方案为：两条引水道全部放空，机组全部停机，上水库放空（保留一定的库底黏土保护水量），两条斜井同时进行内套钢衬施工。

1. 土建施工

（1）该电站引水上斜井共两条，上斜井增加钢板衬砌，钢衬外部采用自密实细石混凝土回填，同时增设随机浅层防渗灌浆。钢衬范围为斜井直段 450～718.882m 高程，斜井倾角为 50°，单条共 117 节，总长约 351m。内套钢管直径为 5.8m，加劲环高 10cm，间距为 40～150cm，钢管钢种为 Q345R（板厚 20～28mm）。内套钢衬段外部回填自密实细石混凝土。

（2）在 6 号施工支洞增设约 180m 的岔洞进入到 1、2 号中平段，施工完成后封堵并设置水密门。

（3）新增 6 号施工支洞排水洞，洞口布置在下库开关站附近右侧。排水洞为 3m×3m 的城门洞型，排水洞开挖洞渣分别弃至待建码头和库尾渣场，原则上先弃至待建码头处。排水洞洞外排水采用 M7.5 浆砌块石排水沟引排至周边排水系统内。

2. 钢衬施工

引水上斜井钢衬工程主要包括两条上斜井 450～710m 之间的钢衬工程及施工支洞永久小钢管的制作安装施工。钢衬的生产在工地完成，加工后单节长度 3m，直径 5.8m，加劲环高 10cm，间距为 40～150cm，钢管钢种为 Q345R（板厚 20～28mm），在斜井内焊接采用单面焊双面成型的新技术，采用 20t 拖车运输至上平洞。

2 号引水隧洞斜井钢衬施工利用原 7-2 号施工支洞作为安装通道；1 号引水隧洞斜井钢衬利用原 7-1 号施工支洞为安装运输通道。原 7-1、7-2 号施工支洞断面为 6.7m×6.2m，为确保钢衬顺利通过施工支洞进入斜井段，需对上述 2 条施工支洞的洞身扩挖至 7.0m×7.5m。随后利用卷扬机、葫芦和定位导向轮等设备，经上平洞溜入斜井直洞段。

3. 钢衬外回填混凝土

钢衬外空间狭窄，无法进行振捣，内套钢衬段外部回填自密实细石混凝土。考虑防止新混凝土收缩，在自密实细石混凝土中加入微膨胀剂。

为保证新老混凝土面的黏结效果，增大黏结力，在老混凝土面上涂刷适合水下环境的界面剂（环氧砂浆）。

4. 水工监测设计

在斜井段选择 4 个典型断面，监测内外水压力、钢板应力及钢板与回填混凝土结合情况。布置的观测仪器有渗压计、钢板应力计及钢板缝隙计。新增仪器接入原监测自动化系统。原设计山体地下水位孔及量水堰，目前均为人工观测，本次根据测点所处位置选择自动化通信方式，并相应配置传感器。

5. 处理效果

引水系统上斜井渗漏进行套钢管处理完工后，1、2 号引水系统分别于 2011 年 3 月 2～21 日和 4 月 2～18 日期间进行充排水试验，在试验稳压阶段，监测数据及山体巡视均无异常，上水库蓄水运行。监测结果表明：

（1）钢衬施工前，测缝计实测最大开合度 0.45mm（XF13-2），开合度较小，多次充放水试验过程中，衬砌与围岩接缝变形变化不大。钢衬施工后，截至 2016 年底实测最大开合度在 0.4mm 以内（测点 XF13-1，如图 3-6-4 所示），开合度较小，钢管与混凝土结合情况良好。

图 3-6-4　引水上斜井钢衬与混凝土开合度典型测点过程线

（2）引水系统沿线山体出水量不大。如图 3-6-5 所示，钢衬处理前实测 WEst-7 测点渗漏量达到 287.19L/s，处理后渗漏量明显减小，除去降雨影响（室外量水堰），渗水量基本稳定在 4L/s 左右，其他测点渗漏量均小于此值。

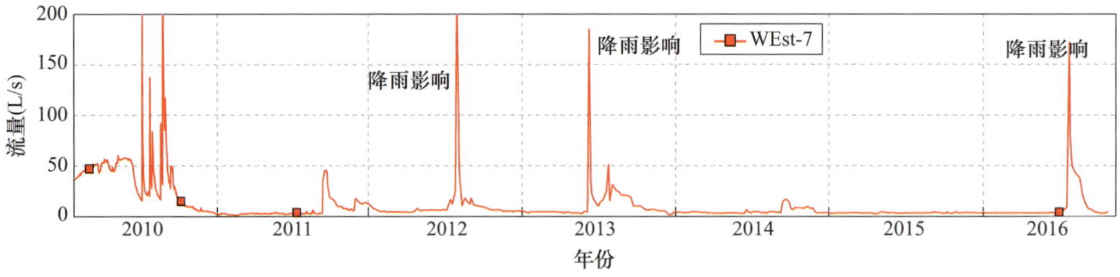

图 3-6-5　山体渗水量水堰典型测点过程线

（3）钢衬处理后，新增钢衬钢板应力：在 1 号上斜井和 2 号上斜井分别在 2011 年 3 月、4 月充水，随着水位上升各部位应力变化基本一致，钢管受力均匀，1 号上斜井最大拉应力为 10.37MPa，2 号上斜井最大拉应力为 9.79MPa，之后测值基本保持稳定，如图 3-6-6 所示。一个上斜井充水对另一个斜井钢管应力基本无影响。

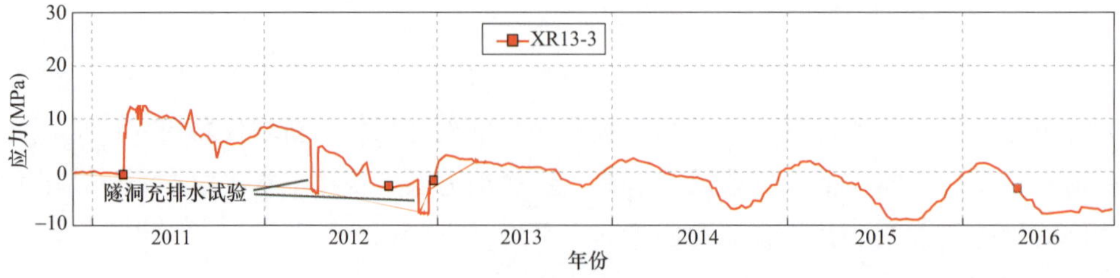

图 3-6-6　引水上斜井钢衬受力典型测点过程线

（4）渗流及外水压力。钢衬施工前，1 号引水隧洞上斜井实测最大渗透压力 259.09m（Pys1＃-C-2，2009 年 12 月 22 日），Pys1＃-C-2 位于 C-C 断面，所处高程为 502.14m。2010～2011 年上斜井钢衬施工以后，该部位实测最大渗透压力 57.27m（XP14-2，2011 年 3 月 27 日），XP14-2 位于上斜井 4-4 断面，高程为 467m，其余大部分测点实测渗透压力不超过 30m，说明上斜井钢衬后防渗效果良好。典型测点测值过程线如图 3-6-7 所示。

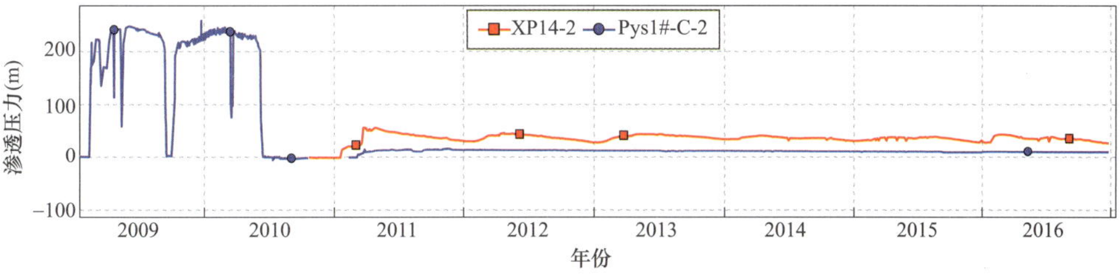

图 3-6-7　引水上斜井钢衬段外水压力典型测点过程线

钢衬施工前，2 号引水隧洞上斜井实测最大渗透压力 174.56m，发生在 2010 年 1 月 19 日，仪器位于 590m 高程。2010～2011 年上斜井钢衬施工以后，上斜井部位实测最大渗透压力 52.84m，仪器位于上斜井 4-4 断面，高程为 464m，其他各断面实测渗透压力不超过 30m，说明上斜井钢衬后防渗效果良好。

四、案例点评

由上可知，该案例发生的主要原因为引水隧洞围岩存在砂岩透水带，同时地质条件薄弱部位的钢筋混凝土衬砌施工存在露筋、局部架空等缺陷。在工程勘察、设计阶段，应充分察明地质构造，选用合理的设计方案；在施工过程中，严格控制有限空间的混凝土浇筑质量；运行期要加强对引水系统渗水量的观测和外围山体出水点的观测，确保引水隧洞运行安全。

该抽水蓄能电站通过内加钢衬对引水系统渗漏缺陷进行处理，通过监测数据及日常观察情况来看，施工支洞和其他部位及山体等渗水点没有发生漏水现象，充分证明了引水上斜井钢衬施工设计合理，施工质量优良。

案例 3-7　某抽水蓄能电站尾水隧洞衬砌混凝土掉块

一、案例概况

某抽水蓄能电站输水系统分引水系统及尾水系统，其中尾水系统中 1、2、3、4 号尾水支洞长分别为 112.24、101.20、93.88、97.51m，内径为 5m。尾水管至尾闸室范围内的尾水支洞洞段采用钢板衬砌，钢板衬砌长度为 54.75m（单洞长），其余部分采用钢筋混凝土衬砌，衬砌厚度 50cm。尾水隧洞主洞长约 1158.75m，内径 11.5m，钢筋混凝土衬砌，衬砌厚度为 50～80cm；尾水岔管内径由 11.5m 渐变为 5m，岔管主管段长 85.75m，钢筋混凝土衬砌，衬砌厚度 80cm。4 条尾水支洞经尾水岔管合岔后并为 1 条尾水隧洞，并设阻抗式尾水调压井，尾水岔管为梳齿型布置，内径由 11.5m 渐变为 5m，其中，尾水岔管为钢筋混凝土衬砌。尾水调压大井内径 20m，高约 80m。地下厂房及输水系统立体示意图如图 3-7-1 所示。

该抽水蓄能电站在尾水隧洞排空检查时发现尾水主洞存在两处混凝土衬砌掉块现象，如不进行处理，掉块部位可能扩展，影响尾水系统正常运行。

二、原因分析

1. 缺陷检查

2015 年 4 月 8 日，该抽水蓄能电站相关人员进入尾水隧洞进行检查，检查过程中发现了两处脱落块，其中小脱落块位于桩号 0＋489.39m，尺寸约为 40cm×20cm×5cm（长×宽×深），如图 3-7-2 所示；大脱落块位于桩号 0＋529.39m，尺寸约为 50cm×40cm×40cm（长×宽×深），如图 3-7-3 所示。

2. 缺陷成因

截至 2015 年 4 月，该抽水蓄能电站尾水系统运行将近 5 年，属于首次检查。由于机组启动频繁，尾水隧洞混凝土衬砌每日受抽水、发电水流冲击，部分存在冲蚀现象。

三、处理方案及过程

1. 处理方案

检查结束后对尾水隧洞内两处混凝土掉块讨论形成了修补意见，提出了以下处理措施：对脱落部位进行清理，凿除碎渣直至露出混凝土衬砌主筋，清理至衬砌混凝土完整坚硬，清理碎渣后进行防水处理，安装 U 形螺纹钢筋与主筋焊接牢固后利用环氧砂浆对破损部位进行处理。

2. 处理过程

（1）截流引排。底板混凝土掉块部位利用速凝混凝土对做小型挡水堰，侧壁混凝土掉块部位本身渗水通过排水进行引排，渗水不得进入作业面，渗水截留要彻底。

（2）清理基层。对尾水隧洞掉块处混凝土表面进行处理，清除基面上的水泥浆表层或松动颗粒。要求基层清理至混凝土坚硬处，彻底清理原灌浆材料，侧壁混凝土掉块要求清基至露出主筋。

（3）排水。利用防水宝和排水管对基层的渗水进行引排，对清理部分用破布反复擦拭，确保基层干燥，要求表面无湿痕。

厂房系统洞室开挖尺寸表

洞室名称	长×宽×高（m×m×m）	备注
主厂房洞室	140.2×25.7×54.1	
副厂房洞室	25.6×22.7×31.4	
主副厂房送风机室	10×14×7.9	
主变压器洞室	132.6×20.4×26.3	
主变压器通风（出渣）洞	115.54×4.8×5.65	
主变压器搬运洞	12.7×6.6×8	
主变压器运输洞	50×11.5×9.1	
高压电缆洞	434.38×4.1×4.7	
母线洞	29.8×8.8×11.5	共4条洞
厂房周边排水廊道	1830×2.5×3	
主变压器运输洞	50.0×11.3×8.8	
小桥机躲避洞	7.5×25.7×17.4	
平衡梁洞	8.4×4.8×6.1	
2号施工支洞	689.68×7.5×6	衬砌后断面
6号施工支洞	534.07×7.5×6	衬砌后断面
尾闸通风（出渣）洞	23.4×5.5×5.4	

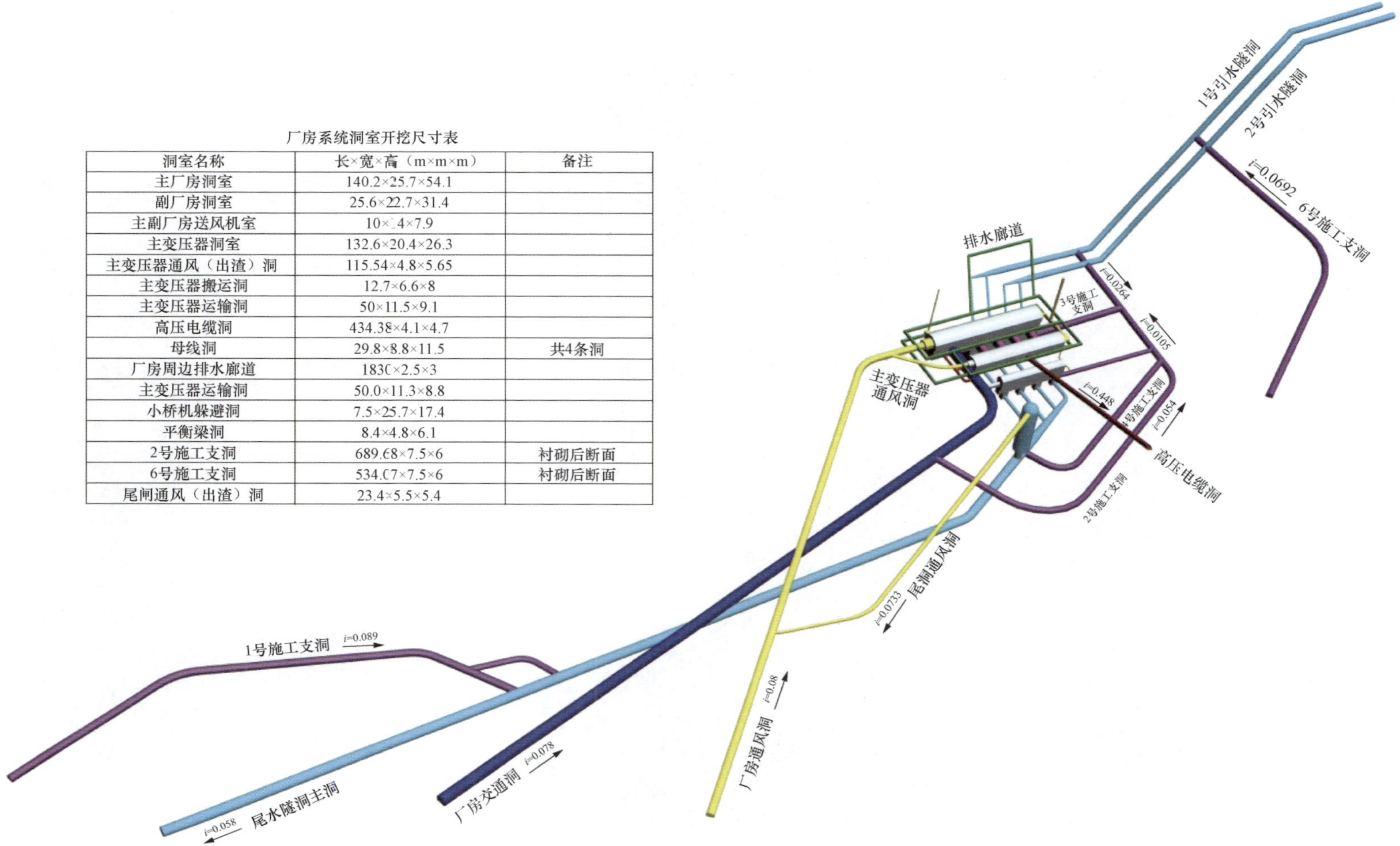

图 3-7-1　某抽水蓄能电站地下厂房及输水系统立体示意图

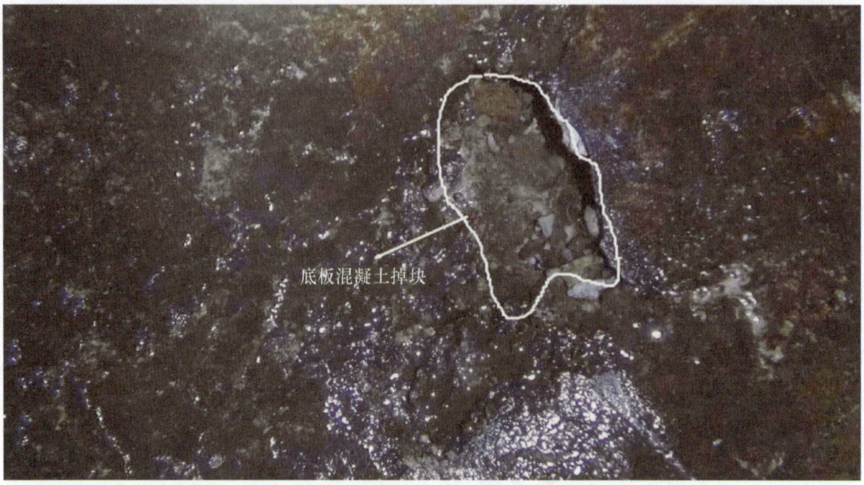

图 3-7-2　0+489.39m 处混凝土小块脱落块

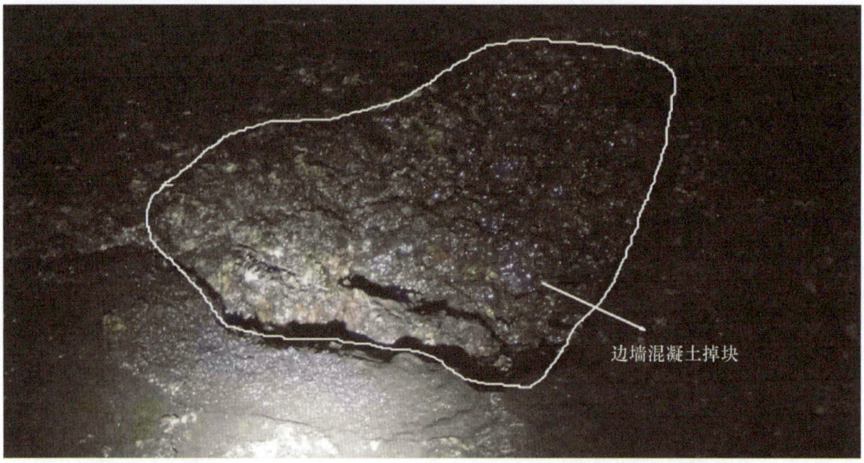

图 3-7-3　0+529.39m 处混凝土大块脱落块

（4）侧壁安装钢筋。侧壁主筋上焊接 3 个 $\phi16$ 的螺纹钢筋类 U 形环，每个折段长度分别为 10cm+15cm+10cm，如图 3-7-4 所示。

图 3-7-4　作业人员安装的螺纹钢筋类 U 形环

(5) 涂抹环氧砂浆。环氧砂浆按照改性环氧树脂A料（液体）、改性环氧树脂B料（液体）、改性环氧树脂C料（粉体）1∶3∶16的配合比进行调配拌和均匀。

利用抹子对掉块部位进行涂抹，要边抹光边压实，底板掉块部位由于深度较小，环氧砂浆一次性涂抹至四周与周边混凝土齐平并平滑连接。侧壁混凝土掉块深度达40cm，故分层涂抹，每层厚度约13cm，每层间隔时间约为20h，第3层环氧砂浆涂抹完毕后，对引出来的排水管用环氧砂浆进行封堵。要求涂抹环氧砂浆材料要均匀，并与周边混凝土结合牢固，如图3-7-5所示。

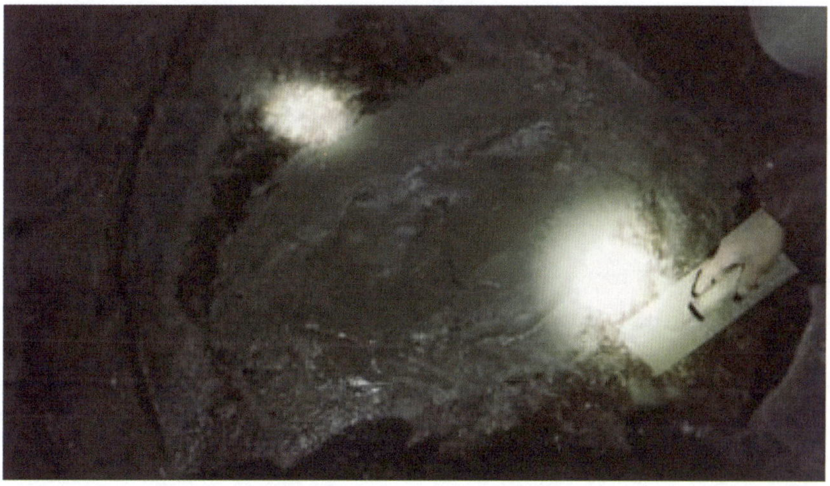

图3-7-5　作业人员涂抹环氧砂浆

(6) 质量检查。待3层环氧砂浆涂抹完毕3天后，环氧砂浆强度增长至设计强度，再进行现场检查，检查环氧砂浆的强度和硬度不低于周边原有混土，要求养护时间达到材料设计强度。

3. 质量检查与评定

待3层环氧砂浆涂抹完毕3天后环氧砂浆强度增长至设计强度后，进行现场检查，检查环氧砂浆的强度和硬度不低于周边原有混土，养护时间达到材料设计强度，处理后效果达到既定方案要求，处理过程未有异常现象发生。

四、案例点评

本次检查发现的尾水隧洞两处混凝土衬砌掉块，分析原因主要是由于机组启动频繁，尾水隧洞混凝土衬砌每日受抽水、发电水流冲击，导致混凝土衬砌部分冲蚀；日后引水及尾水系统排空期间，应加强对整体混凝土衬砌及破损修复部位衬砌检查，对于发现的问题及时进行分析并采取可靠措施进行处理；严格把控引水隧洞混凝土拌和、施工及养护质量。

环氧砂浆具有化学性能稳定、黏结力高、抗渗性高及热膨胀系数接近混凝土的特点，螺纹钢筋类U形环结构能够使修补环氧砂浆和原钢筋混凝土衬砌结构紧密结合；

本次缺陷的处理利用和螺纹钢筋类U形环结构相结合，有效防止了衬砌混凝土破碎扩大化，保证了该抽水蓄能电站尾水隧洞混凝土衬砌安全稳定运行，该处理方式对于机组启动频繁的抽水蓄能电站具有一定的推广意义。

案例3-8　某抽水蓄能电站尾水调压井混凝土缺陷

一、案例概况

某抽水蓄能电站尾水系统包括尾水支管、尾水岔管、尾水调压井、尾水隧洞等，尾水隧洞开挖洞径为7.5m，衬砌后断面直径6.5m；尾水系统中除尾水支管采用钢衬外，其他均为钢筋混凝土结构；调压井阻抗孔混凝土衬砌厚度为50～90cm，衬砌后为净空ϕ4.5m圆形断面，高程为93.85～129.20m，高度为35.35m；调压大井混凝土衬砌厚度80cm，衬砌后为净空ϕ11m圆形断面，高程为129.20～188.40m，高度59.2m。

检查发现1号尾水岔管、1号尾水调压大井、2号尾水调压大井3个部位混凝土缺陷：

（1）2015年9月12日，检查过程中发现1处蜂窝，位于1号尾水岔管衬砌混凝土1+106.779～111.569段，经人工开凿，该缺陷长2m、宽1.5m，最大深度0.25m，最小深度0.1m。

（2）2015年10月10日，发现1号尾调大井衬砌混凝土尾通1+013.528～019.528段，有1处混凝土表面凸起，最大缺陷长6m、宽1.2m。

（3）2016年1月25日，发现在2号尾水调压大井衬砌混凝土有2处蜂窝，一处长0.75m、宽0.25m、深0.19m，另一处长0.8m、宽0.3m、深0.17m。

二、原因分析

1号尾水岔管，1、2号尾水调压井共4处缺陷部位混凝土浇筑不满一年，且还未投入使用，存在蜂窝、漏筋、鼓包等质量缺陷，主要原因是施工质量问题。经分析，有如下几点：

（1）施工过程中混凝土振捣不均匀。

（2）下料不当，造成石子砂浆离析。

（3）模板支撑强度、刚度不足。

三、处理方案及过程

1. 1号尾水岔管衬砌混凝土蜂窝缺陷

针对1号尾水岔管衬砌混凝土蜂窝，人工凿除至密实部位，钢筋露出部位凿至钢筋以下 5cm，并凿成规则体型，凿除后清理混凝土基面，有渗漏水部位进行化学灌浆处理，开凿后由于该缺陷长 2m、宽 1.5m，最大深度 0.25m，面积较大，采用C35 混凝土（该部位衬砌混凝土设计强度为 C30）进行填补，待混凝土达到设计强度后，与原混凝土接缝及表面用环氧砂浆进行处理平整。1 号尾水岔管缺陷处理图如图 3-8-1 所示。

图 3-8-1　1 号尾水岔管缺陷处理图

2. 1 号尾水调压大井衬砌混凝土表面凸起缺陷

针对 1 号尾水调压大井衬砌混凝土表面凸起，对缺陷部位混凝土进行人工凿除至密实部位，凿除后清理混凝土基面。该处开凿后混凝土密实，故将该部位凿至比周围混凝土面低 2cm，表面刮涂环氧砂浆并找平。1 号尾水调压上室缺陷处理图如图 3-8-2 所示。

图 3-8-2　1 号尾水调压上室缺陷处理图

3. 2 号尾水调压大井混凝土空洞、漏筋缺陷处理

针对 2 号尾水调压大井衬砌混凝土，人工凿除至密实部位，钢筋露出部位凿至钢筋以下 5cm，并凿成规则体型，凿除后清理混凝土基面，渗水部位进行化学灌浆处理，处理完后，用环氧砂浆进行填补，待环氧砂浆达到设计强度后，表面处理平整。2 号尾水调压大井缺陷处理图如图 3-8-3 所示。

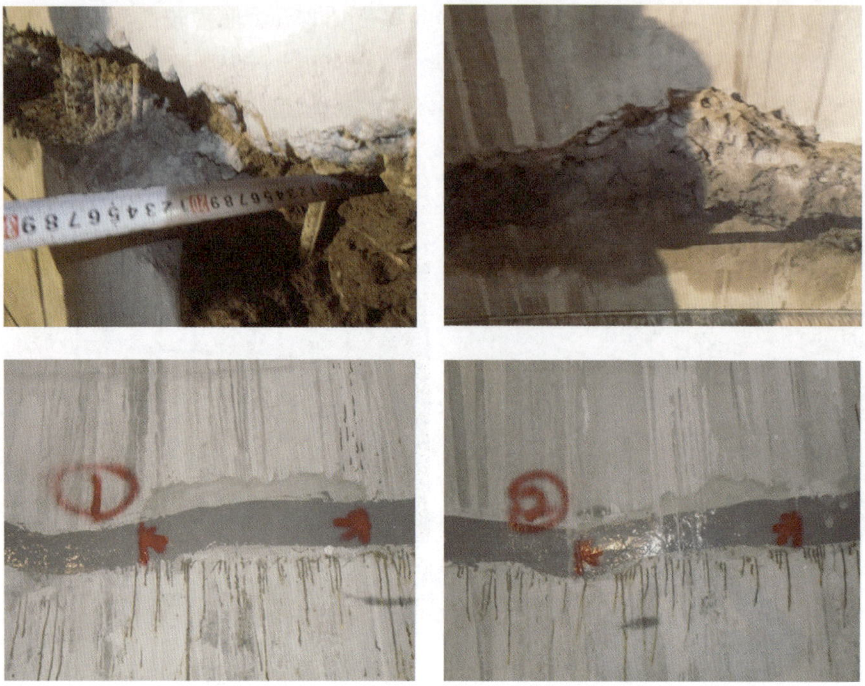

图 3-8-3　2 号尾水调压大井缺陷处理图

四、案例点评

该抽水蓄能电站 1 号尾水岔管、1 号和 2 号尾水调压井 3 个部位缺陷混凝土严格按照批复方案进行了处理。1、2 号尾水系统经过 3 年运行，检查缺陷部位混凝土，无异常。缺陷部位采用环氧砂浆填补效果良好，能够满足对混凝土空洞、蜂窝、凸起等缺陷处理的要求。

为避免此类缺陷的再度发生，在工程建设过程中需重点关注混凝土施工配合比，严格控制混凝土的拌和生产质量；下料要对称均匀，振捣到位；泵送混凝土时，控制下料高度，避免石子砂浆离析；在混凝土开仓前，确保模板的强度、牢固。

案例 3-9　某抽水蓄能电站机组尾水支洞钢衬鼓包

一、案例概况

2015 年 9 月，3 号机组 C 级检修，检查机组尾水流道，发现紧挨尾水管下游侧的第

2、3 号管节存在鼓包现象。经核实，鼓包主要出现在第 2 号管节两加劲环间，鼓包数为 16 个，其次在第 2 号管节末端与第 3 号两管节环缝之间也有鼓包产生，但鼓包数量与规模明显要比 2 号管节两加劲环之间的少而轻，共有鼓包 7 个。从钢管横断面来看，压力钢管腰线以上共有鼓包 7 个，腰线以下鼓包数量与规模一般相对较大，共有鼓包 16 个，尤其是靠近底部的 6、7、10、11、18、19 号鼓包较为明显。

现场鼓包测量数据表明，最大鼓包直径为 960～1000mm，高度为 47～50mm，对应鼓包编号分别为 7、11 号，最小鼓包直径为 400～500mm，高度为 20mm，对应鼓包编号为 1、16、17、22 号。3 号机组尾水支洞钢衬鼓包断面分布素描图如图 3-9-1 所示。

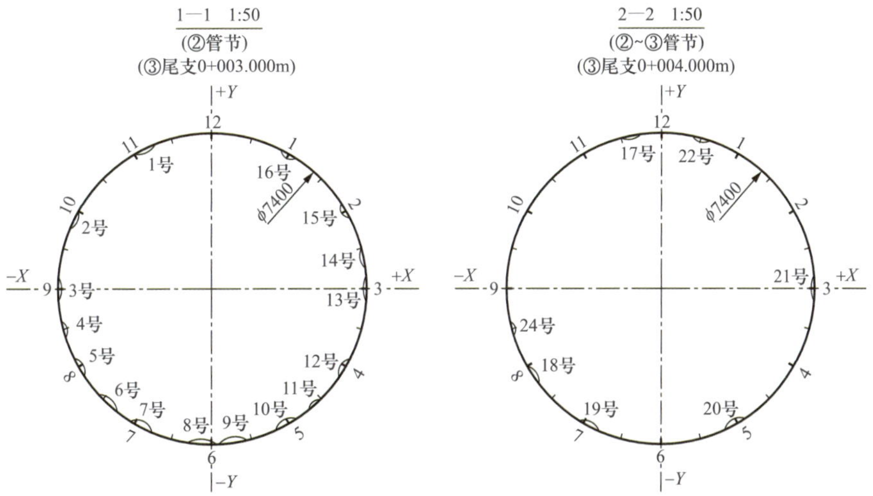

图 3-9-1　3 号机组尾水支洞钢衬鼓包断面分布素描图

二、原因分析

直接原因：通过切除鼓包段钢衬，检查尾水管鼓包部位底侧埋设有 3 号机组单元技术供水系统排水管路，其中 1 号管节埋管段破损渗漏形成内压导致钢衬鼓包，如图 3-9-2 所示。

造成技术供水埋管破损的原因：

(1) 该尾水管区域固结灌浆施工，需要在钢衬制作灌浆孔，可能会开孔过深，破坏埋管，导致渗漏。

(2) 埋管材质为碳钢材质，长时间运行后锈蚀破损。

三、处理方案及过程

制定尾水管鼓包处理专项施工方案，结合 3 号机组检修对鼓包问题进行处理，流程包括：鼓包区域钢衬切除→凿除混凝土→鼓包原因排查→渗点消缺验收→钢衬精切→引排网络设计及布置→管节基坑混凝土回填→钢衬瓦片拼接→灌浆→防腐处理。

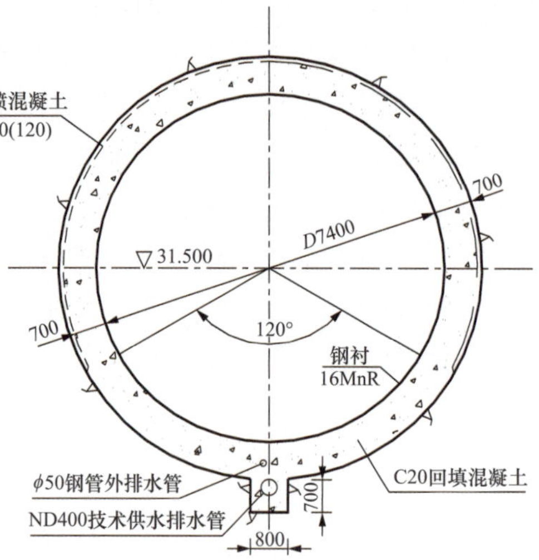

图 3-9-2　3 号机组技术供水排水管埋管示意图

工程整体实施比较顺利，严格把控施工过程质量，确定渗水点后按预期要求消除隐患，后期增设钢衬引排泄压网络系统，一方面可以及时泄除压力，预防钢衬内部再次形成内压，另一方面可以观察泄压管水位，了解内压情况。

引排网络布置具体情况如下：

（1）钻孔。钻孔点坐标 X：排水沟左侧墙壁（面向下游）向右延伸 300mm；Y：3 号母线洞外墙壁（桩号：厂 0+021.20）至下游方向 21620mm。尾水管内孔坐标 X：机组中心线至 2 号管节 10 点钟方向（面向上游）水平距离 3250mm；Y：机组中心线至下游方向 32420mm，Z：钻孔点垂直向下 16332mm。

（2）引排网络布置安装。在 2 号管节环向凿除 150mm×150mm 的环向槽，安装 ϕ76mm 的环向排水总管，且 2 号管节环向均匀分布钻 6 个孔，钻孔深度至基岩结构，用于安装岩壁径向排水管（孔径 56mm，孔深 800mm，管径 50mm）。径向排水管（ϕ50mm）与环向排水管（ϕ76mm）连接，竖管（ϕ102mm）与环向排水管（ϕ76mm）连接，底部集水槽与环向排水管连接。具体布置如图 3-9-3、图 3-9-4 所示。

图 3-9-3　底部集水槽

图 3-9-4　加劲环集水槽和排水管

工程于 2016 年 6 月完工，经过近 3 年运行，结合历次尾水流道排水检查未发现类似问题的出现，也标志着较好地完成了鼓包问题的处理。

四、案例点评

该案例是典型的基建安装阶段问题暴露在投产运行时期示例，造成了一定的损失，也积累了一定的经验。对于类似工程质量管控应从全过程抓起，设计阶段应尽量选用不锈钢材质，特别是埋管，减少后期维护工作量，制造阶段应加强材料质量验收环节，杜绝“残次产品”，安装阶段做好工程把控，严把施工验收及相关试验环节。生产无小事，设备从生产到投运的每一个环节容不得疏忽，做好“高标准，严要求”，是确保实现优质工程目标的基础。在日常运维工作中应注意以下事项：

(1) 加强机组定期检查力度。定期检查机组母线洞电缆排水沟内引排泄压管路水位情况，形成台账记录，水位异常升高应引起重视和警惕，并做好分析及处理工作。结合机组检修流道排水，定期对钢衬进行检查、检测，发现问题及时处理，将隐患扼杀在萌芽阶段。

(2) 优化充排水方案，避免钢管内外受力异常，采取慢排缓充原则、分阶段观察法等，降低钢衬负压效应。

(3) 为防止鼓包区域再次出现存水情况，设计并安装钢衬引排泄压网络系统。

案例 3-10 某抽水蓄能电站尾水隧洞衬砌混凝土裂缝

一、案例概况

某抽水蓄能电站 1 号尾水隧洞为尾调至下水库进/出口进水塔间的洞段，洞径 5.2m，埋深 30～220m，长 884.282m，采用钢筋混凝土衬砌，衬砌厚度 50～80cm，衬砌混凝土强度等级为 C25。2006 年和 2011 年水道放空时对 1 号尾水隧洞进行了检查，检查发现尾水隧洞混凝土衬砌存在较多裂缝和表面剥蚀等现象，且多数裂缝存在渗水现象，同时发现混凝土衬砌表面附着有大量的贝类水生生物，大量水生生物分泌物会对混凝土衬砌造成腐蚀，为防止裂缝等缺陷的存在降低混凝土结构的耐久性，避免对结构安全性和可靠性造成不利影响，对缺陷进行了修补处理。受工期限制，2006 年仅对宽度较大、渗水较严重的裂缝（处理长度 199.6m，裂缝总长度为 476.6m）进行了处理，处理方法为对裂缝内部进行化学灌浆及表面封闭（弹性环氧涂膜柔性防水材料）；2011 年仅处理部分裂缝长 861.3m（裂缝总长度为 1151.9m），处理方法为对裂缝内部进行化学灌浆及表面封闭（单组分聚脲）。2016 年 8～9 月水道放空期间对 1 号尾水隧洞混凝土衬砌结构进行检测，检测结果显示，1 号尾水隧洞表面存在较多裂缝，其中一半以上裂缝宽度超过 0.2mm，且表面存在混凝土剥蚀情况，严重影响混凝土结构的耐久性。

结合 2011 年 1 号尾水隧洞裂缝检测及处理情况，2016 年 1 号尾水隧洞检查发现的裂缝中既包括前期未处理的老裂缝，也含有后期运行过程中产生的新裂缝。2011 年 1 号尾水隧洞剥蚀坑、2016 年 1 号尾水隧洞裂缝情况分别如图 3-10-1、图 3-10-2 所示。

图 3-10-1　2011 年 1 号尾水隧洞剥蚀坑

图 3-10-2　2016 年 1 号尾水隧洞裂缝

二、原因分析

混凝土裂缝往往是多种因素联合作用的结果，由围岩荷载、水荷载、温度荷载、混凝土干缩、碱骨料反应、钢筋锈蚀等原因引起。2006、2011、2016 年停水检修期的缺陷普查和无损检测成果表明，尾水隧洞衬砌混凝土的强度满足设计要求，混凝土碳化较浅，钢筋未锈蚀，混凝土衬砌与围岩之间无明显脱空现象，目前衬砌混凝土的主要缺陷是混凝土的环向裂缝和纵向裂缝，其中环向裂缝基本位于衬砌段的中部，纵向裂缝绝大部分位于隧洞腰线以下部位。从 3 年的缺陷检查和无损检测结果，基本可以排除沉陷裂缝、干缩裂缝、钢筋锈胀裂缝和碱骨料反应裂缝。电站地处北方寒冷地区，根据抽水蓄能电站运行特点，隧洞内水温年内温差较大，上水库水下温度监测结果表明最大温差为 20～22℃，衬砌混凝土年内温度应力可能超标。根据裂缝的特征及现场检测、监测结果，初步分析温度应力是导致运行期尾水隧洞衬砌混凝土开裂的主要原因。

三、处理方案及过程

1 号尾水隧洞钢筋混凝土衬砌的主要缺陷为环向裂缝和纵向裂缝，因此主要对裂缝进行处理，对于表面剥蚀等缺陷，采取清理后重新填筑聚合物砂浆进行处理。

1. 大于 0.2mm 缝处理方案及施工工艺

首先对裂缝进行化学灌浆，灌浆材料为水溶性聚氨酯，灌浆结束后对裂缝表面进行打磨处理，裂缝表面涂刮 25cm 宽聚脲涂层，涂层厚度达 3mm 并复合 10cm 宽胎基布（见图 3-10-3、图 3-10-4）。具体施工工艺如下：

图 3-10-3 混凝土裂缝（宽度大于 0.2mm）处理方案

图 3-10-4 采用手刮聚脲表面封闭裂缝

（1）沿裂缝两侧与缝成 45°用电钻打斜孔与缝面相交，孔距为 0.2～0.4m，孔深 20cm 以上。

（2）清洗灌浆孔，埋设灌浆嘴，如果灌浆嘴与缝内相通，则可以进行下道工序，否则须重新钻孔。

（3）为了保证有效的封堵漏水通道，本次灌浆压力 0.6MPa；灌浆材料为水溶性聚氨酯，当缝面出浆液或不再渗水，即结束灌浆。

（4）待灌浆材料有一定强度后，拔除灌浆嘴，由此所造成的孔洞用高强砂浆进行封闭。

（5）用角磨机沿缝面打磨 30cm 宽，并用高压水将打磨面清洗干净。

（6）沿裂缝两侧涂刷 30cm 宽潮湿型界面剂。

（7）待界面剂指干后涂刮手刮聚脲第一遍，然后粘贴 10cm 宽的胎基布，待聚脲指干后再涂刷聚脲 2～4 遍。手刮聚脲宽度为 25cm，中间厚度大于 3mm，两侧厚度为 2mm。

2. 小于 0.2mm 缝处理方案及施工工艺

对混凝土裂缝表面先进行打磨清洗处理，然后在裂缝处 30cm 范围内涂刷潮湿型界面剂，界面剂指干后涂刷宽度约 25cm 的聚脲，复合 10cm 宽的胎基布，最终聚脲涂层厚度达到 3mm（见图 3-10-5）。具体施工工艺如下：

（1）用角磨机沿裂缝表面打磨 30cm 宽，除去表面的油污、浮皮。

（2）用高压水将打磨面清洗干净。

（3）待基面干燥后，沿裂缝两侧涂刷 30cm 宽界面剂。

（4）待界面剂指干后涂刮第一遍聚脲，宽度为 25cm，然后复合 10cm 宽胎基布，待涂刷聚脲指干后再涂刮第 2～4 遍聚脲。手刮聚脲宽度为 25cm，中间厚度大于 3mm，两侧厚度为 2mm。

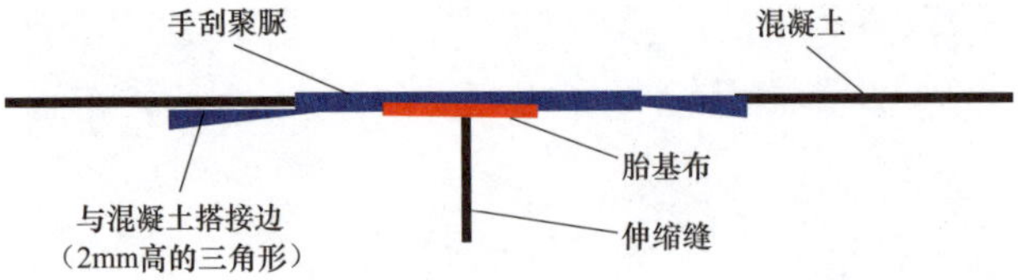

图 3-10-5 混凝土裂缝（宽度小于 0.2mm）处理方案

电站对 1 号尾水隧洞裂缝进行处理后，2018 年 1 号水道系统放空期间再次对尾水隧洞进行检查发现，经过两年运行，1 号尾水隧洞衬砌结构未出现明显裂缝、鼓包等缺陷，修补部位完整无损坏，目前总体运行状况良好。

四、案例点评

由本案例可见，混凝土结构在运行过程中裂缝等缺陷不可避免，除在基建期严格浇筑的质量管控外，运行期也要持续关注其运行质量保障情况，电站每 5～10 年进行一次尾水隧洞混凝土衬砌结构质量的全面检查，适当开展缺陷的修复工作。混凝土结构的输水系统裂缝问题是很多单位的共性问题，该类缺陷的处理为以后同类抽水蓄能电站水工建筑物的类似工程缺陷处理提供了经验参考。

案例 3-11 某抽水蓄能电站施工支洞渗水及析钙

一、案例概况

某抽水蓄能电站 7 号施工支洞、6 号施工支洞、5 号施工支洞、高压钢管外排水管、A3 排水廊道系统及 PD15 探洞渗水量约 27L/s。6、7 号施工支洞渗水量的时均值变化不大，其中 6 号施工支洞渗水量约为 3L/s，7 号施工支洞渗水量约为 8L/s，占总渗水量的 41%。

施工支洞运行十多年来，经巡视检查发现，7 号施工支洞下岔洞渗水点主要发生在 2 号～1 号斜井之间的空心廊道段、1 号斜井空心堵头段以及上下岔洞部位的衬砌段，渗水主要表现在线性或雨状滴水、底板两侧冒水。6 号施工支洞堵头面渗水，主要集中在一个出水点，且出水压力大，呈喷射状，而且 6 号施工支洞渗水观测数据显示呈现缓慢递增趋势。6、7 号施工支洞经多年高压渗水作用下止水幕体已出现破坏失效现象，幕体有效寿命较短。

二、原因分析

该抽水蓄能电站水头高压力大，施工支洞堵头处承受了较大的水压力（远大于常规水电站），与 7 号施工支洞关系密切的 f810 断层穿过了 1、2 号斜井和下岔洞，存在可能的内水外渗点，渗水统计详见表 3-11-1。

表 3-11-1　　区内渗水点的部分水质指标及温度现场实测资料统计

序号	测量点位	pH 值	电导（μS/cm）	TDS（mg/L）	温度（℃）	备注
1	7 号上岔 470m 处	11.36	220.0	154.0	20.4	有 4 个渗水点
2	7 号上岔 430m 处	11.00	195.0	136.5	19.1	有 3 个渗水点
3	7 号上岔 390m 处	10.76	161.7	113.2	20.6	
4	7 号下岔 60m 处	10.36	132.7	92.9	20.2	
5	WE7-4 量水堰	10.23	124.7	87.3	18.8	
6	WE7-1 量水堰	9.17	76.6	53.6	18.0	
7	7 号下岔 120m 处	10.44	145.4	101.8	20.1	
8	7 号下岔 1 号堵头断面处	8.96	74.8	52.4	18.1	
9	7 号下岔 135m 处	8.54	70.7	49.5	18.3	
10	7 号上、下岔口 370m 处	8.37	79.8	55.7	19.3	
11	WE7-3 量水堰	9.83	193.3	135.3	18.6	
12	7 号洞深 140m 处	8.28	88.9	62.2	16.6	洞壁有多个渗水点
13	7 号洞深 120m 处	8.38	90.9	63.0	17.3	洞顶有多个渗水点
14	6 号支洞 25m 处	9.48	75.9	53.1	16.0	有 6～7 个渗水点
15	WE6-1 量水堰	10.37	83.2	58.2	17.0	
16	6 号支洞实心堵头处	10.96	78.4	54.9	16.7	
17	WE6-2 量水堰	10.16	113.4	79.4	14.1	

水质调查发现地表水（包括河水）、地下水对普通的和抗硫酸的硅酸盐水泥有溶出性侵蚀，无其他侵蚀性。在混凝土支护和衬砌中有水出露的地段，均可见白色沉凝物（析钙），结构渗水部位析钙严重。析钙主要是渗漏水将基岩中早期灌注的水泥浆或混凝土中的 CaO 成分溶化析出，变成 $Ca(OH)_2$，沿渗漏通道流出，在 CO_2 的作用下结晶生

成白色的 $CaCO_3$，并最终导致混凝土强度降低甚至破坏，渗水析出物取样化验情况详见表 3-11-2。

表 3-11-2　区内施工支洞及其他部位渗水析出物取样化验基本情况一览

样品序号	采集位置	颜色
X-1	7 号施工支洞上岔 1 号实心堵头右侧墙壁	白色
X-2	7 号施工支洞上岔距 1 号实心堵头约 4m 处	白色
X-3	7 号施工支洞上岔 1 号空心堵头墙面	白色
X-4	7 号施工支洞上岔 2 号实心堵头断面右下角	白色夹棕红色
X-5	7 号施工支洞上岔距 2 号实心堵头约 10m 处墙壁	白色夹黑色
X-6	7 号施工支洞上岔距洞口 390m 处右侧	土黄色
X-7	7 号施工支洞下岔 1 号空心堵头附近墙壁	白色夹棕红色
X-10	6 号施工支洞空心堵头向内 3m 处	白色夹棕红色

已有的研究表明，渗水析出物是一定地质、水文条件下，环境水同各种固相介质（包括岩石、混凝土等）之间相互作用的产物。而由表 3-11-2 可知，本次析出物的采集多取自上述施工支洞空心堵头与实心堵头断面之间。因而认为，区内析钙主要与形成堵头的工程材料有关。在源自输水系统“内水外渗”的渗水作用下，上述堵头混凝土结构中的水化产物可成为区内渗水析出物的一个重要的物质来源。

三、处理方案及过程

（一）处理方案

6 号施工支洞的渗漏灌浆处理工程，包含增设一段混凝土实体封堵，且顶拱进行回填灌浆；7 号施工支洞下岔洞的渗漏灌浆处理工程，根据渗水情况分部位按不同参数要求进行灌浆，并在下岔洞转弯处增设钢筋混凝土衬砌及回填灌浆。

（二）处理过程

1. 钢筋制作安装及混凝土施工

钢筋制作安装及混凝土施工较为常规，在此不再赘述。

2. 金属结构施工

1、6 号施工支洞：预埋回填灌浆钢管 32×4 共 66.0m；集中引排水镀锌钢管 108×5 共 12.0m。

2、7 号施工支洞：预埋回填灌浆钢管 32×4 共 50.0m；集中引排水镀锌钢管 108×5 共 20.0m；内径 0.98m 进人孔 16MnR 钢管共 7t。

3. 回填灌浆施工

回填灌浆在混凝土达到 70%设计强度（14 天）后进行，灌浆孔深入岩 0.1m，孔径不小于 38mm。回填灌浆按划分的灌浆区段分序加密进行，区段内灌浆孔分Ⅰ、Ⅱ序，两序孔都包括顶拱；灌浆施工自区段较低处向高处推进，断面上自较低孔向较高孔推进，回填灌浆前在顶拱布设排气管。回填灌浆采用强度等级 42.5 以上的普通硅酸盐水泥，浆液水灰比 0.5：1，内掺 4%的 MgO（掺量为与水泥重量比）及 1.5%DH1800 的抗渗防水剂（掺量为与水泥重量比），空隙较大部位灌注水泥砂浆，水泥砂浆的掺砂量不大于水泥重量的 150%；灌浆压力按施工图纸为 0.5MPa。

回填灌浆在规定的压力下，灌浆孔停止吸浆，并继续灌注 10min 后结束。灌浆结束后，排除钻孔内积水和污物，采用内掺 4%的 MgO（掺量为与水泥重量比）及 1.5% DH1800 的抗渗防水剂（掺量为与水泥重量比）的干硬性水泥砂浆将钻孔进行封堵密实，孔口压抹齐平，露出混凝土表面埋管割除。

4. 固结灌浆施工

固结灌浆在相应部位回填灌浆结束 3 天后进行；固结灌浆从低孔向高孔灌浆，一泵灌一孔，但在注入量较小的地段，当同一环相互串浆时，采用群孔并联灌注，但并联孔数不多于 2 个，孔位保持对称，并控制灌浆压力的平衡；固结灌浆按环间分序、环内加密的原则进行，环间分Ⅰ、Ⅱ序，Ⅰ序孔待凝 72h 后方可钻、灌Ⅱ序孔；对于吸浆量大于 50kg/m 的Ⅱ序孔，在其附近布设加密灌浆孔，灌浆参数与该部位灌浆要求相同；固结灌浆采用孔口循环纯压灌浆方式，灌浆压力表安装在孔口回浆管路上；各段灌浆时灌浆管深入灌浆段底部，管口离孔底的距离不大于 50cm；根据灌前压水试验，围岩透水率大于 4.0Lu 时，灌浆采用普通硅酸盐水泥，水泥强度等级不低于 42.5，浆液水灰比 0.8：1～1：1；透水率小于 4.0Lu 时，灌浆采用改性耐蚀超细水泥，水泥强度等级不低于 42.5，浆液水灰比 1：1；固结灌浆孔围岩段长不大于 6m 时，全孔一次灌浆，灌浆塞入岩 50cm（混凝土堵头内为 100cm），6 号施工支洞最大灌浆压力 7MPa，7 号施工支洞最大灌浆压力 5MPa；孔口段的灌浆塞布置在混凝土衬砌内（具体可根据衬砌质量灵活确定），灌浆压力取 2～3MPa，采用改性水泥，浆液水灰比 1：1；灌浆孔围岩段长大于 6m 时，分段灌浆。

灌浆塞的适用：灌浆压力在 3.5 MPa 以下时，采用机械塞；3.5～5.5 MPa 时，采用液压塞；大于 5.5MPa 时，采用模袋塞。7 号施工支洞的 C 区、D-1 区和 D-2 区背离输水道侧进行引水系统不放空、高内水压力下的施工支洞灌浆，采用灌浆泵并联灌浆的技术措施，确保灌浆压力稳定，提高灌浆施工质量。

灌浆结束标准：在设计压力下，灌浆孔吸浆量不大于 1L/min，继续灌注 30min 结束；灌浆和压水检查完成后，采用“全孔灌浆封孔法”及时对钻孔进行封堵，封孔前排除孔内稀浆，将孔内污物冲洗干净；封孔压力采用本孔灌浆设计压力，封孔灌浆持续时间不小于 30min，孔口压抹齐平。

（三）处理成果

1. 6 号施工支洞压水灌浆成果分析

（1）灌浆成果分析。6 号施工支洞固结灌浆共 9 环，其中第 8 和第 9 环为角度辐射孔，分两序施工，Ⅰ序环共5环，Ⅱ序环共4环。先施工Ⅰ序环，再进行Ⅱ序环施工，环间分序，环内加密原则进行钻灌施工。

Ⅰ序环：基岩钻孔进尺共355m，灌注水泥量37036.03kg，平均水泥单耗为104.33kg/m，最大水泥单耗孔段为6S-7-3孔第一段（2.1～3.1m段），为1255.02kg/m。

Ⅱ序环：基岩钻孔进尺共260m，灌注水泥量16517.73kg，平均单耗水泥63.73kg/m，最大水泥单耗孔段为6S-7-3孔第一段（2.1～3.1m段），为537.18kg/m。

从灌浆统计表分析，Ⅱ序排平均水泥单耗较Ⅰ序排减小39.1%，说明经分序加密高压灌浆后，灌浆效果明显。固结灌浆分序成果统计见表3-11-3。

表3-11-3　固结灌浆分序成果统计

部位	灌浆次序	孔数	钻孔深度（m）			水泥用量（kg）	单位注灰量（kg/m）	单位注灰量区间分布（段数/频率）						
			混凝土	基岩	合计			总段数	<50	50～100	100～200	200～500	>500	最大值（kg/m）
6号施工支洞	一序环	50	141.7	355.1	496.8	37036.03	104.33	100	29～29	32～32	29～29	7～7	3～3	1255.02
	二序环	40	106.2	259.2	365.4	16517.73	63.73	80	35～43.7	31～38.7	13～16.3	0～0	1～1.3	537.18
	检查孔	5	12.3	32.9	45.2	473.64	14.4	5	5～100	—	—	—	—	18.39
合计		95	206.2	647.2	907.4	54027.4	182.43	190	—	—	—	—	—	—

（2）压水成果分析。通过对压水成果的分析（详见表3-11-4），可以得出以下结论。

表3-11-4　压水成果汇总

部位	孔序	孔数	钻孔深度（m）			平均透水率（Lu）	透水率区间分布（段数/频率）							备注
			混凝土	基岩	合计		总段数	<1	1～2	2～4	4～10	>10	最大值	
6号施工支洞	一序环	50	141.7	355.1	496.8	2.20	85	15～17.6	22～25.9	48～56.5	0～0	0～0	3.91	
	二序环	40	106.2	259.2	365.4	2.07	69	18～26.1	23～33.3	27～39.1	0～0	1～1.5	13.95	最大透水率有漏水，偏大
	检查孔	5	12.3	32.9	45.2	0.23	10	10～100	—	—	—	—	0.58	

因固结灌浆孔涌水压力大，在进行压水试验时，极容易对衬砌混凝土形成破坏，根据设计、监理单位确定，在部分高涌水压力孔段，可不进行压水试验，直接进行灌浆处理。

从压水成果分析，Ⅰ序环共进行85段次压水，平均透水率2.2Lu，最大透水率孔段为7环6s7-Ⅰ-5孔第一段次，最大透水率值为3.91Lu。

Ⅱ序环共进行68段次压水，平均透水率为1.9Lu，最大透水率孔段为2环6S2-Ⅰ-1孔第二段次，最大透水率值为13.95Lu（注本段压水时，出现较大漏水）。

Ⅱ序环透水率较Ⅰ序透水率减小13.6%，因没有对所有孔段进行压水统计，透水率降低值比率只能做参考。

（3）检查孔成果分析。从检查孔压水成果可以看出，6号施工支洞5个检查孔进行10段次压水试验，透水率均小于1Lu，达到设计要求。

从检查孔钻孔柱状图岩芯描述可以看出，岩石裂隙中充填有水泥结石，呈膜状、片状及柱状，各孔结石情况详见表3-11-5。

表3-11-5　　6号施工支洞检查孔孔内水泥结石统计

孔号	水泥结石情况
J6-1	2.2、5.8m水泥结石呈膜状，2.45m水泥结石厚3～4mm，3.1、3.2、3.3m处水泥结石厚1mm
J6-2	2.4m处水泥结石厚1.5mm，2.5、2.8、4.0m水泥结石厚4mm
J6-3	2.8、3.75m水泥结石厚1mm，3.05m水泥结石厚1～2mm
J6-4	0.45～0.75m和1.25～1.65m混凝土段内充填水泥柱状结石，1.7、2.2m处有1mm厚水泥结石，2.35、2.75m处各有2层1mm厚水泥结石
J6-5	3.2、5.8、12.1m处水泥结石厚1mm，9.3m处水泥结石厚1～1.5mm，10.7m处水泥结石厚4～5mm，11.6m处水泥结石呈膜状

（4）量水堰渗水量对比分析。6号施工支洞灌浆施工前，6-1量水堰监测流量在3.93L/s左右，灌浆结束后，6月29日监测流量为0.75L/s，7月23日监测流量为0.69L/s，8月10日监测流量为0.65L/s，并稳定于此。6-1量水堰渗流量较灌前减小了83.4%，说明经本次堵头延长封堵及灌浆处理后，取得了明显的减渗效果。

2. 7号施工支洞压水灌浆成果分析

（1）灌浆成果分析。本次7号施工支洞固结灌浆，因考虑到输水道运行安全，没有对7号施工支洞下岔洞进行全断面灌浆处理，只在D-1区及D-2区背离输水道侧进行灌浆处理，共布设20环，计123孔。先施工Ⅰ序环，再进行Ⅱ序环施工，环间分序，环内加密原则进行钻灌施工。

Ⅰ序环：共63孔，126段灌浆，基岩钻孔进尺共377.50m，灌注水泥量52994.01kg，平均水泥单耗为140.38kg/m，最大水泥单耗孔段为7S-11-7孔第一段（0.9～1.9m段），为4555.29kg/m。

Ⅱ序环：共60孔，120段灌浆，基岩钻孔进尺共360.20m，灌注水泥量29104.85kg，平均单耗水泥80.80kg/m，最大水泥单耗孔段为7S-6-5孔第一段（1.3～2.3m段），为1549.65kg/m。

从灌浆统计表分析（详见表3-11-6），Ⅱ序环平均水泥单耗较Ⅰ序环水泥单耗减小了 42.4%，从灌浆单耗上看，经环间分序，环内加密高压灌浆后，注灰量明显的减小，说明灌浆效果良好。

表 3-11-6　　灌浆分序成果统计表

部位	灌浆次序	孔数	钻孔深度（m）			水泥用量（kg）	单位注灰量（kg/m）	单位注灰量区间分布（段数/频率）						
			混凝土	基岩	合计			总段数	<50	50～100	100～200	200～500	>500	最大值
7号施工支洞	一序环	63	58.1	377.5	435.6	52994	140.38	126	11～8.7	35～27.8	39～31	37～29.3	4～3.2	4555
	二序环	60	55.9	360.2	416.1	29105	80.8	120	36～30	37～30.8	31～25.8	15～12.5	1～0.83	1550
	检查孔	8	6.4	48	54.4	552	11.49	8	8～100	—	—	—	—	—
合　计		131	120.4	785.7	906.1	82651	232.67	262	—	—	—	—	—	—

（2）压水成果分析。从压水情况统计分析（见表 3-11-7），Ⅰ序环共进行 126 段次压水，平均透水率 3.41Lu，最大透水率孔段为第 1 环 7S1-Ⅱ-4 孔第一段次，最大透水率值为 30.15Lu。

Ⅱ序环共进行 120 段次压水，平均透水率为 2.23Lu，最大透水率孔段为 8 环 7S8-Ⅰ-1孔第二段次，最大透水率值为 3.93Lu。

从两序环透水率递减趋势分析，Ⅱ序环平均透水率较Ⅰ序平均透水率减小 34.6%，透水率明显减小，说明灌浆效果较明显。

表 3-11-7　　灌浆分序成果统计表

部位	灌浆次序	孔数	钻孔深度（m）			平均透水率（Lu）	透水率区间分布（段数/频率）						
			混凝土	基岩	合计		总段数	<1	1～2	2～4	4～10	>10	最大值
7号洞	一序环	63	58.1	377.5	435.6	3.41	126	7～5.5	15～11.9	98～77.8	3～2.4	3～2.4	30.15
	二序环	60	55.9	360.2	416.1	2.23	120	5～4.2	41～34.2	74～61.6	0～0	0～0	3.93
	检查孔	8	6.4	48	54.4	0.31	16	16～100	—	—	—	—	0.56
合　计		131	120.4	785.7	906.1	5.95	262						

（3）检查孔成果分析。7 号施工支洞共布设 8 个检查孔，共进行 160 段压水试验，透水率均小于 1Lu，达到设计防渗处理要求。

从检查孔钻孔柱状图岩芯描述可以看出，岩石裂隙中充填有水泥结石，呈膜状、片状及柱状，灌浆效果良好。各孔结石情况详见表 3-11-8。

表 3-11-8　　7 号施工支洞检查孔水泥结石统计表

孔号	水泥结石情况
J7-1	0.8、5.5m 处水泥结石呈膜状
J7-2	0.8m 处水泥结石厚 15mm，1.2m 处水泥结石厚 1mm
J7-3	0.8、3.9m 处膜状水泥结石，4.3m 处水泥结石厚 0.5mm
J7-4	0.9m 处水泥结石厚 10mm，0.93m 处水泥结石厚 1mm，0.98m 处水泥结石厚 2mm，3.48m 处水泥结石厚 1mm，6.6m 处膜状水泥结石
J7-5	0.7、1.4m 处水泥结石厚 0.5mm
J7-6	0.7m 处水泥结石厚 1mm
J7-7	0.8m 水泥结石厚 4mm，0.9m 水泥结石厚 5mm，1.4、1.7、2.3m 处水泥结石厚 1mm
J7-8	0.8～1.05m 处有水泥结石充填，5.35m 处水泥结石厚 1～2mm

四、案例点评

抽水蓄能电站的水头较常规电站要大得多，各施工支洞均处在较高的水压力下，因此基建期对于输水系统的开挖、衬砌等各个环节均要严格把控，避免因渗水过大造成结构失稳现象，运行期要严密关注各施工支洞堵头的渗漏水情况，制定有针对性的巡视检查或监测频次，并做详细记录。

案例 3-12 某抽水蓄能电站施工支洞堵头涌水

一、案例概况

某抽水蓄能电站高压输水道由 2 条相对独立的钢筋混凝土管道组成，为更好地进行高压输水道施工，在输水道的不同部位开挖了几条施工支洞，输水道施工完成后对施工支洞进行了封堵。其中 6 号施工支洞位于进场交通洞右侧，靠近 2 号高压输水道。6 号施工支洞通过的地层为侏罗系上统黄尖组流纹质角砾（含砾）熔凝灰岩，颜色为灰白色，少量青灰色，流纹构造，块状结构。岩石主要矿物成分为长石和石英，其次为片状云母。取出岩心都为新鲜岩石，风化程度低。岩芯中存在破碎带，裂隙十分发育，充填物多为钙质，透水性比较好。6 号施工支洞钢筋混凝土衬砌厚度为 2.0～2.5m 之间，衬砌在高压水流侵蚀下析钙现象比较严重，导致混凝土强度降低，透水性好。

2004 年 7 月 29 日，6 号施工支洞出现大量涌水，上午 9 时，涌水前沿距进场交通洞仅约 60m，估计涌水流量约 100L/s，当时洞内积水量已达 1.6 万 m^3 左右。涌水情况发生以后，立即组织停机并放空两条输水隧道。排水过程中现场检查发现，5 号施工支洞没有集中渗漏水现象，涌水主要发生在 6 号施工支洞至厂房自流排水洞的排水管上、下进口。

二、原因分析

经放空输水道检查和通水试验，发现涌水通道系施工期由 2 号输水道下平段引至 6 号施工支洞堵头的排污管被高压水流击穿，造成隧洞内的高压水大量突然涌出所致。另外，在输水道内检查时还发现，2 号输水道下平段内的 6 号施工支洞堵头位置存在一条和输水道轴线交角不大的纵向裂缝，沿裂缝上下钢筋保护层混凝土剥落现象比较严重，钢筋局部锈蚀。6 号施工支洞涌水及涌水孔进出水情况如图 3-12-1 所示。

通过对排水管涌水现象的表面观察和反复压水联通试验检查，可以确认：此次排水管涌水问题的直接原因是在高压水的长期作用下，高压水流击穿高压隧洞内的固结灌浆孔，通过并迅速扩大了排水管某处的缺陷，造成隧洞内大量的高压水突然涌出。

图 3-12-1　6 号施工支洞涌水及涌水孔进出水情况

三、处理方案及过程

根据对6号施工支洞涌水原因反复调查核实和类似工程项目可能存在的问题的检查分析，对本次涌水处理分为3个层次进行：

（1）采用0.6∶1的浓水泥浆封堵5、6号施工支洞排水管，包括5、6号施工支洞内管口的混凝土封堵加固，杜绝该排水管再次发生问题的可能性。

（2）对2号高压隧洞内6号施工支洞堵头范围内的纵向裂缝进行固结灌浆，对2号水道下平段内集中渗水点进行化学灌浆，混凝土缺陷及被高压水流掏空的回填灌浆孔进行水下环氧混凝土修复，提高钢筋混凝土衬砌的整体性，阻断渗流通道，确保2号高压输水隧道安全运行。据统计，裂缝处灌浆共用水泥537.59kg；涌水孔周边灌浆共用水泥154.2kg；各入岩孔灌浆共用水泥48.8kg；环氧混凝土修复面积总计约30.44m^2。

（3）对5号支洞、6号支洞（包括排水管）、7号支洞堵头渗水较严重的部位再次进行灌浆封堵，并对5号支洞、6号支洞的实心堵头和空心堵头进行适当的延长，以提高高压输水隧道堵头部位的抗渗能力，防止渗流破坏。6号支洞实心堵头延长12m至桩号0＋147.625，空心堵头延长8m至桩号0＋121.125，其后的裸洞在24m范围进行了钢筋混凝土衬砌，6号支洞实心堵头全长达46m、空心堵头达26.5m。5号支洞实心堵头延长5m，新增实心堵头至施工期避车洞之间进行钢筋混凝土衬砌，衬砌厚70cm，总长30m。

前两项工作完成后，8月23日水道开始充水，机组全部投入运行，开始处理第三项工作：对5、6号支洞堵头衬砌延长及围岩防渗固结灌浆。本次高压固结灌浆排距2.5m、每排10孔、梅花形布置、入岩6m、分两段灌浆，第一段灌浆压力6MPa，第二段灌浆压力3MPa；同时在延长后的实心堵头端部布置了两环锥形孔，于洞轴线的夹角分别为60°和30°、每环10孔，其他灌浆参数同上，高压固结灌浆孔系统孔总数260只。

截至2004年12月8日，完成全部设计钻灌任务，并根据现场实际渗水情况，增加了36个随机孔。灌浆过程中还发现单耗在100kg以上孔有18个，特别是位于实心堵头内环一于洞轴线的夹角为30°的锥形孔，由于岩石特性较差该地带岩石较破碎导致该单孔吸浆量达5.16t。钻孔后灌前对少数孔测水压力，部分孔测值较大，最大达4.5MPa。如图3-12-2所示为6号施工支洞处理工程进度计划图，如图3-12-3所示为6号支洞堵头灌浆孔布置图。

四、案例点评

设计单位对通过高压水道内的管线路布线、选材应万分谨慎，并要综合权衡利弊，绝不可因小失大，为电站的长期安全运行留下重大隐患。另外在高压水道的堵头设计时，要严格控制渗透比降，堵头部位的隧道衬砌配筋也应适当加强。

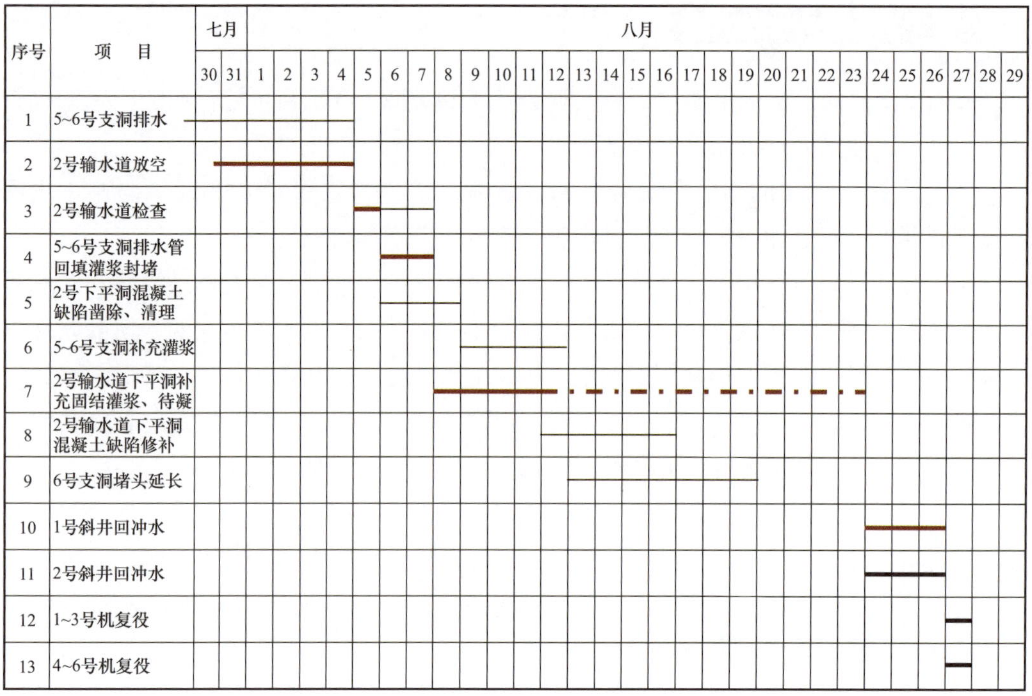

图 3-12-2　6 号施工支洞处理工程进度计划图

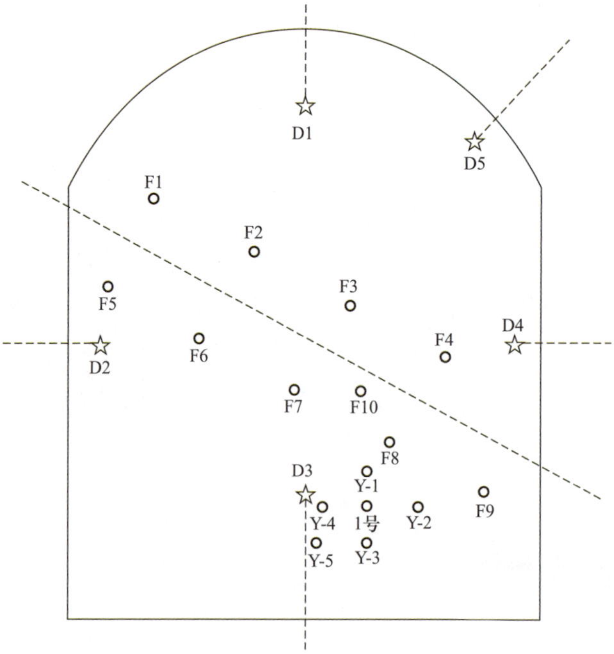

图 3-12-3　6 号支洞堵头灌浆孔布置图

第四章　厂房及地下洞室群

案例 4-1　某抽水蓄能电站排水廊道渗水异常

一、案例概况

某抽水蓄能电站排水廊道设置于岔管和钢衬上方约 35m 的岩体内，高程 257.7～261.1m，共计 6 条，编号为 A1～A3、B1～B3，岔管和钢衬起始点上部为 A1 廊道，其内设有 24 个近垂直排水孔，孔深 30～50m 不等，埋设 11 只测压管，其中排水孔 1～12号和测压管 UP1～7 布置在 4～6 号支管钢衬起始点的上部，其他在 1～3 号支管钢衬起始点的上部。该抽水蓄能电站 B3 排水廊道渗水流量观测数据显示，于 2009 年 8 月 19 日（1.16L/s）起，渗水流量逐步增大，9 月 9 日达 2.38L/s（自 2006 年后历史最大流量为 1.66L/s）。现场查勘发现主要出水点位于 A1 与 B3 廊道排水沟交叉口，并发现底板出现裂缝，宽小于 1mm，长约 1～2m。随后的观测结果显示，最大值达到 2.47L/s，最小值 2.23L/s，平均值 2.33L/s。11 月 21 日出水点位置转移至 A1 与 B3 廊道交叉口下游侧，并在开停机时冒浑水；23 日发现基岩上的出水点位于 A1 廊道距 B3 廊道边墙右侧（面向上游）约 80cm、距 A1 廊道下游边墙约 15cm 处，除开、停机时渗水比较浑浊，其余时间水质清晰，初步估计该渗水点渗水量为 0.6～0.8L/s。由于该渗水部位距离 2 号输水系统岔管较近，位于地下厂房的上游，如果发生大量涌水将影响厂房安全。如图 4-1-1 所示为新增出水点渗水量实时变化过程曲线。

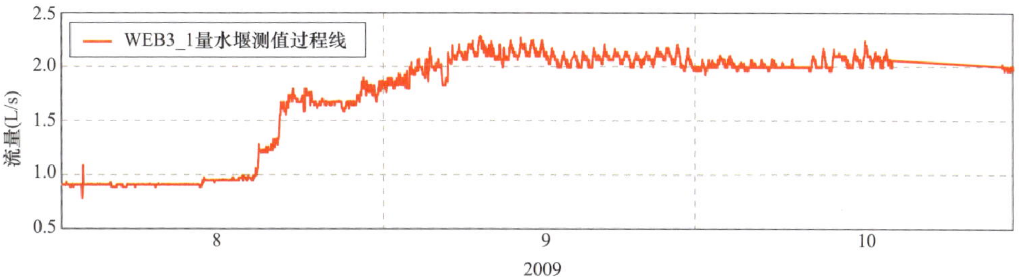

图 4-1-1　新增出水点渗水量实时变化过程曲线

二、原因分析

本次新出现的渗水点位于 f821 断层与 A1 廊道相交处，其地质条件如图 4-1-2 所示。出水点水平投影距离 6 号高压钢管中心线约 15m，与 6 号高压钢管中心线所在水平面铅直距离约 36.21m，与 6 号高压钢管中心线空间直线距离约 39.19m，如图 4-1-3 所示。

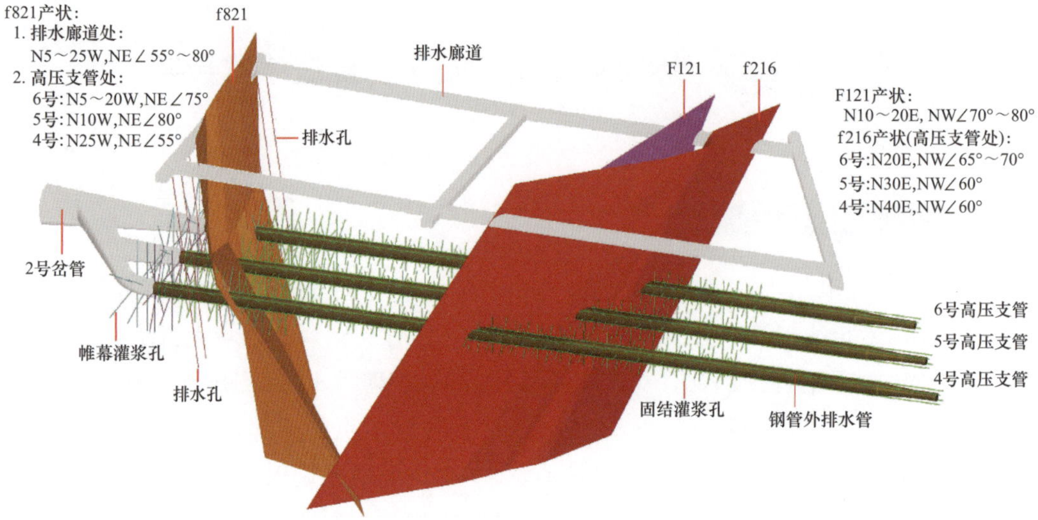

图 4-1-2　2 号输水系统岔管下游区域围岩断层三维图

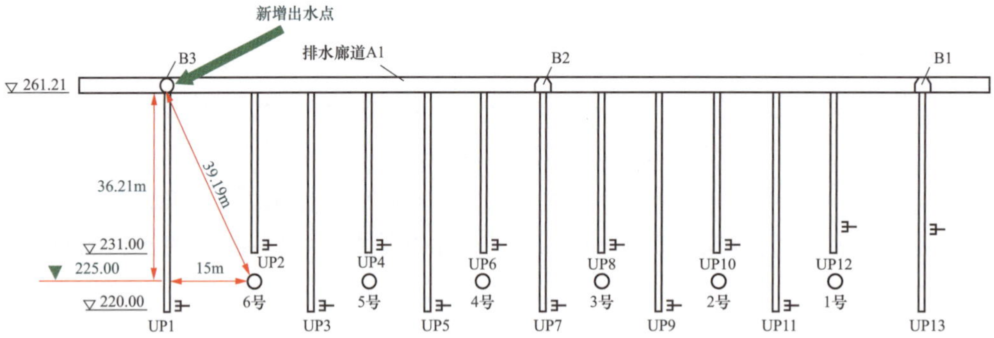

图 4-1-3　排水廊道出水点示意图

通过后期灌浆压水试验发现，从第 1 次固结孔反映的补强前 A1 排水廊道情况来看，平均透水率为 1.59Lu，稍高于常规帷幕 1Lu 的防渗标准。其中有 5 段透水率大于 10Lu，属于强透水层，且全部都集中在 A1 排水廊道与 B3 排水廊道交叉口处，这与原渗水点相吻合，说明原渗水点处周围地层岩体破碎，形成了较为通畅的渗流通道，输水道内高压水通过渗流通道进入排水廊道；剩余段透水率基本都小于 1Lu，基本可以排除本次渗水的通道。

三、处理方案及过程

（一）处理方案

（1）首先对部分 A1 排水廊道、B2 排水廊道、B3 排水廊道底板以下岩体进行固结灌浆。

（2）固结灌浆结束 3 天后，清除部分 A1 排水廊道、B2 排水廊道、B3 排水廊道底板混凝土以及底板以下的石渣。清除完成后，在底板上布置锚筋（锚筋孔利用固结灌浆孔扫孔），并重新进行钢筋混凝土底板衬砌。

（3）为了防止高压水对 f821 断层、X63 岩脉的冲蚀，对断层、岩脉在 A1、B2 排水廊道出露部位进行封闭。首先沿 f821 断层、X63 岩脉进行开槽，设置锚筋，并设置混凝土（C25）塞进行断层表面封闭处理。锚筋及混凝土塞具体位置可视断层及岩脉出露情况进行调整。

（4）在 B2 排水廊道原混凝土衬砌段下游，增加 15m 长的钢筋混凝土衬砌，衬砌结构钢筋布置同原设计，施工前需先清除底板以下的石渣，并设置 X63 岩脉出露部位的混凝土塞和底板锚筋。

（二）处理过程

1. 固结灌浆

（1）孔位放样。施工前进行孔位测量放样，基本孔距均为 1.5m，放样误差不超过 10cm。孔位放样结束，经现场监理认可后，即进行相应孔段的钻灌工作。为确保灌浆准确封堵，对于与 A1 廊道相交的部分 B2、B3 段也进行灌浆，灌浆共分为 3 个区段，共计 147 只孔。

1 号区段：A1 廊道：1～13 号、61～73 号；B2 廊道：116～141 号，共计 52 只孔。

2 号区段：A1 廊道：14～39 号、74～99 号，共计 52 只孔。

3 号区段：A1 廊道：40～60 号、100～115 号；B3 廊道：142～147 号，共计 43 只孔。

两台机组分别施工 1、2 号区段，待全部完成后再开始 3 号区段施工。

（2）钻孔。钻孔的孔位和钻孔顺序等按施工图纸要求和设计文件执行。施工廊道内钻机安装要求尽量保证人员交通。钻机安装采用底脚膨胀螺栓固定，要求平整稳固，钻机安装造孔前，立轴对中，采用角度尺校验。

钻孔钻机采用杭州钻机厂生产的 150 型回转式钻机，钻具采用金刚石单管钻具，帷幕灌浆孔孔径采用 ϕ75mm。底板固结孔和环形孔孔深为入基岩石 3.0m，加密孔入岩 5m，接触灌浆孔全孔深 1m，不取岩芯，但造孔时应对钻进情况、回水颜色以及孔内各种情况进行详细记录。钻孔结束后，如不立即进行下一工序的施工，则应妥善做好孔口保护工作，避免异物掉入孔内造成事故。

（3）钻孔冲洗。所有固结钻灌孔，在某段次造孔结束后必须进行该段的钻孔冲洗和裂隙冲洗，但遇地质条件较差的孔段，则仅进行钻孔冲洗，避免采用高压，以造成对孔壁的破坏，造成坍塌。裂隙冲洗采用本段灌浆压力的80%，冲洗至回水清净时止，总冲洗时间不少于30min。

钻孔冲洗方法采用钻杆（钻具）通入大流量水流，从孔底向孔外冲洗的方法进行冲洗，裂隙冲洗在压水试验前采用回路冲洗，直至回水清净时止。

(4) 压水实验。固结灌浆孔压水实验孔数按总孔数30%控制，加密孔和环形固结孔全部采用五点法，实验净压力为0.3、0.6、1.0、0.6、0.3MPa 5个阶段进行。

压水试验前需测量孔内稳定涌水压力及流量，对于存在涌水压力的孔段，压力试验压力应加上涌水压力。

压入流量稳定标准：在稳定的压力下，每3～5min测读一次压入流量。连续4次读数中最大值与最小值之差小于最终值的10%，或最大值与最小值之差小于1L/min时，本阶段试验即可结束，取第三阶段压力的流量值作为计算流量，并计算其吕荣值。

(5) 灌浆。固结孔灌浆均需按照设计提供的技术要求相关文件严格进行。固结孔采用全孔一段灌浆，灌浆塞应位于基岩内50cm。灌浆材料选用普通硅酸盐水泥（强度等级不低于42.5），水灰比为0.8∶1，灌浆压力2.5～3MPa。灌浆完成后采用双掺MgO（掺量4%与水泥重量比）与DH1800抗渗防水剂（掺量1.5%与水泥重量比）的水泥砂浆进行封孔，封孔压力2.5MPa，时间不少于30min，孔口压抹齐平。

灌浆时，对于有涌水的孔段，记录涌水压力及流量，灌浆宜在涌水压力及涌水量小的时段进行。

2. 补充灌浆处理

第二次补充处理于2010年开始并完成，布置底板加密孔25只、廊道衬砌环形固结孔126只，底板接触灌浆孔17只，检查孔4只，复灌孔7只10段次。此次补充处理主要针对原3号区段渗水突出问题，施工顺序为：先进行底板加密孔施工，再进行边墙及顶拱系统估计灌浆，最后进行底板接触灌浆。

加密孔是对3号区段中单位吸浆量大于50kg/m的孔，在其附近布孔进行补充灌浆，共17只。孔深为入基岩5m，铅直孔。

五点法压水实验后，采用改性水泥，灌浆压力为5MPa，水灰比为0.8∶1。灌浆应位于基岩以下50cm。

A1廊道边墙及顶拱灌浆为环形孔布置，A1共19组，分1、2号两种断面，交错进行。每组间距为1.5m，A1左侧最后一只孔靠近墙壁为75cm。A1有1号断面10组，每组布置7只孔。2号断面有9组，每组布置6只孔；其中B3廊道口处即第10组只有4只孔。

B3有1号断面2组，每组布置1只孔，2号断面有1组，每组布置2只孔。

环形孔编号按“组-孔”编号，其中组号按从右往左排序，孔号按上游侧底角处孔顺时针方向排序。

除角度外，钻孔及灌浆参数与原底板固结灌浆参数一致。孔深为入基岩3m，全部采用五点法压水实验，透水率大于 3Lu 的孔段采用普通水泥灌浆，小于 3Lu 的孔段采用改性水泥灌浆。灌浆应位于基岩以下 50cm。

接触孔共 17 只，A1 有 14 只，B3 有 3 只。布置在廊道轴线上，间距 2m，A1 最左侧 1 只离墙壁 1m。接触孔总孔深为 1m，均为铅直孔；采用普通水泥灌浆，压力为 0.5MPa，水灰比为 0.5∶1，灌浆塞应位于混凝土内。

3. 混凝土施工

由于场地限制，设备进出口通道狭窄，无法用大型机械进行施工。混凝土开挖只能用电动空气压缩机和人工风镐。经商讨后，决定水泥夜间通过电梯搬运，砂石料进场通道如下：大溪隧道施工支洞→1 号施工支洞通风竖井→1 号施工支洞→施工场地。

先用切割机在距廊道 10cm 位置割缝，原有钢筋用气割割除，再使用 2 台风镐人工开挖。开挖完成后对废渣进行清理。

搅拌混凝土的各种材料重量，按施工配合比和一次搅拌量计算确定。

在 A3 廊道入口处设置混凝土拌制平台。按合适的配比完成加料，采用搅拌机搅拌均匀后，用手推车运至 A1 施工场地。

插入式振捣器的振捣顺序宜从近模板处开始，先外后内，振捣呈梅花点布置，移动间距控制在 300～400mm；距模板边控制在 50～100mm。并应尽量避免碰撞钢筋，插入式振捣器应垂直插入混凝土中，并快插慢拔，上下抽动，以利均匀振实，气泡上赶。振捣器应插入下层混凝土中 50～100mm，保证上、下层结合成整体。表面平板振动器的移动间距保证覆盖已振实部分的边缘。

（三）处理效果

各类固灌孔灌前压水实验情况统计如表 4-1-1 所示。

表 4-1-1　各类固灌孔区段透水率（频率）统计表

序次	类别	压水总段数	透水率（Lu）分区				平均透水率（Lu）
			<1	1～3	3～10	>10	
			区间段数/频率（%）				
第 1 次	固灌孔	137	108/78.8	19/14.0	5/3.6	5/3.6	1.59
第 2 次	加密孔	25	2/8.0	20/80.0	2/8.0	1/4.0	2.22
	环形孔	126	42/33.3	73/57.9	11/8.7	0/0.0	1.58

从以上压水实验数据可以看出：

（1）从加密孔灌前透水率情况来看，经过第 1 次固结灌浆后，3 号区段底板透水率仍较高，说明在渗水流量和压力均较大的情况下，浅孔固结灌浆的效果不是很明显，有必要进行加深固结灌浆处理，第二次补充处理于 2010 年开始并完成，检查孔透水率全部满足设计要求，说明灌浆效果较好，对 A1 排水廊道整体防渗能力形成了有效的补强。

（2）从环形孔灌前透水率情况来看，平均透水率基本与第 1 次灌浆前相当，说明 A1 廊道底板和衬砌浅层基岩质量相差不大，地下水渗流情况基本相同。

四、案例点评

（1）鉴于A1廊道处理范围较浅，处理后底板及衬砌承受压力仍然较大，渗水点可能分散，应加强巡检，保持严格监控。

（2）鉴于A1廊道渗水点流量及压力均较大，基本与输水管道串通，因此处理范围有限，建议在时机成熟时可采取深部补强灌浆或输水管道放空检查处理等其他手段进行较为全面彻底的处理。

（3）对于工程建设期的电站，应充分考虑地质条件影响，对于薄弱部位应及时补强加固，避免后期运行中出现险情，以保障安全生产。

案例4-2　某抽水蓄能电站厂房洞室群探洞渗水异常

一、案例概况

某抽水蓄能电站在可行性研究设计阶段，根据工程地质勘察大纲，为查明地下厂房洞室群及岔管部位工程地质条件，在下库进/出水口附近打一长探洞，主洞编号为PD15，主洞与2号输水道水平距离约65m，长约818.47m，底板高程为270～280m，探洞断面为3.0m×2.0m（宽×高）。为查明输水系统竖井方案和斜井方案地下厂房工程地质条件，沿厂房轴向布置了PD15-1和PD15-2探洞，长度各约150m。另外，为了在高压岔管区域进行高压渗透和高压灌浆试验，在PD15探洞464m处开挖一条180m长的试验洞，如图4-2-1所示。

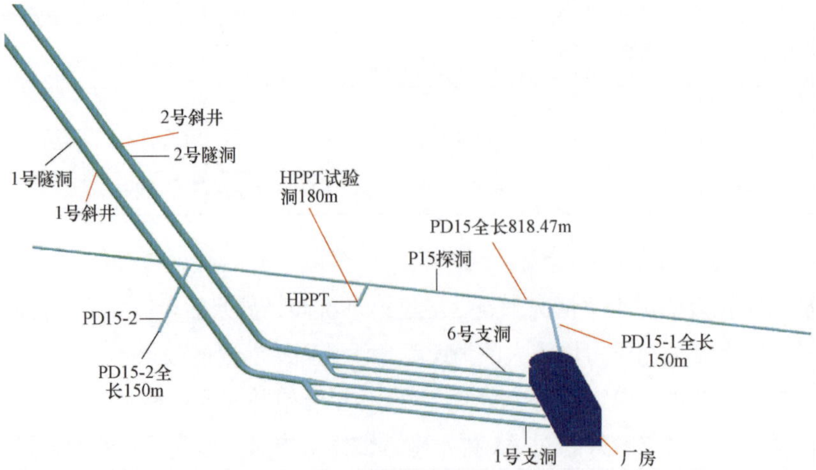

图4-2-1　PD15探洞位置图

2 号输水系统投运后，A1 排水廊道部分排水孔排水量偏大且部分测压孔测值偏大，2004 年 6 号施工支洞实心堵头灌浆过程内环一灌浆孔的吸浆量大，输水道内部放空后检查下平段发现多处射水点并且发现钢筋混凝土衬砌部位多处出现裂缝。为了全面掌握 2 号输水系统下平段地质条件的实际情况，2005 年开展了 2 号输水系统下平段区域围岩渗透稳定性分析，采用地震法探测围岩的情况。2005 年 11 月底于 PD15 探洞桩号 0+540、0+570、0+600 处各布置一孔径为 75cm、孔深为 40m 的钻孔。

实际施钻过程中，上述三孔在孔深分别约 38、18.2、10m 时出现较大的涌水量，具体量值前两只孔分别为 0.25、1.57L/s，第三只孔因排水管阀门完全开启压力表读数仍始终保持在 1MPa 左右的压力，水流很急，故无法测量其涌水量；该 3 只孔的涌水压力分别为 5.2、6.4、6.4MPa。

二、原因分析

根据 PD15 探洞原量水堰反映的数据，可以看出其渗水量与上水库水位同步变化，即 PD15 探洞与高压斜井有通畅的渗流通道，连通性好，如图 4-2-2 所示。

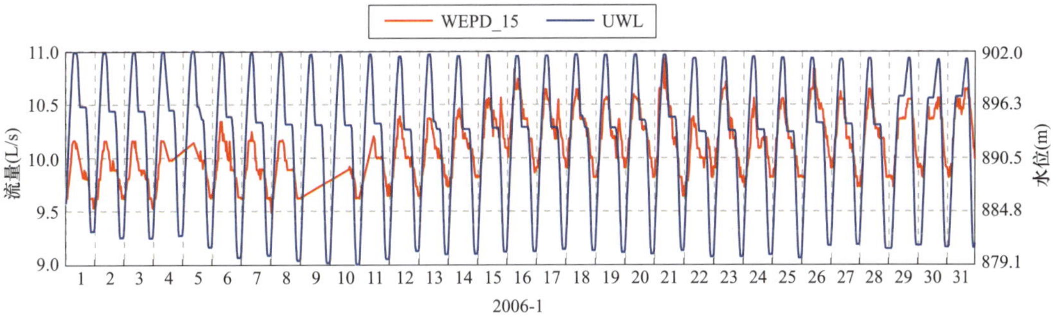

图 4-2-2　PD15 探洞渗水与上水库水位过程线图

PD15 探洞底板探测孔在钻进过程中，一直未出水，当钻到 3 个孔目前的深度时，才突然出现渗水，开始时出现浑水，后来慢慢变清。3 号孔距钻进到 10m 就已经是全水头，也就是说 10m 的岩层下就是 640m 的水头压力；3 个探测孔的水压力较高，但各孔的渗水量相差较大，说明 3 个探测孔相互并不联系，渗水原因应是各自碰到不同的节理裂隙。通过查看 PD15 探洞渗水和钻孔取芯情况，并进行地质三维分析，认为此处地质条件较为复杂，如图 4-2-3 所示。

三、处理方案及过程

1. 处理方案

考虑到位于高压水承载区的 PD15 探洞尚未进行过抗渗加固处理，为避免长期运行后，岩体节理或断层中的充填物被渗水带走，造成出渗流量持续增加或渗水总量对电站

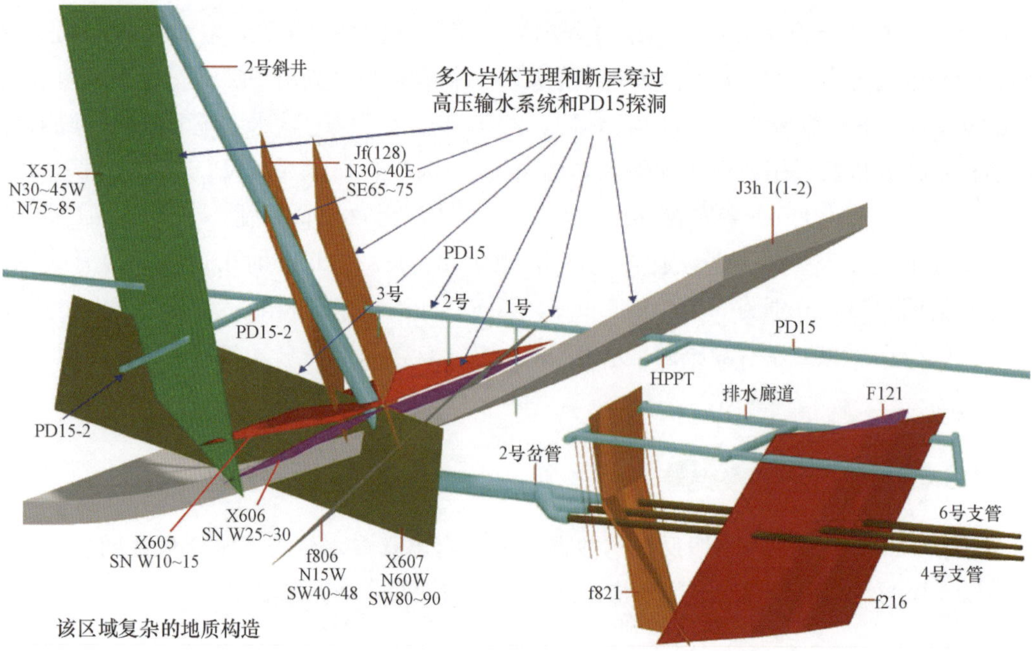

图 4-2-3　PD15 探洞渗水与上水库水位过程线图

经济效益产生较大影响，则再进行处理难度较大，可能需要进行较长时间的停机修补，这对电站经济损失较大，要求将 HPPT 试验洞上游侧的 PD15 探洞段进行封堵。为了减免钢管外排水管关闭后和 PD15 探洞的 HPPT 试验洞上游侧洞段封堵后，地下渗水对厂房洞室群的不利影响，待处理完成后视现场渗水情况，可在 A2 或 A3 排水廊道补打随机排水孔，以拦截通向厂房的地下渗水。

考虑到该区域以及 PD15 探洞与 PD15-2 交叉部位围岩裂隙发育、射流现象明显、集中渗水量大，并有煌斑岩脉穿过该区域，另 PD15 探洞量水堰自动监测资料显示 PD15 探洞渗水量与库水位相关性显著，说明该区域与输水系统之间存在比较紧密的水力联系。为了安全起见，对 PD15 探洞主洞桩号 0+470～0+818.47 以及 PD15-2 进行混凝土封堵，封堵范围为 PD15 探洞主洞上游侧 0+470～0+818.47 及 PD15 探洞 1、2 号支洞，累计封堵长度 497m。

2. 处理过程

（1）对探洞混凝土仓面清基，先对仓面的四周进行清撬，为满足防渗的要求，地面基渣用风镐开挖并人工清理干净，打孔安装回填灌浆管，回填灌浆管采用铁管，接口采用螺纹，不得焊接，再用弹簧软管接至各灌浆孔，软管的出口距孔底 5cm 的距离，并在灌浆铁管上焊接 $5\times5cm^2$ 止水环，再用压力水对仓面进行冲洗，最后将仓面积水清除。

（2）混凝土封堵，浇筑用混凝土标号为 C20W8，双掺轻烧 MgO 和 TMS 复合高效抗渗防水剂，掺量（与水泥重量之比）分别为4%和3%。混凝土质量配合比为水泥∶水∶砂∶石=1∶0.53∶2.32∶2.96。混凝土浇筑时，采用混凝土输送泵入仓，输送管径125mm。入仓后采用振捣器振捣密实，为保证回填灌浆的质量，在最外段混凝土中埋入温度计，待混凝土与环境温差±3℃时，再进行回填和固结灌浆，回填灌浆压力为0.4MPa，水灰比0.5∶1。对散状渗水用堵漏王人工封堵，集中渗水钻孔引接。在混凝土浇捣和回填结束并达到70%强度后进行7MPa的高压灌浆，渗水封堵取得了很好的效果。

（3）封堵段的最外端20m处分4段进行高压固结灌浆，水灰比0.8∶1，灌浆孔呈锥形环向布置，每段二环孔，每环6孔，环间错开布置，按环间分序的原则分Ⅱ序钻孔，孔径为ϕ54mm，终孔孔径不小于ϕ38mm，每孔入岩5m，灌浆压力7MPa。每次高压灌浆的开灌、结束及水灰比的控制均严格按高压固结灌浆施工规范施工，并及时做好了现场施工记录。经最后钻孔压水检查，高压固结灌浆达到了设计的要求。

3. 处理效果

处理前，PD15探洞总渗水量达到了11L/s，且钻孔在很浅的深度涌水压力就达到了电站运行的全水头。长期水压力作用可能会导致水力劈裂，存在水淹厂房安全隐患。处理后，总渗流量减小到约0.3L/s，渗径得到了延长，消除了安全隐患。

四、案例点评

（1）由于抽水蓄能电站水头高，其对地质条件要求较高，对于存在断层、节理、裂隙等薄弱部位，在地质勘探期应充分考察，并采取混凝土封堵、回填固结灌浆等措施及时进行处理，避免后期带水灌浆封堵带来的困难。

（2）在封堵处理完成后，应及时恢复量水堰观测，进一步加强对PD15探洞及其周边地区的巡视检查和渗水观测，出现问题及时分析处理。

案例4-3　某抽水蓄能电站厂房岩壁吊车梁监测数据异常

一、案例概况

（一）岩壁吊车梁监测仪器布置情况

地下厂房主机间开挖尺寸为151.55m×23.80m×50.80m（长×宽×高），上、下游岩壁吊车梁各长127.66m，桩号为厂左0+016.15m～厂右0+111.51m，为及时掌握岩壁吊车梁的受力与稳定状态等，在厂房上、下游岩壁吊车梁各布置了4个监测断面，上游监测断面桩号为厂右0+002.000m、厂右0+035.000m、厂右0+063.000m、厂右

0+098.000m；下游监测断面桩号为厂右 0+002.000m、厂右 0+046.000m、厂右 0+063.000m、厂右 0+104.000m；每个监测断面均布置有锚杆应力计 10 支、钢筋应力计 7 支、二向应变计 3 组、无应力计为 3 支、单向测缝计 3 支。

（二）岩壁吊车梁监测数据异常情况

1. 上游厂左 0+002 吊车梁监测数据异常

（1）上游厂左 0+002 吊车梁处第二排上倾锚杆应力过程线如图 4-3-1 所示。由锚杆应力过程曲线可知，吊车梁混凝土内测点 Rm-1-5 和孔内 2.5m 处测点 Rm-1-7 运行后测值一直稳定在 50MPa。Rm-1-7 测值从 2009 年 6 月开始应力值持续增大，到 2013 年 12 月 31 日，Rm-1-7 测值增至 270.42MPa，自 2012 年 9 月已开始明显收敛，目前测值已趋于稳定，2013 年 Rm-1-7 测值年增量为 23.06MPa；同一根锚杆的另一支仪器 Rm-1-5（在吊车梁内测点）测值达到 489.12MPa 后，测值开始明显收敛，目前该仪器已确认损坏。

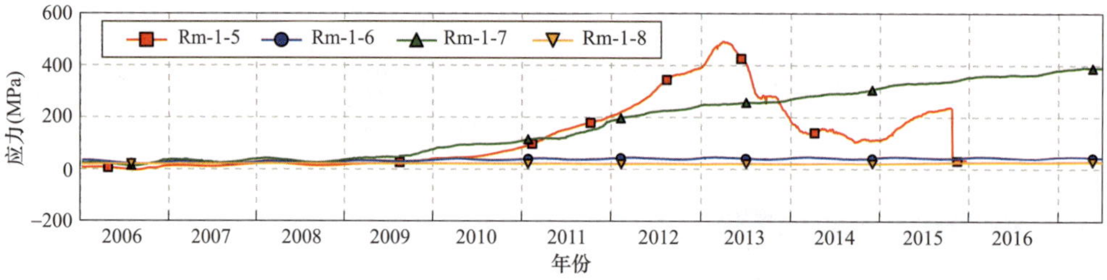

图 4-3-1　吊车梁Ⅰ-Ⅰ监测断面第二排上倾锚杆应力过程线

（2）吊车梁Ⅰ-Ⅰ监测断面外侧纵筋应力计 R1-6D，安装后测值基本稳定－27.30～32.14MPa，自 2012 年 9 月 13 日以后测值突然增加，在 2013 年 8 月 21 日达到 313.57MPa，超出仪器量程，目前该仪器已损坏。吊车梁Ⅰ-Ⅰ监测断面上游吊车梁钢筋应力过程线如图 4-3-2 所示。经过现场勘察，在吊车梁外侧该仪器附近发现一条长为 40～50cm 沿吊车梁由上至下的细小裂缝，由于该仪器为吊车梁外侧纵筋，混凝土保护层厚度仅为 5cm，裂缝将很容易导致该部位纵向钢筋受力过大，致使钢筋计 R1-6D 测值不断增大。R1-6D 和 R1-7D 分别为外侧纵筋和箍筋，目前均损坏。

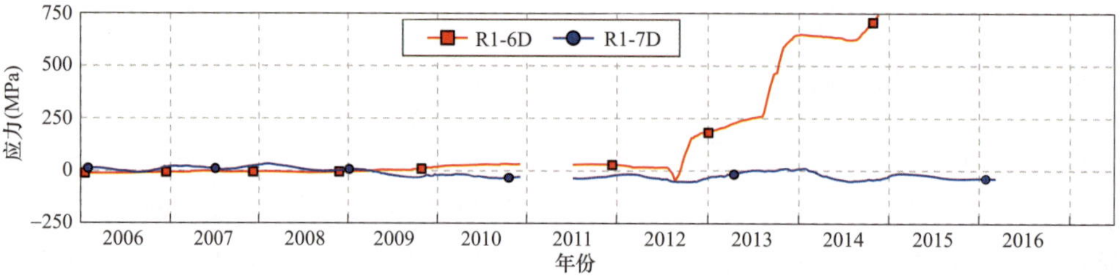

图 4-3-2　吊车梁Ⅰ-Ⅰ监测断面 R1-6D、R1-7D 钢筋应力过程线

2. 下游厂右 0+104 吊车梁监测数据异常

下游厂右 0+104 处吊车梁第一排锚杆孔内 2.5m 处 Rm-8-3 在 2011 年 4 月持续增大，2012 年 10 月 30 日达到 404.42MPa，超量程后失效，第一排锚杆应力过程线如图 4-3-3所示。

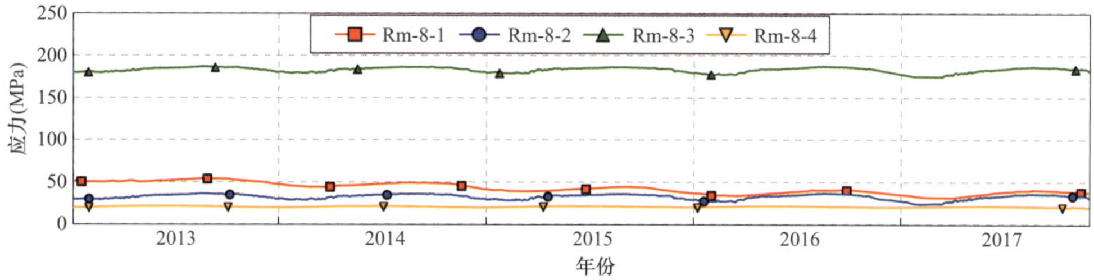

图 4-3-3　剖面吊车梁第一排锚杆应力过程线

吊车梁第二排锚杆孔内 6.5m 处 Rm-8-8 在 2010 年 9 月 21 日增至 227.21MPa 时损坏，Rm-8-6 于 2012 年 12 月 31 日达到 361.85MPa 时损坏，该仪器损坏前无明显收敛趋势。同根锚杆 Rm-8-5 于 2008 年 6 月 23 日损坏，当时测值 128.54MPa，孔内 Rm-8-7 收敛。第二排锚杆应力过程线如图 4-3-4 所示。监测仪器损坏这个时间段桥吊无起吊作业。

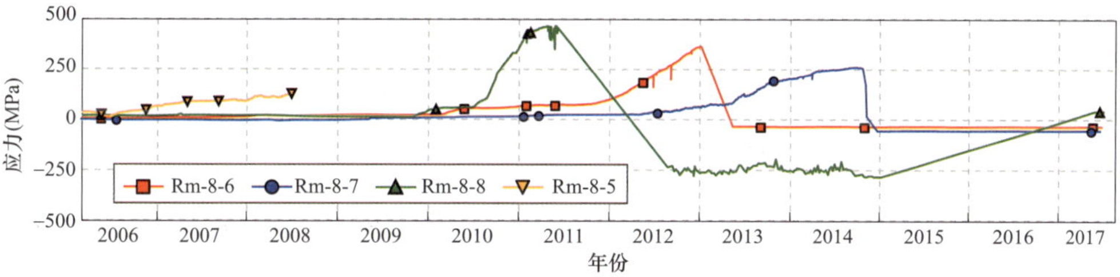

图 4-3-4　剖面吊车梁第二排锚杆应力过程线

二、原因分析

（一）上游厂左 0+002 吊车梁监测数据异常分析

1. 岩壁吊车梁监测

(1) 从图 4-3-2 可看出，吊车梁处第二排上倾锚杆在孔内 0.5m 的锚杆应力 Rm-1-6 历史最大值在 2016 年 2 月 2 日，监测值 47.99 MPa，2016 年底监测值 46.29MPa；在孔内 6.5m 的锚杆应力 Rm-1-8 与 Rm-1-6 监测数值几乎相同，Rm-1-7 前后锚杆应力均不大，监测数据正常。

(2) 上游厂左 0+002 处该断面吊车梁第一排上倾锚杆的锚杆应力 Rm-1-1～4 监测数值如图 4-3-5 所示。其中，Rm-1-1 于 2009 年 9 月 11 日报废，该时间点与第二排上倾锚杆 Rm-1-5 和 Rm-1-7，以及吊车梁 1-1 监测断面外侧纵筋应力计 R1-6 报废的时间段不重叠，说明两者不相关，Rm-1-2 已报废，锚杆应力 Rm-1-3～4 监测数值不大，监测数据正常。

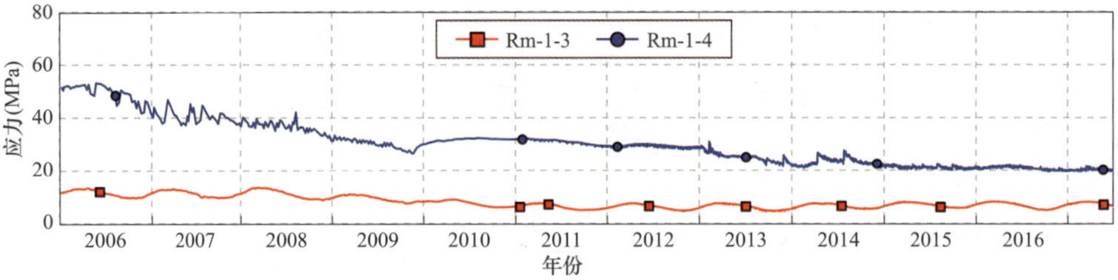

图 4-3-5　吊车梁 1-1 监测断面第一排上倾锚杆应力过程线

2. 围岩监测

围岩监测断面Ⅰ-Ⅰ桩号厂左 0+000，与岩壁吊车梁监测断面 1-1 桩号厂右 0+002 仅相差 2m。

（1）围岩监测Ⅰ-Ⅰ断面上游边墙多点位移计 M1-7-1～4（测点高程 436.00m）目前均已损坏。

（2）围岩监测Ⅰ-Ⅰ断面上游拱肩多点位移计 M1-8-1～4（测点高程 446.00m）位移过程曲线如图 4-3-6 所示。多点位移计 M1-8-1～4 监测数值不大，监测数据正常。

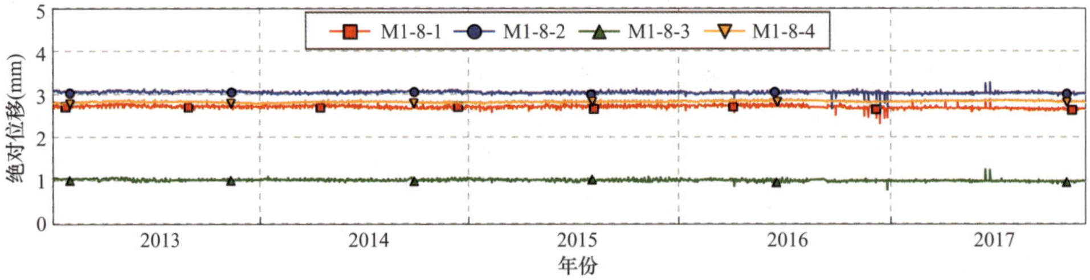

图 4-3-6　围岩Ⅰ-Ⅰ断面上游拱肩多点位移计 M1-8-1～4 位移过程线

（3）该测点下面 434.00m 高程边墙的锚杆应力 R1-19～21 测值如图 4-3-7 所示。R1-19～21 测值虽然随季节变化，但测值的最大值均小于允许值，且从 2008 年以后最大值是逐渐减小。除 R1-19 已经损坏外，锚杆应力 R1-20～21 测值较小且稳定，监测数据正常。

（4）该测点上面 446.00m 高程拱肩的锚杆应力 R1-22～24 测值如图 4-3-8 所示。锚杆应力 R1-22～24 测值较小且稳定，监测数据正常。

3. 吊顶支座梁监测

吊顶支座梁Ⅱ-Ⅱ监测断面桩号为 0+002，第一排上倾锚杆测点高程 446.40m，第

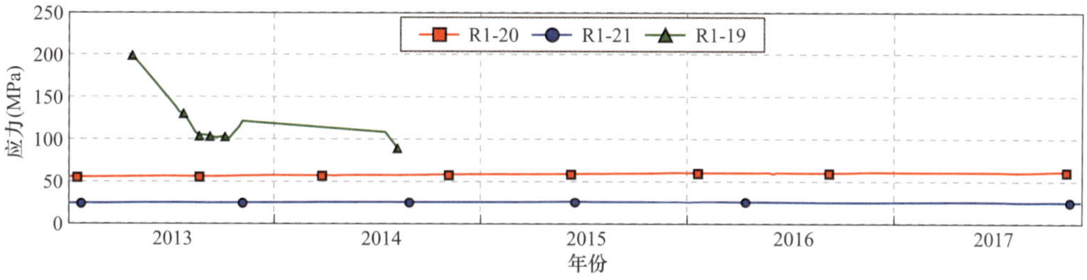

图 4-3-7 围岩Ⅰ-Ⅰ断面上游边墙锚杆 R1-19～21 应力过程线

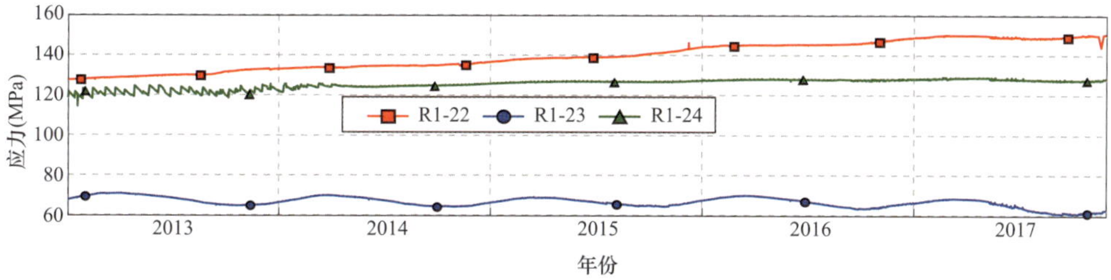

图 4-3-8 围岩Ⅰ-Ⅰ断面上游拱肩锚杆 R1-22～24 应力过程线

二排上倾锚杆测点高程 446.10m。第一排上倾锚杆应力 R2-1～3 测值如图 4-3-9 所示，第二排上倾锚杆应力 R2-4～6 测值如图 4-3-10 所示。第一排上倾锚杆应力 R2-1～3 测值稳定，监测数据正常；第二排上倾锚杆应力 R2-4 和 R2-6 测值稳定，监测数据正常。R2-5 测值和上游边墙厂上 0+034.000 处多点位移计 M2-7、M2-8 测值在 2005 年 9 月不同程度地增长，2005 年 10 月 8 日对上游边墙吊车梁以下部位增加 1600kN 无黏结预应力锚索 7 根进行加固，虽然 R2-5 测值最终测值 626.31MPa 较大，但从 2006 年 1 月以后，增加值主要是下层围岩开挖产生，围岩开挖完成后 R2-5 测值稳定且收敛。

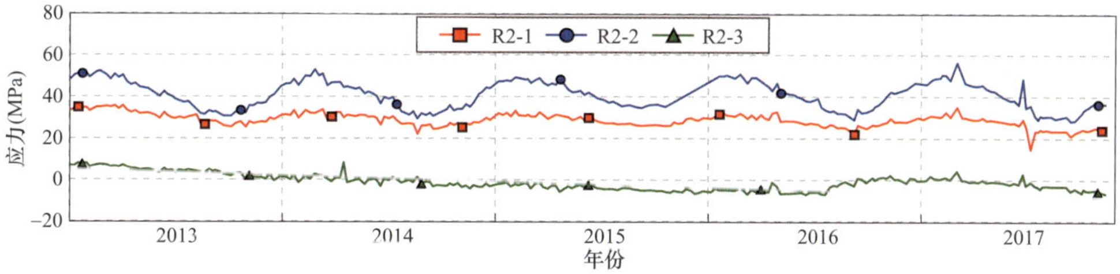

图 4-3-9 吊顶支座梁Ⅱ-Ⅱ断面上游第一排上倾锚杆 R2-1～3 应力过程线

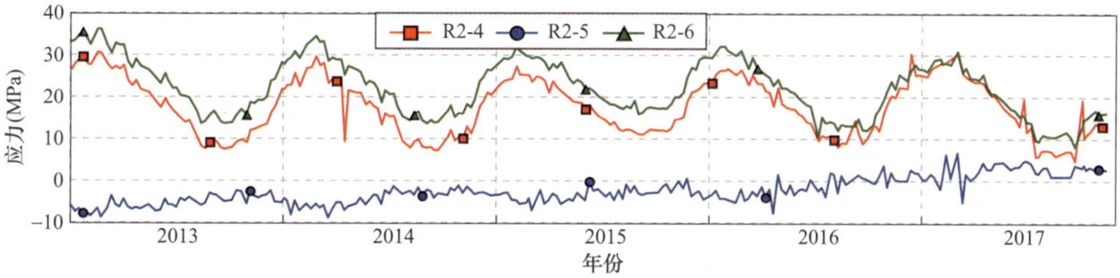

图 4-3-10 吊顶支座梁Ⅱ-Ⅱ断面上游第二排上倾锚杆 R2-4～6 应力过程线

从吊车梁的结构受力分析，Ⅰ-Ⅰ断面吊车梁梁内纵向钢筋受力较小，是构造配筋。在非起吊运行时，吊车梁梁内钢筋受力主要是承受围岩变位时导致吊车梁梁内钢筋产生受力。而监测数据时，在没有处于起吊最大荷载的情况下，吊车梁梁内竖向钢筋应力R1-6突然增加，而顶部水平钢筋R1-1正常，有两种可能：一是吊车梁出现裂缝，导致该部位纵向钢筋受力较大；二是此范围局部围岩向外侧变位，导致该部位纵向钢筋受力较大。

（二）下游厂右0＋104吊车梁监测数据异常分析

1. 岩壁吊车梁监测

（1）第一排锚杆Rm-8-3测值异常，最大值为404.42MPa，超量程后失效，而锚杆前后测点Rm-8-2和Rm-8-4测值均无异常。下游厂右0＋104监测断面两排上倾锚杆无断层穿过，Rm-8-3测值异常很大可能是裂隙造成局部变位较大；Rm-8-5和Rm-8-8测值不大就损坏，原因可能是仪器本身。因此，锚杆钢筋应力Rm-8-3和Rm-8-6测值异常也可能是因为仪器本身，岩体裂隙L248造成局部应变较大也可能造成测值异常。

（2）第二排锚杆孔内6.5mRm-8-8在2010年9月21日测值仅为227.21MPa就损坏，同根锚杆Rm-8-5于2008年6月23日损坏，当时测值仅为128.54MPa。第二排锚杆在孔内0.5m处Rm-8-6异常。从吊车梁的结构受力分析，应是第一排锚杆钢筋应力大于第二排锚杆应力，现在是第二排锚杆Rm-8-6应力异常，锚杆应力持续增大达到721.18MPa时损坏，远大于第一排锚杆，可能的原因同第一排锚杆。第二排锚杆Rm-8-7应力不大，监测数据正常。

（3）安装场下游测岩壁吊车梁8-8断面的吊车梁荷载主要由其下部的混凝土墙承担，吊车梁的两排上倾锚杆主要承担围岩支护作用。

2. 围岩监测

安装场下游测岩壁吊车梁8-8监测断面桩号厂右0＋104，该吊车梁监测断面附近的围岩监测断面Ⅳ-Ⅳ桩号为厂右0＋098，与桩号厂右0＋104相差6m。

（1）Ⅳ-Ⅳ断面下游拱肩测点高程446.00m围岩多点位移计M4-3-1～4位移过程曲线如图4-3-11所示，多点位移计除M4-3-2已损坏，其他仪器监测数值不大，监测数据正常。

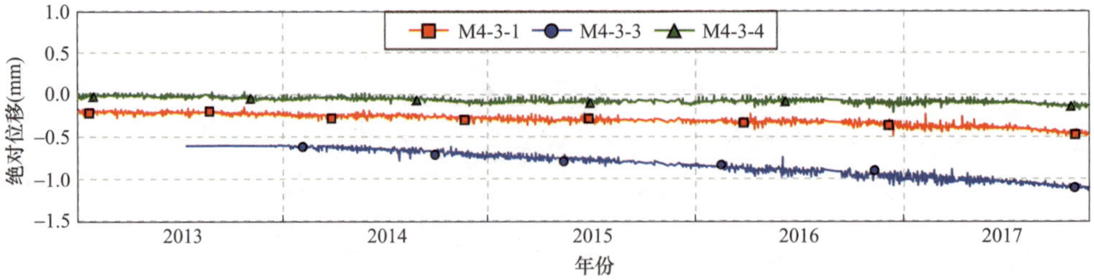

图4-3-11　围岩监测Ⅳ-Ⅳ断面下游边墙多点位移计M4-3-1～4位移过程曲线图

（2）Ⅳ-Ⅳ断面下游拱肩测点高程 436.00m 围岩多点位移计 M4-4-1～4 位移过程曲线见图 4-3-12，多点位移计监测数值不大，监测数据正常。

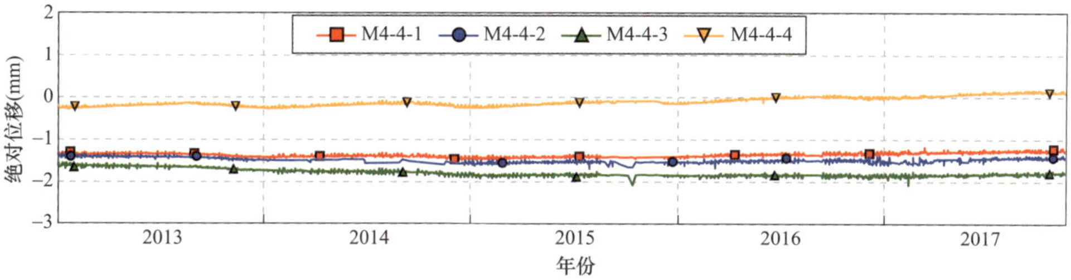

图 4-3-12　围岩监测Ⅳ-Ⅳ断面下游边墙多点位移计 M4-4-1～4 位移过程曲线图

（3）Ⅳ-Ⅳ断面下游边墙高程 446.00m 的锚杆应力 R4-7～9 测值均已损坏。损坏前测值较小且稳定，监测数据正常。

（4）Ⅳ-Ⅳ断面下游边墙高程 436.00m 的锚杆应力 R4-10～12 测值如图 4-3-13 所示，R4-10 已损坏。从加固剖面图看，R4-10 在加固回填的混凝土内，R4-11 在混凝土与开挖岩体交界面，从受力分析来看，应是 R4-11 锚杆应力值较大。在 2005 年 2 月 16 日发出通知加固后，R4-10～12 测值从 2006 年以后锚杆应力测值稳定。

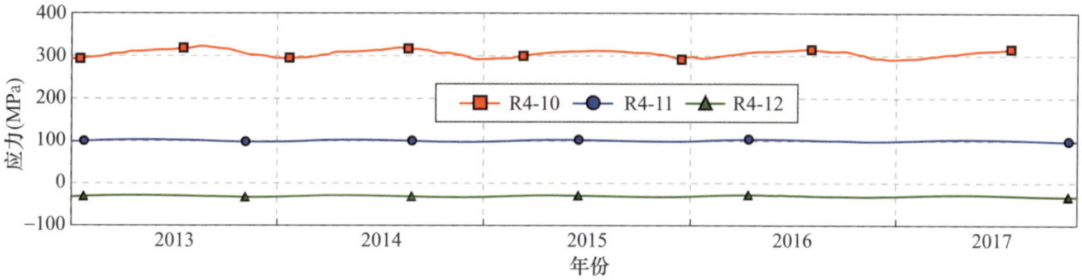

图 4-3-13　围岩监测Ⅳ-Ⅳ断面上游边墙锚杆 R4-10～12 应力过程曲线图

三、处理方案及过程

1. 上游厂左 0+002 吊车梁

（1）吊车梁第一排上倾锚杆的锚杆应力监测数据均正常，第二排上倾锚杆出现异常的 Rm-1-7 前后锚杆应力 Rm-1-6 和 Rm-1-8 监测数据均正常。Rm-1-7 从 2013 年第二季度已开始明显收敛；同一根锚杆的另一支仪器 Rm-1-5 测值达到 489.12MPa 后测值开始明显收敛，目前该仪器测值已损坏。Rm-1-7 监测数据出现异常，可能的原因一是监测仪器本身出现异常，二是 Rm-1-7 附近岩体存在裂隙。

（2）吊车梁该测点附近上、下部位围岩的多点位移计和锚杆测值均正常。此范围没有局部围岩向外侧变位的迹象。

（3）吊顶支座梁两排上倾锚杆应力监测数据正常。

综合分析，导致第二排上倾锚杆出现异常可能是附近岩体存在裂隙或仪器本身原因，厂房围岩稳定和吊车梁是安全的。

2. 下游厂右 0+104 吊车梁

（1）吊车梁第一排上倾锚杆出现异常的 Rm-8-3 前后的其他锚杆应力 Rm-8-1、Rm-8-2和 Rm-8-4 监测数据均正常；第二排上倾锚杆 Rm-8-8 出现异常，同一根锚杆 Rm-8-5 测值仅 128.54MPa 就损坏，Rm-8-8 测值 227.21MPa 时损坏，Rm-8-6 异常增大至 721.18MPa 时损坏，锚杆 Rm-8-7 应力不大，监测数据正常。吊车梁锚杆应力测值异常，很大可能是监测仪器本身出现异常，岩体裂隙 L248 造成局部应变较大也可能造成测值异常。

（2）吊车梁附近围岩的多点位移计和锚杆测值均正常，没有局部围岩向外侧变位的迹象。

（3）该部位吊车梁荷载主要由其下部的混凝土墙承担，两台桥机装卸大件及长期停在此位置，对吊车梁两排上倾锚杆应力的影响应较小。

综合分析，导致第二排上倾锚杆出现异常很有可能是仪器本身原因或岩体存在裂隙所致，安装场下游测吊车梁和厂房围岩稳定是安全的。

四、案例点评

（1）岩壁吊车梁是厂房监测重点关注的部位，监测仪器主要关注锚杆应力计、钢筋应力计、多点位移计等，发现监测数据异常应引起高度重视，关注其发展趋势，另外要分析其产生异常的原因，准确判断数据的真实性，排除由于仪器故障造成的数据异常误判。

（2）在分析锚杆应力计数据异常原因时，要结合仪器布设部位、仪器监测目的、周围相关仪器（如多点位移计、钢筋计）同期测值及其变化趋势综合分析；另外要详查仪器布设处的地质情况，重点关注断层等不良地质条件对监测仪器的影响。

案例 4-4 某抽水蓄能电站地下厂房酸性水腐蚀

一、案例概况

某抽水蓄能电站厂房顶拱屋面彩钢板出现多处被渗水滴穿、腐蚀的现象，而且随着时间的推移，腐蚀现象越发严重。通过排查发现主厂房、主变压器室及排水廊道等部位分布有酸性水、碱性水，对混凝土结构的钢筋和钢结构具有弱～强的腐蚀性，经分析研究确定主要处理部位集中在顶拱灌浆兼排水廊道 C01 厂左/右 0+000～厂右 0+075.5、C02 厂右 0+007～厂右 0+063，布设了 362 个固结灌浆孔，以廊道底板垂直向下的孔居多，孔深均为 5m，其余为边墙上的下倾孔，孔深 2.5～7.5m。主变压器洞顶拱处理范围为厂右 0+049～厂右 0+063、厂下 0+049.5～0+067.0，共 55 个孔，孔深分别为 4m 和 6m。主厂房顶拱根据漏水情况布设浅层固结灌浆孔，上层排水廊道布设加密排水孔。

二、原因分析

1. 酸性水的分布范围

该抽水蓄能电站酸性水总体分布在 5 个区域：一是上水库主坝 1、2 号排水廊道及左岸 121 号排水廊道，为弱酸性～酸性水，pH 值为 4.93～5.70；二是地下厂房顶拱桩号 0+030～0+070（3、4 号机组段），为强酸性水，pH 值为 1.52～3.54；三是 2 号引水下竖井至岔管附近的下层排水廊道为强酸性～酸性水，pH 值为 3.10～4.70；四是地下厂房南端下层排水廊道，为强酸性～弱酸性，pH 值为 3.34～5.90。

2. 地下水质酸性化形成机理分析

从工程区岩石、断层样化学分析，岩屑砂岩以 SiO_2 和 Al_2O_2 为主。其中引水下层排水廊道岩壁上发现黄铁矿晶体的样品中黄铁（FeS_2）的含量达 9%。针铁矿（$Fe_2O_2 \cdot H_2O$）含量达 9%。化学成分 Fe_2O_3 含量达 10.92%。FeO 含量也有 3.28%。据此认为，工程区地下水质局部酸性化、强酸性化与岩体中黄铁矿（FeS_2）的氧化有关，原因是工程区的地下水位下降，含水层被疏干，氧气进入到被疏干的岩层中，使原来的还原环境转化为氧化环境，从而使岩层中硫、铁、锰等的化合物的氧化作用大大加强，若有硫细菌的参与，将加剧金属硫化物的氧化过程，导致黄铁矿（FeS_2）在氧化环境下变得易溶于水，使原来中性水向酸性、强酸性水转化。温度升高、压力降低，会使溶于水中的 CO_2 逸出，也会引起环境水的 pH 值变小，向弱酸转化。FeS_2 在氧化环境下，溶解后使水中 H^+ 含量增加，pH 值将降低，地下水酸化，酸化水的进一步作用使岩层中原来不溶解或不易溶解的化合物（如钙、镁、铁、锰等的化合物）变得易于溶解，从而使地下水中的钙、镁、铁、锰和硫酸根离子含量大大增加，地下水的矿化度、硬度也随之增大。

根据岩石、断层化学成分分析试验，基岩、断层及混凝土中含有铝硅酸盐类和碳酸盐类矿物（长石和高岭石等），它们与地下水相接触时会产生中和反应。但地下厂房中部分地下水产酸作用大于中和作用，使地下水呈现酸性，如：地下厂房桩号厂右 0+60、厂下 0−3.0 点地下水 pH 值仅 1.68。

综上，地下水质酸性化与水中总铁含量的高低有关，而铁离子含量取决于黄铁矿的富集程度和地下水的开放程度，从地下水析出物矿物成分分析结果看，水绿矾（$FeSO_4 \cdot 7H_2O$）、水合氢离子铁矾［$Fe_2(SO_4)_3 \cdot nH_2O$］、水铁矿、［$Fe_2(HO)_8 \cdot 4H_2O$］、针铁矿（$Fe_2O_3 \cdot H_2O$）及赤铁矿（Fe_2O_3）的含量占各样品的 68%～95%。地下厂房洞室群虽然埋深很大，但由于地下厂房洞室群的开挖，极大地提高了洞室群围岩地下水的开放程度，而地下厂房区地下水位的降低和含水层的疏干，以及地下厂房洞室群的开挖，为氧气的进入和使还原环境转变为氧化环境创造了条件，从而促使岩石中的黄铁矿溶解于水中，并使地下水质向弱酸性～强酸性转化。

三、处理方案及过程

（一）处理项目

（1）顶拱灌浆兼排水廊道灌浆处理、排水孔钻孔、多点变位计的钻孔及安装。

（2）主厂房顶拱浅层灌浆、化学灌浆、浅层排水孔钻孔、软式排水管安装。

（3）主变压器洞顶拱灌浆、浅层灌浆、浅层排水孔钻孔、软式排水管安装。

（4）上层排水廊道排水孔钻孔。

（5）观测仪器设备的安装埋设、测试及至竣工验收前的维护、观测、成果整理分析。

（6）主厂房、主变压器洞顶拱出水点出水情况记录及其水样室内水质检测分析。

（二）施工工艺及流程

1. 布孔

该工程厂房顶拱灌浆兼排水廊道处理部位主要集中在C01廊道桩号厂左/右0+000～厂右0+075.5范围、C02廊道厂右0+007～厂右0+063范围。该范围内共布设了362个固结灌浆孔（实际施工中取消了锚索、仪器冲突的6个孔），分两序布置，施工时划分为19个单元。廊道内布孔分为底板垂直向下的孔和侧墙上的下倾孔，其中底板垂直向下孔189个，孔深5m，侧墙下倾孔173个，孔深2.5～7.5m。主变压器洞顶拱处理范围为桩号厂右0+049～厂右0+063、厂下0+049.5～0+067.0，共布设55个孔，分两序布置，孔深为Ⅰ序孔4m、Ⅱ序孔6m，施工时划分为4个单元。主厂房顶拱根据漏水情况布设浅层固结灌浆孔，根据对滴水点普查，共布设35个浅层固结灌浆孔，分一序布置，孔深均为0.7m。

2. 钻孔

本次钻孔要求采用地质钻机造孔、钻孔孔径ϕ60mm。钻孔时底板灌浆孔均有不同程度的塌孔、掉块或难以钻进现象。取样发现廊道底板混凝土层下有不同厚度的填充层，主要为碎石、渣土、混凝土回弹料等，平均厚度1.4m左右。钻设底板灌浆孔时需下入套管成孔。钻进结束等待灌浆或灌浆结束等待钻进时，孔口堵盖并加以妥善保护。

3. 洗孔

灌浆孔在灌浆前进行钻孔冲洗，孔内沉积厚度不超过20cm。灌浆前采用压力水进行裂隙冲洗，直至回水清净时止。冲洗压力为0.6MPa。

4. 灌浆

（1）水泥灌浆：

1）孔深小于6m的孔水泥灌浆采用全孔一次灌浆法，灌浆材料采用抗硫酸盐超细水泥。

2）灌浆方法，采用孔内循环灌浆，射浆管距孔段底不大于0.5m。

3）埋管时橡塞下入至基岩下50cm，射浆管设置距孔段底为20m。

4）固结灌浆孔相互串浆时，可采用群孔并联灌注，孔数不宜多于2个，并控制灌浆压力，防止混凝土面或岩石面抬动。

5）水泥灌浆压力为0.5～0.8MPa。

（2）化学灌浆：

1）采用孔口封闭，全孔一次灌浆法。

2）采用纯压式灌浆。射浆管距孔段底为0.2m，回浆管设于孔口处，灌浆时待回浆管出纯浆后，关闭回浆管，尽快将压力升至设计值，直至灌浆结束，关闭射浆管。

3）化学灌浆孔相互串浆时，可采用群孔并联灌注，孔数不宜多于2个，并控制灌浆压力，防止混凝土面或岩石面抬动。

4）根据设计要求及化学灌浆试验确定，化学灌浆试验压力定为0.5～0.8MPa。

5. 灌浆材料要求

（1）水泥灌浆试验材料选用高抗硫酸盐超细水泥，材料标准如下：

超细水泥勃氏比表面积要求大于6000cm^2/g，或颗粒粒径50%以上小于10～12μm，最大粒径不大于35μm。超细水泥中化学成分：氧化镁（MgO）含量≤5.0%，三氧化硫（SO_3）含量≤3.5%；烧失量不得大于5.0%，总碱量不大于0.6%。安定性必须合格。浆液水灰比为0.6∶1，标准养护时，其物理力学性能指标如表4-4-1所示。

表4-4-1　高抗硫酸盐超细水泥性能指标

抗压强度（MPa）		抗折强度（MPa）		线膨胀率（%）	
3天	28天	3天	28天	3天	28天
≥15	≥40	≥5.0	≥7.0	≥0.15	≤0.60

浆液水灰比为0.6∶1，标准养护时，凝结时间：初凝不早于2h，终凝不迟于6h。

浆液是稳定的，其标准是1000mL浆液，在2h内的析出清水量应小于5%。超细水泥不含任何有机或污染成分，具有良好的工作环境，无臭、无味，属于绿色环保型建材产品。

（2）化学灌浆环氧材料采用低黏度环氧材料，材料技术性能要求分别如表4-4-2、表4-4-3所示。

表4-4-2　灌浆材料浆液性能

序号	项目	性能指标
1	浆液密度（g/cm^3）	>1.00
2	起始黏度（mPa·s）	<30
3	可操作时间（min）	>30

表 4-4-3　灌浆材料固化物性能

序号	项目		性能指标
1	本体抗压强度（MPa）		≥40
2	本体抗拉强度（MPa）		≥10
3	拉伸剪切强度（MPa）		>5
4	黏结强度（MPa）	干黏结	>3.0
5		湿黏结	>2.0
6	抗渗压力（MPa）		>1.0
7	渗透压力比（%）		>300

6. 灌浆结束及封孔

（1）水泥灌浆在规定压力下，当单孔注入率不大于 0.4L/min 时，继续灌注 30min，灌浆结束。灌浆孔灌浆结束后，排除钻孔内的积水和污物，采用 0.5∶1 的浆液进行纯压式灌浆封孔，孔口压抹齐平。

（2）化学灌浆在规定压力下，当单孔注入率不大于 0.4L/min 时，继续灌注 30min，灌浆结束。灌浆孔灌浆和检查孔检查结束后，排除钻孔内的积水和污物。采用加入快干水泥的水泥砂浆进行封孔。

（三）灌浆试验情况

1. 高抗硫酸盐超细水泥灌浆试验情况

根据现场实际要求，选取有代表性的 CO1 廊道底板厂右 0+032～厂右 0+038（4 单元），及 CO2 廊道底板厂右 0+052～厂右 0+057 附近（15 单元）3 个区域进行灌浆试验，灌浆压力 0.8MPa，注入率基本在 1L/min 以内，结束标准为 0.4L/min，与预固结灌浆结果吻合。从 21 个Ⅰ序孔水泥灌浆情况分析，可灌性普遍较差。

2. 化学灌浆试验情况

化学灌浆选取 CO2 廊道底板，桩号厂右 0+017～厂右 0+028 范围作为化灌试验区域，化学灌浆试验材料选用低黏度自流型环氧灌浆材料，化灌试验结束后 14 天待凝，检查孔钻孔于 2010 年 2 月 22 日开始，至 2010 年 2 月 23 日结束，共取芯样 2 组，累计钻孔进尺 10m。所有芯样均按勘探标准进行装箱、编号、记录，芯样平均采取率 96%。CO2-12-JC-1 芯样上段 0.35m 为混凝土层，0.35～1.8m 为不规则形状碎石、块石，1.8～5.0m 为完整圆柱状芯样，未发现裂隙。CO2-12-JC-2 芯样上段 0.3m 为混凝土层，0.3～1.5m 为不规则形状碎石、块石，1.5～3.5m 岩芯较完整，呈短柱状，岩芯断面有深色化学固化物，3.5～5.0m 岩芯完整，最长岩芯 50cm，未见裂隙。从芯样情况看，1 号检查孔岩芯未见裂隙，2 号检查孔岩芯见裂隙，并能够发现化学浆液固化物，低黏度环氧灌浆材料可灌性好，灌浆效果较好。如图 4-4-1、图 4-4-2 所示分别为 12 单元检查孔岩芯样，如图 4-4-3、图 4-4-4 所示为 2 号检查孔岩芯段，图中深色物质为环氧浆液固化物。

图 4-4-1　检查孔 CO2-12-JC-1 岩样

图 4-4-2　检查孔 CO2-12-JC-2 岩样

图 4-4-3　CO2-12-JC-2 检查孔 1.5m 处岩芯段

图 4-4-4　CO2-12-JC-2 检查孔 1.6m 处岩芯段

化学灌浆试验区灌浆前，选取 12 单元两个试验孔做了灌前声波测试，测试结果显示：灌前声波值最小为 4000m/s，最大为 5263m/s，平均波速为 4591m/s，灌后声波值最小为 4545m/s，最大为 5263m/s，平均波速为 4855m/s。其中灌前声波值 4000～4500m/s 的部位，即岩体相对较破碎，相对可灌性较好，经过化学灌浆后，有效地填充了裂隙，对应部位声波值提高至 4651～5263m/s，平均波速提高率 11.5%；对于灌前声波值 4500～5000m/s 的部位，即岩体较完整，相对可灌性较差，经过化学灌浆后，对应部位声波值提高至 4762～5128m/s，平均波速提高率 3.3%；对于灌前声波值 5000～5263m/s 的部位，岩体完整性好，可灌性差，经过化学灌浆后，对应部位声波值提高至 5128～5263m/s，平均波速提高率 1%。经过化学灌浆后，声波波速较灌浆前均有提高，其中 $V_P \leqslant 4500$m/s 的测点数由灌浆前的 21%降至灌浆后的 0%，而 $V_P \geqslant 5000$m/s 的测点数由灌浆前的 8%提升为灌浆后的 23%，表明灌浆试验区内岩体完整性得到明显改善。

试验结果表明，化学灌浆比水泥灌浆可灌性好。经过对水泥灌浆初步成果进行讨论，认为鉴于水泥灌浆可灌性较差，决定选用比水泥浆液可灌性更好的低黏度环氧灌浆材料进行化学灌浆。

（四）灌浆处理情况

1. 地下厂房顶拱灌浆兼排水廊道化学灌浆情况

完成该部位化学灌浆 322 孔，共 43.284t 化灌材料，具体灌浆量及单耗如表 4-4-4

所示。

表 4-4-4　　地下厂房顶拱灌浆兼排水廊道单元灌浆量及单耗汇总表

单元	桩号	孔数	钻孔长度（m）	段长（m）	总耗量（kg）	单位注入量（kg/m）
1	厂左（右）0+000.00 ～厂右 0+011.50	19	80.0	60.0	2480	41.3
2	厂右 0+011.50～厂右 0+017.50	18	90.0	56.5	2280	40.4
3	厂右 0+017.50～厂右 0+026.00	13	55.0	34.2	1320	38.6
4	厂右 0+032.00～厂右 0+038.00	5	20.0	16.4	570	35.3
5	厂右 0+026.00～厂右 0+040.50	20	68.0	50.8	2430	47.8
6	厂右 0+040.50～厂右 0+046.75	21	83.0	59.5	2985	50.2
7	厂右 0+046.75～厂右 0+051.50	22	90.0	65.1	2250	34.6
8	厂右 0+051.50～厂右 0+061.00	19	89.0	67.8	2495	36.8
9	厂右 0+061.00～厂右 0+067.00	21	99.0	77.0	2680	34.8
10	厂右 0+067.00～厂右 0+076.50	26	102.0	74.0	4560	61.6
11	厂右 0+007.00～厂右 0+017.00	15	75.0	64.5	1920	29.8
12	厂右 0+028.00～厂右 0+044.00	20	91.0	80.0	2730	34.1
13	厂右 0+044.00～厂右 0+052.00	19	100.0	58.3	3000	51.5
14	厂右 0+052.00～厂右 0+057.00	11	92.0	65.5	1579	24.1
15	厂右 0+057.00～厂右 0+060.50	20	105.5	79.5	3490	43.9
16	厂右 0+060.50～厂右 0+066.00	16	95.5	84.5	2315	27.4
17	厂上 0+007.00～厂上 0+002.56； 厂右 0+022.00～厂右 0+030.00	19	83.0	54.6	2280	41.8
18	厂上 0+002.56～厂下 0+004.50； 厂右 0+018.50～厂右 0+024.00	18	62.0	46.5	1920	41.3
合计		322	1480.0	1094.7	43284	平均 39.7

2. 主变压器洞化学灌浆情况

完成该部位钻孔 55 个，共 276m；完成灌浆 2850kg，具体灌浆量及单耗如表 4-4-5 所示。

表 4-4-5　　主变压器洞灌浆量及单耗表

单元	桩号	孔数	钻孔长度（m）	灌浆长度（m）	总耗量（kg）	单位注入量（kg/m）
1	厂下 0+049.50～厂下 0+058.25； 厂右 0+049.00～厂右 0+056.00	16	82.0	74.0	810.0	10.9
2	厂下 0+049.50～厂下 0+058.25； 厂右 0+056.00～厂右 0+063.00	14	68.0	61.0	930.0	15.2
3	厂下 0+058.25～厂下 0+067.00； 厂右 0+049.00～厂右 0+054.50	12	60.0	54.0	510.0	9.4

续表

单元	桩号	孔数	钻孔长度(m)	灌浆长度(m)	总耗量(kg)	单位注入量(kg/m)
4	厂下 0+058.25～厂下 0+067.00；厂右 0+054.50～厂右 0+063.00	13	66.0	59.5	600.0	10.1
合计		55	276	248.5	2850	平均 11.5

（五）处理结果

1. 灌浆单耗分析

从灌浆结果看，主变压器洞处理范围内在灌浆前未发现明显滴水，故灌浆单耗也明显较顶拱灌浆廊道少。厂房顶拱浅层灌浆作为顶拱廊道灌浆的补充措施，主要以填充厂房顶拱混凝土喷射层与基岩间空隙、封堵少量滴水点为目的，钻孔深度为 0.7m，故单耗很低。

以上成果表明，本次化学灌浆的单耗情况与地质情况基本吻合。

2. 上层排水廊道及厂房顶拱滴水变化情况

在灌浆过程中经常对上层排水廊道及厂房顶拱进行巡视，发现厂房顶拱充满很浓的环氧浆液气味，且有 3 处明显的喷层混凝土表面浆液出露，共有 6 处滴水有明显的浆液气味，表明环氧浆液在充填裂隙。上层排水廊道有 8 个排水孔在灌浆过程中先后出现滴浆现象，表明环氧浆液可灌性、渗透性较好。

厂房顶拱区经过灌浆处理后，前期监测的 8 个排水孔点滴水流量也明显减小，其余 4 个滴水点已不再滴水。

厂房顶拱浅层固结灌浆完成后，35 个新增渗水点均已不再滴水。灌浆前后各监测点渗水流量情况详见表 4-4-6。

表 4-4-6　　固结灌浆前后厂房顶拱观测点滴水量对比

序号	滴水点位置	桩号	灌浆前流量	灌浆后流量	备注
1	7 号盒	厂右 0+59.2；厂下 0+06.0	30 滴/min	0	滴水点
2	13 号盒	厂右 0+70.9；厂下 0+07.0	0.01L /min	0	滴水点
3	21 号盒	厂右 0+72.9；厂下 0+04.5	3 滴/min	0	滴水点
4	132 号盒	厂右 0+67.0；厂上 0+02.0	20 滴/min	0	渗漏点
5	31 号盒	厂右 0+51.0；厂下 0+10.0	0.04L/min	0.004L/min	排水孔点
6	17 号盒	厂右 0+79.9；厂下 0+05.5	10 滴/min	6 滴/ min	排水孔点
7	28 号盒	厂右 0+62.4；厂下 0+09.0	0.01L/min	12 滴/min	排水孔点
8	27 号盒	厂右 0+63.4；厂下 0+09.0	0.01L/min	0.003L/min	排水孔点
9	25 号盒	厂右 0+65.5；厂下 0+10	0.08L /min	0.017L/min	排水孔点
10	24 号盒	厂右 0+66.5；厂下 0+10	0.08L /min	0.017L/min	排水孔点
11	19 号盒	厂右 0+75.0；厂下 0+09.0	0.1L/min	0.04L/min	排水孔点/取样点
12	138 号盒	厂右 0+77.7；厂上 0+04.0	0.1L/min	0.006L/min	排水孔点/取样点

经过厂房顶拱灌浆兼排水廊道固结灌浆及厂房顶拱浅层固结灌浆处理后，厂房顶拱各相应监测点漏水量明显减小，灌浆效果显著，达到了预期目的。

3. 地下厂房顶拱滴水点水样的 pH 值变化情况

地下厂房顶拱灌浆兼排水廊道灌浆完成后，厂房顶拱 19 号集水盒（桩号厂右 0+75.0，厂下 0+09.0）水样 pH 值为 5.87，厂房顶拱 138 号集水盒（桩号厂右 0+77.7，厂上 0+04.0）pH 值为 3.65。

经过灌浆处理后两个水样点的 pH 值较前期均有所提高，达到了预期目的。

4. 固结灌浆检查孔取芯情况

从芯样情况分析，本次灌浆效果明显，基本每个芯样中均能发现有化学浆液固结体，特别是有些细小的裂隙充填有浆液（见图 4-4-5、图 4-4-6），表明化学浆液的可灌性好、灌浆效果好。

图 4-4-5　C01-JC9-2 芯样 3.9m 处裂缝有浆液

图 4-4-6　C02-JC13-1 芯样 2.5m 处裂缝有浆液

5. 固结灌浆前后声波测试对比情况

从测试结果来看，顶拱灌浆廊道及主变压器洞原波速小于 4500m/s 的岩体经过化学灌浆后，波速分别提升了 13.05%、10.75%，满足设计大于 8%的要求。原波速 4500～5000m/s 的岩体较完整，灌浆使波速提升的空间有限，灌后分别提升了 3.52%、0.87%。原波速大于 5000m/s 的岩体整体性好，灌浆使波速再提升几无可能，灌后提升了 0.88%。

从灌前灌后声波波速对比情况分析，原波速低的部位经过灌浆后波速提升幅度大，主变压器洞灌浆的波速较顶拱灌浆廊高，因此灌浆提升值较少，符合地质特性。经过灌浆后厂房顶拱灌浆兼排水廊道及主变压器洞波速均已超过 4500m/s，岩体完整性有了明显的改善，灌浆效果明显。

四、案例点评

根据原因分析，该抽水蓄能电站地下厂房主厂房、主变压器室及排水廊道等部位酸性水的出现，是由于岩体中的黄铁矿氧化，这种现象是地下结构工程区域特定的地质条件引起的。在工程进入运行期后，随着地下水与岩层中矿物质的不断作用，最终形成酸性水外渗，对结构产生腐蚀。此类问题需在工程建设阶段就采取工程措施清除工程区域的不良地质结构，在运行期无法避免此类问题的出现，只能通过灌浆等工程措施进行缓解。

由本案例可见，工程建设从规划设计起就要充分论证、综合考虑，在工程选址阶段，尤其要关注不利地质条件的发育情况和分布范围，在设计上合理布局或采取必要的工程措施，尽可能避免对工程的整体安全构成不利影响。

第五章　其　他

案例 5-1　某抽水蓄能电站大坝桥梁混凝土碳化

一、案例概况

某抽水蓄能电站下池大坝为混凝土重力坝，坝顶长 1098m，最大坝高 28.8m，坝顶高程 151.5m，大坝共分 67 个坝段，坝顶由交通桥、检修桥、机架桥、启闭机室、厂房等建筑物组成。坝前最高设计水位 144.5m，死水位 139.0m，总库容 3243 万 m^3，有效库容为 1000 万 m^3，为日调节水库。混凝土坝、泄洪闸为三级建筑物，下游导墙为四级建筑物。坝址地区地震烈度为Ⅶ度，主体建筑物设防烈度采用Ⅶ度。

大坝安全定检，通过现场目测、仪器监测、统计资料综合分析发现坝顶交通桥、检修桥、机架桥 T 形桥梁存在 3 种缺陷情况：一是桥梁碳化现象；二是桥梁表面细小裂缝现象；三是两榀桥梁的横隔板相互错位，连接板焊接不满现象。

碳化检测采用冲击钻钻直径 1.5cm 的孔，混凝土面形成一个小坑，用蘸有 1%酚酞酒精溶液的棉花涂抹在孔或小坑内，测量碳化深度。机架桥梁碳化测试 4 个点，深度在 13～18mm 之间，平均碳化深度为 14.75mm；检修桥梁碳化测试 4 个点，深度在 10～23mm 之间，平均碳化深度为 14.75mm；交通桥梁碳化检测，平均碳化深度为 14mm。交通桥、检修桥、机架桥桥梁每个腹板表面普遍存在细小裂缝，裂缝大多呈竖向垂直分布，从梁顶部向下延伸至梁的底部附近，大多未贯通梁的底面，裂缝长 10～30cm，裂缝宽 0.1mm，裂缝最大宽度为 0.3mm；桥梁的翼板未发现明显的裂缝。交通桥主梁局部存在横隔板相互错位现象，错位超过 10cm。

二、原因分析

1. 桥梁碳化缺陷成因

坝顶交通桥梁、检修桥梁、机架桥梁长期暴露在大气中，遭受空气中 CO_2 向其内部侵蚀扩散，使桥梁混凝土表面碱性降低，从而使混凝土逐步趋向中性化从而形成了碳化。

2. 桥梁裂缝缺陷成因

桥梁裂缝的根本原因是混凝土结构物中应力超过了混凝土自身能承受的应力强度。

桥梁表面裂缝大部分是施工期形成的，主要是由于温差较大引起的，与原有材料不佳、均匀性不好、配合比不优、水化热温升、自身体积变形及其热学、力学性能达不到抗裂能力要求等原因有关，从而导致桥梁表面裂缝出现。再则由于碳化，使桥梁内部钢筋表面原有钝化膜破坏，在氧和水的作用下氧化锈蚀，钢筋锈蚀后出现体积膨胀，桥梁混凝土中产生很大的膨胀应力而把混凝土保护层胀裂，形成沿钢筋的裂缝。

3. 两榀桥梁的横隔板相互错位缺陷原因

原设计T形桥梁上铺设钢筋混凝土，要求两榀桥梁的横隔板间填满水泥砂浆，并再加焊接连接钢板使五榀桥梁连成一体，由于施工原因，相邻T形桥梁横隔板前后错位、上下错位，连接钢板与预埋件的焊接质量较差，存在少焊、缺焊等情况，同时横隔板间缝隙未按要求进行水泥砂浆填缝，使横隔板间的连接变得更薄弱，降低了结构的刚度，削弱了桥体的抗振性能。

三、处理方案及过程

1. 桥梁碳化处理方案

水工维护工程技术人员首先进行现场勘察调研，翻阅桥梁设计资料及相关图纸，掌握桥梁结构、特点、性能，采用仪器检测碳化深度。根据设计图纸准确计算出桥梁表面碳化面积，分析判断碳化机理，统计桥梁裂缝长度、宽度，分析裂缝的主要成因，作为施工前期数据采集统计工作。

参阅设计图纸现场统计，确定机架桥桥梁跨数20个，每一个跨4根T形梁，两种规格，其中一种规格为12.96m×0.45m×1.50m，另一种规格为12.96m×0.40m×1.5m；确定检修桥桥梁跨数20个，每一个跨5根T形梁，两种规格，其中一种规格为12.96m×0.2m×1.2m，另一种规格为12.96m×0.45m×1.5m；确定交通桥桥梁跨数42个，每一个跨5根T形梁，两种规格，其中一种规格为16m×0.18m×1.1m，一种规格为13m×0.18m×1.1m。全部T形桥梁同属钢筋混凝土结构。碳化面积统计原则：采用桥梁表面积展开法，凡是暴露在空气中的桥梁表面，属于统计范畴。

大坝交通桥桥梁、机架桥桥梁、检修桥桥梁，其表面碳化比较严重，尤其是上游面长期经过风吹日晒，表面蜂窝、麻面比较严重，局部钢筋外露，锈蚀严重。为了有效扼制桥梁碳化，确保保护层不发生崩落，避免削弱构件承载能力，引起整个结构物损毁。经过多方技术方案对比，确定大坝桥梁采用喷涂改性VAE水泥砂浆涂料进行防碳化裂缝封闭处理桥梁表面细微裂缝不做专门处理。在一定施工工艺条件下，用喷涂设备将其均匀涂覆在桥梁表层，封闭桥梁混凝土表层孔隙微细裂缝，其施工工艺流程为：桥梁混凝土基面打磨→表面清理→局部找平→细微裂隙及毛细孔封闭→涂刷VAE水泥砂浆涂料面层。

2. 处理过程

（1）首先做好桥梁连接板焊接工作，再做桥梁表面基层处理工作。将桥梁表面因施工原因造成的混凝土附着物、钢筋头、模板彻底清理干净。采用角向磨光机加装切割片把桥梁外露钢筋头割掉，打磨平整，使用手锤拆除残留在桥梁上的模板，用高压清洗机压力为 8.0MPa 的高压水枪冲洗桥梁混凝土表面的灰尘，清洗过后表面还有残留的灰尘，再用角向磨光机加装钢丝刷清理干净，然后再次用高压水枪清洗，直至桥梁表面清洁干净。

将所有桥梁裸露及孔洞采用 S400 水泥砂浆进行修补。修补方法为：先刷 S400 基浆，其配比为水泥∶S400=2∶1)；验收合格后，涂抹 S400 水泥砂浆，其配比为水泥∶细沙∶S400=1∶2∶0.22)，加适量的水（以适合现场刮平为宜)；对桥梁表面的蜂窝、麻面用 108 水泥胶泥刮平，其配比为水泥∶108 胶=25∶5～8。

(2) 对已经清洗、修补找平的桥梁混凝土表面，验收合格后，再进行 VAE 水泥砂浆碳化喷涂工作。用喷涂机喷涂防碳化涂层，喷涂前混凝土表面应风干。防碳化涂层共均匀喷涂 4 遍，每一道涂层表面风干经验收合格后，方可喷涂下一层，改性 VAE 防碳化水泥浆配比（重量比）为：第一道（水∶VAE 改性乳液∶超细水泥∶126 添加剂=1∶2.0∶0.8∶0.004)，第二道（水∶VAE 改性乳液∶超细水泥∶126 添加剂=1∶1.4∶1.0∶0.0028)，第三道（水∶VAE 改性乳液∶超细水泥∶126 添加剂=1∶1.4∶1.0∶0.0028)，第四道（水∶VAE 改性乳液∶超细水泥∶126 添加剂=1∶1.4∶1.0∶0.0028)。所喷涂料黑水泥与白水泥比例为：第一道（1∶1)，第二道（2∶3)，第三道（1∶4)，第四道（1∶4)，以保证喷涂完后表面颜色接近原混凝土颜色。在喷涂中，用水量可适应调整以能够正常喷涂及喷涂后不起皮，不鼓包为宜。

(3) 喷涂施工采用人工涂刷，为保证质量，需采用 VAE 净浆打底和罩面。在原桥梁混凝土表面，采用高压水冲洗干净，待表面呈潮湿状无积水时，涂刷一层 VAE 防碳化水泥浆，施工终凝验收合格后（一般 4～6h)，即要进行短期喷水雾养护，雾状养护至少 3 天，然后改用压力水养护，养护时间至少 7 天。

四、案例点评

大坝桥梁混凝土碳化严重会使钢筋锈蚀，混凝土开裂、剥落，保护层遭受破坏，最终导致桥梁结构破坏。大坝交通桥桥梁碳化采用 VAE 防碳化水泥浆封闭处理后，效果显著，桥梁碳化现象得到有效控制，对提高桥梁结构耐久性具有重要意义。

案例 5-2　某抽水蓄能电站上下库连接公路挡墙变形垮塌

一、案例概况

某抽水蓄能电站上下库连接公路全长约 11.0km，厂矿三级，设计车速 30km/h，路基宽 7.5m，路面宽 6.5m，水泥混凝土路面结构。工程始建于 1992 年，受地形、地质条件的限制，沿线高边坡、高挡墙众多，最大墙高达 20m，材料为 M7.5 浆砌块石。上下连接公路自 1994 年投入运行，承担着上、下库之间的沟通，为电站建设发挥了重要作用，总体运行状况良好。上下库连接公路挡墙自运行以来已 20 余年，随着时间的推移，局部路段已出现挡墙变形甚至垮塌，边坡掉块等现象。

破坏形式主要以下几种：墙体外倾，造成墙顶与路肩拉裂；墙体局部外鼓；沉降缝两侧挡墙，形成明显错台；挡墙不均匀沉浆，造成路面局部下陷；岩体风化，裂缝胀裂，形起块体失稳。部分破坏形式如图 5-2-1、图 5-2-2 所示。

图 5-2-1　墙顶纵向裂缝及墙身外鼓明显

图 5-2-2　墙身竖向贯穿裂缝路面纵向裂缝

二、原因分析

造成这些挡墙破坏形式的原因主要有：

（1）不良气候长期作用，加上近 20 年的超负荷运行，造成挡墙、边坡结构受损明显。

（2）施工难度大，建设期施工工艺不成熟，造成施工质量存在一定的缺陷。主要表现为砂浆强度不足，浆液不饱满，断面尺寸不足及基础处理不到位，部分已进行加固，但仍未完全到位。

（3）多年来诸如“菲特”等强台风带来的强降雨大大超出了公路的排水设计标准，过大的降雨使原排水沟过流严重不足，造成大量雨水下渗，使构筑物墙后水压力大大增加，从而加剧了结构的破坏。

三、处理方案及过程

（一）处理方案

结合现场调查情况，针对每段区域现状、地质条件、加固方案等多方面考虑，对上、下水库连接公路挡墙破坏段进行分段治理。综合各区段地形地质条件、建设条件、挡墙高度及破坏程度、临近结构物的关系及过往加固经验等，主要的加固方式有框格拉梁（见图 5-2-3）和支墩联梁（见图 5-2-4）。

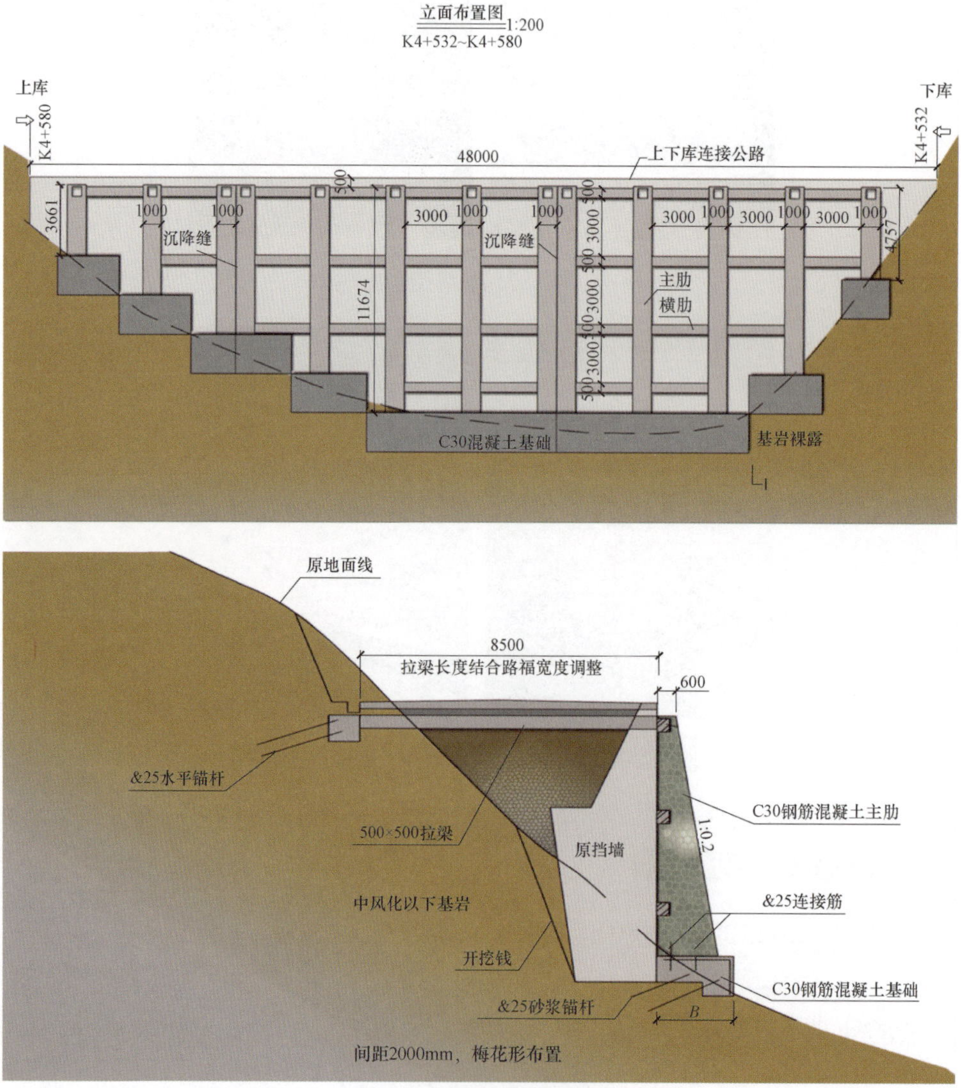

图 5-2-3　框格拉梁结构图

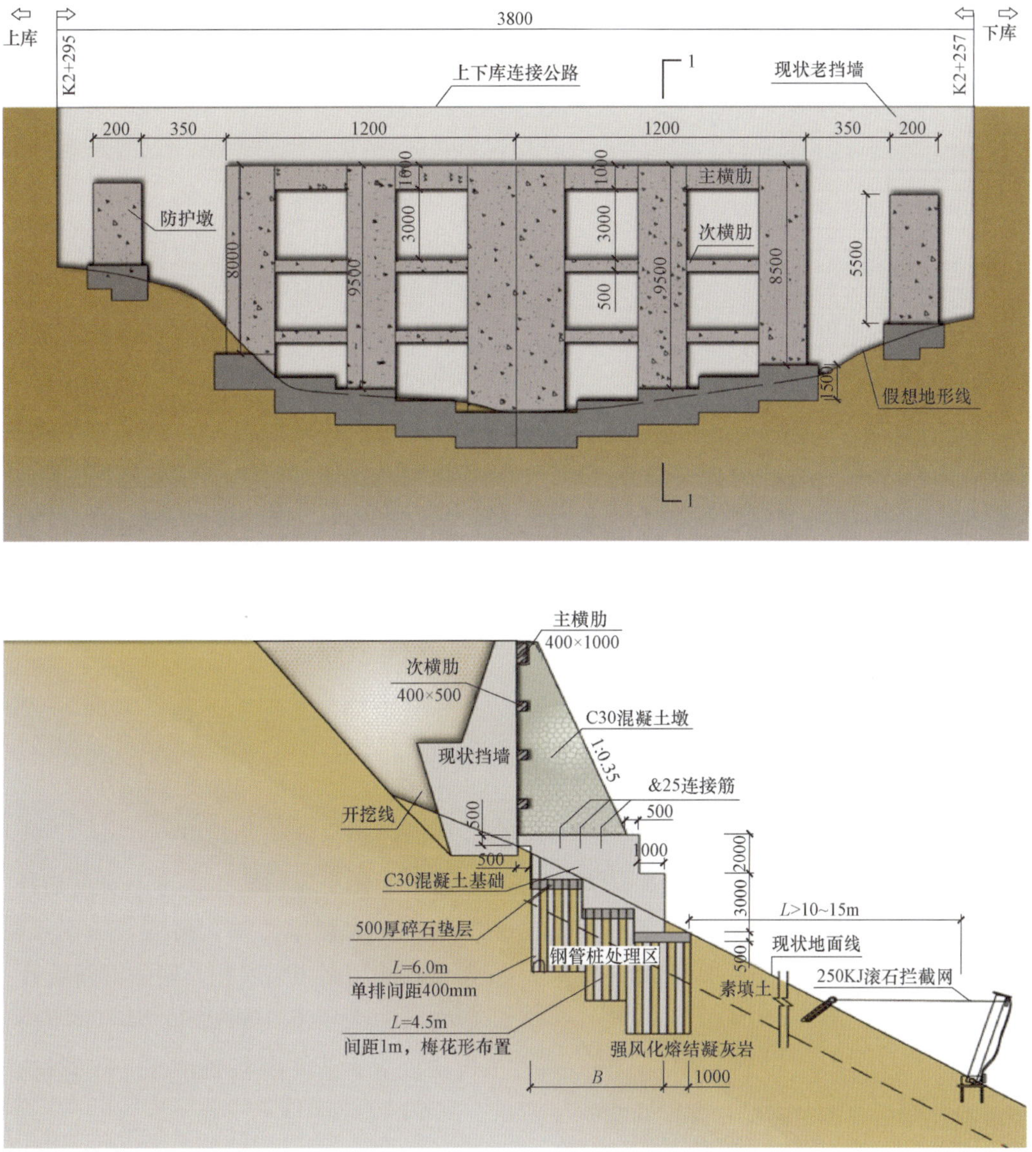

图 5-2-4　支墩联梁结构图

（二）处理过程

1. 挡墙加固

挡墙加固流程如图 5-2-5 所示。

（1）测量放样。在设计单位提供原始资料的基础上，于施工开始前，用全站仪对作业范围进行测量放样，以便对建筑物精确定位、工程地形数据收集。

（2）挂主动柔性防护网。挂主动柔性防护网保证工程施工期及运行安全，并做好上部路面处锚固、脚手架搭设及直立面固定，属于高处作业区域，工作人员必须戴安全帽、系安全带与安全绳。

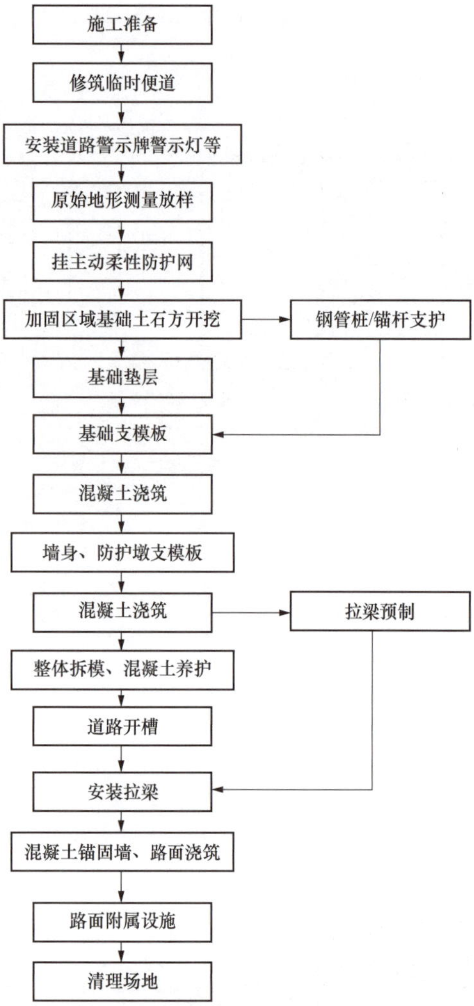

图 5-2-5　挡墙加固流程

（3）脚手架搭设。为保证施工安全，施工前先搭设防护脚手架，脚手架采用扣件式双行立杆布置，脚手架材料为 $\phi48\times3.5$mm 的钢管，脚手架横、纵向水平杆间距均为 1m，步距 1.2m。施工面处的脚手架高出施工面 1.2m 以上，并挂安全网，人行通道用木板安装高 15cm 踢脚板。

（4）加固区域基础土石方开挖。加固区域基础土石方开挖以人工挖为主，靠近原建筑物处人工小心开挖，局部区域采用风镐凿挖。

（5）涨壳式中空锚杆、钢管桩。锚杆材料及组成：采用市场成品的 EX25N 涨壳式中空注浆锚杆，由涨壳锚固件、中空锚杆体、垫板及螺母组成。

锚杆的规规格为 EX25N，壁厚 5mm，涨壳极限抗拉力不小于 90kN，杆体极限拉力不小于 180kN，延伸率为 6%。

钢管桩规格为 $\phi114$，壁厚 6mm。

锚杆采用手风钻钻孔、人工安设锚杆、机械注浆，注意保证钻孔角度与深度，在安设锚杆前用高压风吹孔，保证锚固质量。

钢管桩采用潜孔钻钻孔、人工结合机械设备放置钢管、灌浆机注浆。注意钻孔深度视地质情况调整超钻范围，注浆必须饱和，在孔壁表面浮浆后才能停止灌浆，注意观察灌浆时钢管抬动与对周围基础的扰动。

2. 水泥稳定碎石基层

水泥稳定碎石基层施工，采用集中厂拌，汽车分运到施工现场，由粒料摊铺机摊铺，压路机碾压。

水泥稳定碎石用作基层时，单个颗粒的最大粒径不应超过 31.5mm，土的均匀系数应大于 5。水泥稳定碎石用作基层时，对所用的碎石或砾石，应预先筛分成 3～4 个不同粒级，然后配合。基层的混合料配比设计施工前，对碎石进行压碎值及试样试验，试验合格后方可用与基层施工。

（1）拌和与摊铺。混合料拌和设备采用稳定粒料拌和设备，该设备采用双卧轴螺旋叶片强制搅拌，能充分地将混合料搅拌均匀，水泥与石料计量均能控制在规范规定的范围内。开始拌和时，含水量略大于确定含水量的1%～2%，使混合料在摊铺时的含水量接近佳值。

摊铺前清理路床上的杂物及松散材料并进行洒水润湿，因工程数量不大，采用装载机配合人工进行全幅摊铺。

（2）压实。基层在摊铺、整平后及时在全宽范围内进行碾压，碾压控制在水泥初凝前完成，碾压的方向与路中心线平行。直线段由边到中，超高段由内侧到外侧，依次连续均匀碾压。碾压时轮迹重叠1/2轮宽，按试验路段铺筑时确定的压实遍数碾压并达到规定的压实度为止。压实后表面做到平整，无轮迹或隆起。

（3）养护。摊铺压实后的基层经检查合格后立即养生，采用湿砂养生，砂层厚宜为7～10cm 。砂铺均匀后，立即洒水，并在整个养生期间保持砂的潮湿状态。不得用湿黏性土覆盖。养生期不少于7天，养生期间始终保持稳定土层表面潮湿，防止时干时湿。高温季节，将配备洒水车，进行洒水养生。

养生期不允许洒水车及沥青洒布车以外的车辆通行，实在无法避免时控制车速在30km/h以内，并不得急刹车，车辆行驶时在全宽范围内均匀分布，但决不允许重车通行。基层养生结束后，尽快铺筑混凝土面层。

3. 水泥混凝土面板

采用强度高、收缩性小的普通硅酸盐水泥。施工前根据路面设计要求及材料供应情况做好混凝土试验工作，选择2种粗骨料，采用不同配合比制成试验块，每种配合比至少做抗压、抗折试块各3组（每组3块）试块分别经7天、14天、28天养护龄期试压，取得强度资料后进行比较，选用其中最佳配合比进行施工配料。

（1）混凝土路面铺筑修复。

立模：采用定型钢模支立，支撑牢固，高程准确，两模板之间拉线检查空板厚度，模板底的间隙用砂浆衬垫，防止漏浆造成麻面，横板接头平顺，内刷脱离剂，便于脱模。

配料：严格按设计的配合比进行投料，各种材料要求配料正确，每批水泥要进行抽检。其中：水泥和水误差±1%，砂误差±2%，碎石误差±3%。

每天检查砂、石的含水量，特别是雨后，以及时调整用水量，使水灰比正确。

（2）混凝土拌和与混凝土运输。采用750L拌和机拌和，配料采用自动计量配料斗，搅拌时均匀，先干拌后加水湿拌，时间不得少于2min；采用密封的机动翻斗车运输，防止漏浆，如因机械故障，超过初凝时间的混凝土应废弃。

（3）混凝土摊铺和振捣。摊铺前清除基层浮土散石，干燥时洒水湿润基层，摊铺前对模板的间距、高程、支撑稳固情况，以及钢筋传力杆、拉杆安装位置进行全面检查，摊铺时连续进行，如因任何原因发生中途停止，在半小时内，可将表面用湿麻袋覆盖，待恢复工作，将混凝土扒松，再继续摊铺。如停工半小时以上，作施工缝处理。摊铺好的混凝土，用插入式振捣器在浇筑点和新浇筑混凝土面上进行，沿模板各表面在模板整个长度内及所有胀缝两边加以充分振捣，不得接触传力杆和拉杆，在任一位置上，振捣时间不小于20s，振捣在浇筑点和新浇筑混凝土面上进行，振捣器插入混凝土或拔出时速度要慢，以免产生空洞。

伸缝设置：每隔150m设置一条伸缝。伸缝用滑动传力杆。填缝在初期养护以后，浇筑上面层沥青混凝土以前即可进行，填缝前需将缝隙内污垢清除干净，必要时用水冲洗，待干燥后，即可进行填缝，填缝料采用橡胶改性沥青。

4. 排水设施

明渠土石方开挖采用人工、风镐完成，为了保证排水沟混凝土浇筑质量，要做到以下几点：一是放样准确，平面位置与纵坡严格按照设计要求进行施工；二是所有原材料碎石、水泥、砂均经检验合格后方可用于施工；三是砌体抹面平整、压光、直顺，不得有裂缝、空鼓现象。

5. 护栏施工

（1）设置于路侧的波型梁护栏，不使护栏面侵入公路建筑限界以内。立柱外边缘到路肩边缘的最小距离：当土路肩宽度为0.75m时，不小于0.25m；当土路肩宽度为0.5m时，不小于0.14m。

（2）路侧波形梁钢护栏的起、讫点进行端头处理。逆行车方向的上游圆头式端头与护栏标准段之间设渐变段，顺行车方向的下游端头可与标准段护栏成一直线布设。当在路侧安装护栏时，护栏柱保持垂直。

（3）在中央分隔带上设置的波形梁钢护栏，与路侧设置的波形梁护栏有所不同，严格按图纸及规定和要求进行施工。

（4）设置于中央分隔带起点、终点及开口处的护栏进行端头处理。分设型波形梁护栏，其端头与中央分隔带线形相一致；在分隔带开口处，护栏的圆端头的半径与分隔带开口处的线形相一致。中央分隔带开口处伸缩式护栏的构件，按图纸所示在工厂加工和拼装后设置。

（5）立柱放样：根据设计图纸进行立柱放样，并以桥梁、涵洞、通道、立体交叉、分隔带开口及入孔等到为控制点。放样后调查每根立柱下的状况，如遇地下管线、泄水管等或涵洞顶部埋土深度不足时，则改变立柱固定方式或调立柱位置。涵洞、通道等顶部的护栏立柱的基础将作预先处理。立柱放样时可利用调整段调整间距，利用分配方法处理间距零头数。

（6）立柱安装：采用打入法设置立柱，立柱在打入时进行准确无误的定位，以确保每根立柱垂直竖立，埋入牢固。立柱安装，达到符合设计图规定的埋（嵌）入深度，当打入过深时，将立柱全部拔出，待基础压实后重新打入（或采用混凝土基础）；无法采用打入法施工时，变更立柱的埋置方式（如采用钻孔法）。埋设立柱时，回填土采用良好的材料分层夯实，回填土的夯实度不小于相邻土基。

（7）栏板安装护栏板的安装在路面施工完成后进行；护栏构件按图纸规定架设，并保持平顺、连续的安装效果，所有搭接顺交通流的方向拼接。螺栓有足够长度，穿出螺母外的长度不小于6mm，但不能大于25mm。位于半径不大于50mm的弯道上的护栏板在工厂内预先弯好；波形梁的连接螺栓及拼接不过早拧紧，以便在安装过程中利用波形梁的长圆孔及时进行调整。波形梁与公路的线形相协调，当护栏的线形认为比较满意时，方可最后拧紧螺栓；已被磨损露出金属的镀锌表面、所有锚固件和扣件的螺纹部分及螺栓的切断端头均按工程的要求涂刷两层锌漆。

（8）阻快（托架）及端头安装：防阻块（托架）通过连接螺栓固定于波形梁板与立柱之间，在拧紧连接螺栓前调整托架使其准确就位；路侧波形梁钢护栏断开处按设计图纸要安装端头梁。

（9）活动护栏安装：活动护栏安装的基础要在路面铺装前施工完毕，施工中基础的预埋管件要采取保护措施，以防杂物掉入；活动护栏安装时，确保垂直地面，保持纵向线型顺畅，避免凹凸和扭曲。

（10）自检清理：对波形梁进行全面的清洗，并整理施工现场，再由监理工程师验收符合标准后，经对波形梁进行全面的清洗，并整理施工现场。

四、案例点评

（1）上下库连接公路日常巡检过程中，对于存在隐患的路段挡墙应加强观察，若发现存在墙体外倾、造成墙顶与路肩拉裂，墙体局部外鼓，挡墙不均匀沉降、造成路面局部下陷等情况时，及时进行汇报。对于巡检发现问题的挡墙及时进行处理，避免隐患的扩大，造成安全事故。

（2）本次使用的挡墙框格拉梁形式是一种新型挡墙加固技术，对于山区挡墙加固尤其较为狭小的地基高挡墙加固具有较强的借鉴意义。

案例5-3 某抽水蓄能电站导流洞生态放水钢管撕裂冲毁

一、案例概况

某抽水蓄能电站下水库导流洞生态出口外接公称直径为ϕ1000mm，公称压力为1.0MPa，连接形式为法兰连接；为保证下游生态供水，在锥阀前面设有一根直径为ϕ400mm旁通管，公称压力为1.0MPa，连接形式为法兰连接，在旁通管出口处设有一个闸阀，平时处于开启状态，闸阀后设置一个调压调流阀，减小水头压力。生态放水钢管最大工作水头为62.86m，放水钢管中心高程为233.0m，设计高程为295.86m，正常蓄水位为294.0m，设计水头大于日常泄放水头。

2015 年 5 月 10 日 10：00 开启下水库导流洞生态放水钢管放水，运行人员 11：45 到导流洞巡检，发现阀室后的生态放水钢管焊接处被撕裂、冲走。

发现钢管被撕裂后，紧急通知运行人员，关闭放水管前端事故阀门，防止事故扩大。

关闭阀门后，详细检查钢管和阀室及钢管被冲毁情况，未造成其他损失、损毁，破损外接钢管图如图 5-3-1 所示。

图 5-3-1　破损外接钢管图

二、原因分析

（1）2015 年 5 月 10 日 10：00，下水库水位高程为 288.0m，水头较高，生态放水钢管闸门瞬时开启，钢管产生水击，从而产生冲击力影响，钢管产生振动。

（2）闸阀全开启后，过流流速大、水头压力大，从而钢管受高速水流冲击及流速对钢管产生振动和冲击。

（3）ND400 外接钢管长达 6m，外接钢管未采取任何防振动、受力的防护，导致外接钢管撕裂、冲毁。

三、处理方案及过程

1. 处理过程

（1）通知运行值班人员，将导流洞放水钢管检修阀门关闭。

（2）电站于 5 月 10 日紧急与厂家联系，选择与 DN400 放水钢管匹配的调压调流阀进行购置，并购置外部冲毁的 DN400 钢管。

（3）在 DN400 钢管的闸阀下游侧 2m 处安装调压调流阀，减小过流流速和压力。

（4）钢管冲毁段出口处进行打磨，打磨完后与新钢管连接，连接位置进行焊接。

（5）将钢管延伸至过流明渠，DN400 外接钢管出口位置设置钢筋镇墩，镇墩将钢管全包混凝土中，减小钢管振动，确保安全泄放，钢管修复完成情况如图 5-3-2 所示。

图 5-3-2 钢管修复完成情况

2. 取得效果

通过安装调压调流阀后，生态放水钢管水流流量、过流流速、水头压力减小；ND400 外接钢管全包混凝土中，钢管振动明显减小，流量泄放永久可靠，确保 24h 泄放流量。

四、案例点评

由本案例可见，生态放水钢管受高速水流、水头压力及振动影响，这些影响致使外接钢管撕裂、冲毁。

因此，建议水库下游生态放水有外接钢管时，应进行钢管受力分析，校验钢管是否符合过流条件，若不符合应进行镇墩设计或者在外接钢管合适位置安装调压调流阀，满足过流，确保过流安全；生态放水钢管安装完成，应先进行试运行，检验设计是否合理可靠，若合格则进行工程验收，否则应重新设计至设备能可靠安全运行方可验收；建议跟水头有关的阀门、钢管等设备设施在设计完成后，应先进行室内试验，检验其可靠性、安全性，检验完毕后方可进行工程安装。

案例 5-4 某抽水蓄能电站上水库库底交通洞洞顶塌方

一、案例概况

某抽水蓄能电站库底交通洞为城门洞型，洞净宽 7.5m，半径 3.98m，净高 5.7m，

图 5-4-1 顶拱塌方事故现场

洞线长 347.2m，平均纵坡 7.29%，在出口附近设一弯道，弯道半径 60.0m。库底交通洞进口位于上水库交通洞内，距离上水库交通洞出口（上水库门岗侧）315m，进口高程 724.75m，出口为库盆内，距离上水库进出水口 95.0m，出口高程 748.0m。

2017 年 5 月 18 日水工巡检发现上水库库底交通洞桩号 0+38.5～0+49.5 段顶拱大面积塌方，塌方长度 11m，顶拱塌方最深处约 1.6m，塌方体积约 $30m^3$，塌方造成人员车辆无法通行，影响库底交通洞巡检，事故现场如图 5-4-1 所示。

二、原因分析

（1）地质构造影响。该区域地质条件较差，断面岩石较为破碎。

（2）运行环境影响。库底交通洞在上水库库盆下方，受库盆水位频繁升降影响，洞室潮湿并有多处渗水点。

（3）基建遗留问题。开挖后未及时进行支护，封闭破碎岩面。

三、处理方案及过程

及时清理塌方体恢复交通，现场设置警示标志和围挡。经过研究讨论，治理方案为对洞室塌方处采用钢筋混凝土衬砌，衬砌标号 C25W6，衬砌厚度 40～150cm，衬砌配内层钢筋，环向筋 $\phi25$@20cm，纵向筋 $\phi22$@20cm，钢筋保护层厚度均为 5～8cm。

施工工序：支架立模→钢筋制作安装→混凝土浇筑→养护拆模。

1. 支架立模

（1）衬砌所用拱墙架和模板采用定型的金属结构。模板表面光滑，接缝严密，不漏浆。模板表面在浇筑混凝土前涂刷脱模剂。

（2）模板与支架有足够的强度、刚度和稳定性，能承受所浇筑混凝土的重力、侧压力及在施工中可能产生的各项荷载。

（3）架设拱架、墙架及模板，位置准确，连接牢固，严防走动。

（4）浇筑过程中指派专人监护模板，并及时进行调整加固。

2. 钢筋制作安装

（1）使用符合国家质量标准的钢筋，所有钢筋提供合格证和强度检测试验报告。

（2）环向筋 $\phi25$ 间排距 20cm，纵向筋 $\phi22$ 间排距 20cm，所有钢筋准确安设，当浇筑混凝土时，用支承将钢筋牢固地固定。

（3）钢筋的所有交叉点进行绑扎，以避免在浇混凝土时钢筋移位。

（4）钢筋无灰尘、锈蚀、松散锈皮等其他杂质。

3. 混凝土浇筑

（1）使用商品混凝土先浇筑侧墙后浇筑顶拱，侧墙厚度 40～60cm。

（2）混凝土浇筑采用泵送法施工，严密安装泵管接头减少弯管避免堵管。

（3）浇筑由下而上对称下料，保持混凝土浇筑平衡连续进行，混凝土振捣采用插入式振捣器，每层浇筑厚度不大于 40cm。

（4）当混凝土浇筑已接近顶部，进入封顶阶段，为保证空气顺利排出，在最上端预留两个圆孔安装 50mm 排气管，当发现排气管稀浆流出时表明混凝土已满，立即停止浇筑，撤出泵管和排气管，将挡板圆孔堵死。

4. 养护拆模

（1）混凝土浇筑完成后进行喷水养护，使表面保持湿润状态，养护期不低于 15 天。

（2）拆模后及时对混凝土表层进行修整。现场支护处理后如图 5-4-2 所示。

此次洞室塌方处理共完成：浇筑 C25 混凝土 161.19m^3、钢筋制作安装 13.02t、清运塌方体 30m^3 等工程量。通过钢筋混凝土衬砌，不仅解决了塌方阻行问题，并且降低了二次塌方的安全隐患，改善了水工人员巡检环境，保证了人员、车辆安全通行以及洞室、上水库库盆的安全稳定运行，为电站安全生产奠定了基础。

图 5-4-2　现场支护处理后

四、案例点评

由本案例可见，针对洞室落石问题，提出在基建期内做好支护处理的方法，如若基建期内处理不当，会造成运行阶段防范难度较大的问题。

运行阶段主要防范措施：

（1）加强洞室日常巡视检查，发现频繁零星落石部位应采取相应支护措施。

（2）按照相关要求定期开展地质灾害隐患排查工作。

（3）经常有人员车辆通行的洞室要进行全面排查，对洞顶松动岩石进行清除，对原始开挖断面未做任何处理并频繁落石部位进行岩石面封闭，防止大面积塌方落石。

案例 5-5　某抽水蓄能电站山体边坡堆积体滑移及块石崩落

一、案例概况

某抽水蓄能电站为日调节纯抽水蓄能电站，安装 4 台单机容量 300MW 的立轴单级混流可逆式水泵水轮电动发电机组，额定水头为 295m，机组额定转速 300r/min。电站枢纽建筑物由上水库、下水库、输水发电系统等部分组成。

电站地面副厂房开关站位于下水库左岸，距离左坝头约 512 m，主要由 GIS 楼、出线平台及副厂房组成。地面开关站紧邻上下库连接公路，背靠山体，地面高程为 109.6m。地面开关站后坡由 3 部分组成，109.6～165m 为人工边坡，坡度为 1∶0.45～1∶0.55，为岩石边坡，在电站施工阶段已采用锚杆、预应力锚索及网喷进行加固处理；高程 175～210m 为自然边坡，坡比约为 1∶1，坡面覆盖有不少于 3m 厚的堆积体。高程 210m 与厂房平行方向为一废弃小水电引水渠及压力前池，并布置有输电线路的第一个出线塔。高程 210m 以上，为陡峭山体，山体基岩裸露。

2015 年 6 月，受强降雨影响，地面开关站后坡堆积体有突出坡面部分岩体出现堆积体滑移及块石崩落，面积约有 20m^2。其中，部分块石仍停留在缓坡坡面，部分滑移体及块石，滚落至出线平台上和副厂房楼脚，造成出线平台及副厂房设备设施损坏。如图 5-5-1、图 5-5-2 所示分别为出线平台、副厂房后墙及电缆沟破坏情况，如图 5-5-3、图 5-5-4 所示分别为出线平台山体边坡孤石和地面开关站后坡破坏情况。

图 5-5-1　出线平台破坏情况

图 5-5-2　副厂房后墙及电缆沟破坏情况

图 5-5-3　出线平台山体边坡孤石

图 5-5-4　地面开关站后坡破坏情况

二、原因分析

多种因素造成了堆积体滑移及块石崩落。经分析，主要集中在以下 3 个方面：

（1）人类工程活动影响：包括修建大坝、道路、厂房、办公楼等，工程量大，并进行了一些高陡的切坡，部分切坡高度达 40m 以上、坡度在 60°以上；此外，在部分地段对坡脚进行了切坡开挖破坏了山体斜坡的稳定与平衡。由于切坡以及地下洞室开挖等对地质环境造成了破坏，其中高陡的边坡易形成危岩体发生崩塌，切坡破坏了山体斜坡稳定性易形成不稳定边坡或产生滑坡地质灾害，地下洞室中局部构造发育部位易产生松动掉块等不良地质现象。

（2）地质构造影响：该抽水蓄能电站地势总体西北高东南低，海拔高程多在 60～520m 之间。地势最高点上水库南东海拔高程为 588.1m，最低下库下游海拔高程约为 49m。地形切割深度多在 100～400m 之间。地表岩石风化差异较大，部分为弱风化直接出露，部分地表已风化呈疏松的砂土状，全～强风化带厚度一般为 3～15m，最厚地段可大于 50m 以上，边坡表部为松散崩坡堆积物，下伏花岗岩全风化岩体呈粗砂状，在暴雨条件下，易发地质灾害为浅部残积层、全风化花岗岩松散层以及强风化层滑坡和陡峭崖壁的崩塌。

（3）自然灾害影响：该抽水蓄能电站属亚热带季风气候区，夏热冬寒，四季分明，降雨充沛。根据电站上、下库区 2013～2016 年 7 月初以来降雨统计资料：区内年降雨量为 1135～1467mm，最大月降雨量为 479mm（2016 年 7 月不完全统计）、最大日降雨量为 170mm（2016 年 4 月 16 日，统计至 2016 年 6 月）、最大小时降雨量 73mm（上水库，2016 年 4 月 16 日 3 时，统计至 2016 年 6 月），年降雨天数 109～144 天。受灾害性天气（主要为暴雨和长时间强降雨）影响，易引发地质灾害。

电站地面开关站布置在下水库左岸山坡，布置场地为山坡开挖平台，开挖边坡及堆积体山坡高约100m，人工开挖边坡为岩石坡，已采取锚喷支护及预应力锚索加固，边坡处于稳定状态。边坡高程175～210m之间自然山坡，植被稀疏，堆积体相对松散且夹杂大小不一的孤石、石块，部分堆积体突出坡外，稳定性较差，在地表降雨作用下，存在再次破坏的可能。另有孤石，大部突出坡面，且风化严重，结构破碎，在自然条件下，岩体发生崩解，岩块脱落的可能性极大，存在不安全因素。

三、处理方案及过程

1. 处理要求

针对地面副厂房边坡山体危石进行清理，在边坡周边做好相关的围挡及防护，对坡面进行挂网、锚杆支护，并在164m高程修筑一道混凝土防护挡墙及排水系统，对边坡周边附属设施进行清理和修复施工。施工的难点是施工区的安全保障，施工区域应做好围挡，施工作业人员做好高处作业相关安全措施，对于稳定性较差的孤石或堆积体清理需做好临时加固措施后施工。施工的重点是锚杆施工及钢丝网铺设，做好材料合格性检查，施工过程做好各项记录和监督。

2. 技术方案

根据防护区域的地形地质条件，地面开关站后坡高程165m以上堆积体整体基本稳定，本次处理方案主要以坡面防护为主。如图5-5-5所示为边坡防护支挡及截水沟详图，技术措施主要如下：

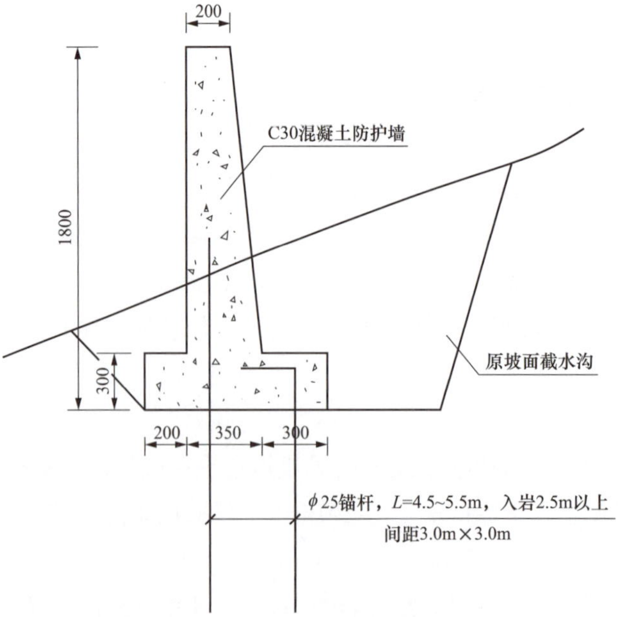

图5-5-5　边坡防护支挡及截水沟详图

(1) 搭设施工工作业平台，对高程 164～204m 之间的堆积体表面不稳定体进行清理，对孤石采用静力解体后清除。清理过程中做好防护措施到位，防护边坡杂物，清除浮土及松动的土块滑落至下部出线平台。用水冲洗坡面，并使边坡表面保持一定的湿度。

(2) 采用 GPS 型双层主动边坡防护网对全部坡面进行防护，网片采用 ϕ5、ϕ7 钢筋网，钢筋搭接长度为 300mm，网格间距 10cm×10cm、30cm×30cm。埋设控制喷射混凝土厚度的标志，铺设钢筋网，钢筋网与锚杆联结牢固。

钢筋现场绑扎操作工艺：

1) 将预留钢筋调直理顺，并将表面砂浆等杂物清理干净。先立 2～4 根纵向筋，并划好横筋分档标志，然后于下部及齐胸处绑两根定位水平筋，并在横筋上划好分档标志，然后绑其余纵向筋，最后绑其余横筋。弹墙体线剔凿坡体混凝土浮浆修理预留搭接筋绑纵向筋绑横筋绑拉筋或支撑筋。

2) 钢筋绑扎完后，把垫块或垫圈固定好确保钢筋保护层的厚度。纵向钢筋的最小保护层厚度。

3) 钢筋网绑扎。全部钢筋的相交点都要扎牢，绑扎时相邻绑扎点的铁丝扣成八字形，以免网片歪斜变形。

4) 为控制墙体钢筋保护层厚度，宜采用比墙体竖向钢筋大一型号钢筋梯子凳措施，在原位替代墙体钢筋，间距 1500mm 左右。

5) 水平分布钢筋的搭接长度不应小于 300mm。同排水平分布钢筋的搭接接头之间及上、下相邻水平分布钢筋的搭接接头之间沿水平方向的净间距不宜小于 500mm。

6) 竖向分布钢筋可在同一高度搭接，搭接长度不应小于 300mm。

7) 分布钢筋的锚固：水平分布钢筋应伸至墙端，并向内水平弯折 $10d$ 后截断，其中 d 为水平分布钢筋直径。

8) 墙体混凝土浇筑时派专人看管钢筋，浇筑完后，立即对伸出的钢筋（甩筋）进行修整。

(3) 主动防护钢丝网采用 ϕ25（HRB400）锚杆进行固定，锚杆纵横间距 2.5m，采用梅花形布置，杆体每 2.5m 设置 1 个定位支架。在边坡面上确定锚杆孔位、进行钻孔，孔深为 4.5m，孔径 70mm。锚杆采用 ϕ25 钢筋，长度取 4.5m，弯头为 50mm。钻孔采用风动锚杆钻机或风钻凿岩机钻孔，钻至规定深度后，用高压风吹孔，用牛角泵向孔内灌入 M15 水泥砂浆并打入锚杆，孔口不满部分用泵补灌，再用砂浆将孔口抹平。

钻孔采用螺旋钻孔干作业法，用螺旋杆进行钻孔，被钻削下来的土屑对孔壁产生压力和摩擦阻力，使土屑顺螺旋钻杆排出孔外。对于内摩擦较大的土，和能形成粗糙孔壁的土，由于钻削下来的土和孔壁间的摩擦阻力小，土屑易于排出，就是在螺旋钻杆转速和扭矩相对较小的情况下，亦能顺利钻进和排土。用此法钻孔时，钻机连续进行成孔，后面紧接着安放锚杆和灌注浆。

（4）在高程 164m 采用 C30 混凝土修筑防护墙，墙尺寸为 1800mm×950mm。采用客土喷播方式对防护网区域进行生态保护。喷播防护按规范检查喷射表面是否有松、开裂、下坠、滑移等现象，如有及时清除重喷。

四、案例点评

电站前期基建期时，设计在该边坡部位 145m 高程以下进行了锚索+锚杆+喷混凝土支护工作，145m 高程以上除局部进行喷锚支护工作外，大部分保持了原始地貌，并未进行设计处理。经过长时间运行，由于该部位地质条件较差，岩石风化较为严重等原因，加上受特大强降雨的影响，边坡堆积体有突出坡面部分并且局部出现堆积体滑移及块石崩落现象。本案例提出的处理方案，保证了边坡稳定性。在以后的运行过程中，应重点关注以下两个方面：

（1）针对高边坡，应制定详细的巡检路线，做好相关记录，并加强高边坡自动化监测，出现突变时及时至现场进行检查，定期进行地质灾害评估分析。

（2）针对边坡滑坡问题，特别是水工建筑物侧高边坡，建议在基建期内进行全面支护处理，加密预埋监测仪器，工程完工后进行重点巡视检查，采用自动化监测及人工巡视相结合方式，对局部地质条件较差的部位应加密检查。

案例 5-6　某抽水蓄能电站上下库连接道路高边坡塌方落石

一、案例概况

某抽水蓄能电站上下库连接道路大部分行走在高山峻岭之中，沿线地形复杂，山高坡陡，切割强烈，多悬崖峭壁，部分地段临空面高陡且长期裸露，属山岭重丘区。

2016 年 7 月 19 日该电站所在区域出现特大暴雨，1 时 10 分至 19 时 50 分总降水量达到 213.0mm，大雨造成境内山区多处山洪暴发，该电站下水库所在流域发生了 1996 年以来最大洪水，下水库最高水位达到大坝改建后最高值 261.58m，最大出入库流量分别为 1378m^3/s、2034m^3/s。

暴雨过后该电站水工设施受损多达 20 余处，其中大部分发生在上下库连接道路区域，暴雨造成道路边坡多处滑坡、落石等情况，事故现场如图 5-6-1 所示。

二、原因分析

1. 地质构造影响

道路所在区域山高谷深，切割强烈，多悬崖峭壁，沿线地形复杂，属山岭重丘区。

地质条件较差，坡面岩石破碎、风化严重，加之水文地质条件、岩性软硬相间及古地震作用。

(a)

(b)

图 5-6-1　事故现场

(a) 边坡滑坡；(b) 边坡落石

2. 前期设计影响

由于地质原因道路边坡开挖比较陡，根据地质条件不同分为 1：0.2～1：0.75 不等。

3. 自然灾害影响

由于台风“尼伯特”附近湿热气流，撞上冷空气导致“7·19”持续特大暴雨，大雨造成境内山区多处山洪暴发。

三、处理方案及过程

暴雨过后及时清理道路滑坡体恢复交通，在有二次塌方迹象处设置警示标志和围挡。对滑坡落石等问题边坡进行现场查勘，制定处理方案并观察边坡发展趋势，治理方案主要采取挂主动柔性防护网、砌筑浆砌石护坡或挡墙两种方式处理。

1. GPS2 型主动柔性防护网

柔性防护网为双层（内层钢丝格栅网，外层钢丝网），采用热镀锌钢丝编织，锚杆固定。

材料规格为：

(1) 网型：热镀锌钢丝绳网 DO/08/300/4×4（钢丝绳网/钢丝直径，mm/网眼尺寸，mm/网片尺寸，m）；钢丝格栅网 SO/2.2/50/2.25×9（钢丝格栅网/钢丝直径，

mm/网眼尺寸，mm/网片尺寸，m)。

(2) 支撑绳：ϕ16 横向支撑绳+ϕ12 纵向支撑绳。

(3) 缝合绳：ϕ8。

(4) 砂浆锚杆：2×ϕ16 系统钢丝绳锚杆（上沿锚杆长 3m，中部及下沿锚杆长 2m)。

施工顺序为：清理边坡—放线测量—钻锚杆孔—清孔—注浆—插入锚杆—安装支撑绳—铺设钢丝网—缝合。

施工要求为：

(1) 对坡面上存在的浮石和浮土进行清理，防止石块崩塌、滚落，威胁施工安全。

(2) 放线测量确定锚杆孔位，根据地形条件，孔距有 0.3cm 的调整量，尽可能在低凹处选定锚杆孔位，对非低凹处或不能满足条件安装后尽可能紧贴坡面，应在每一孔位处凿一深度不小于锚杆外露环套长度的凹坑，一般口径 20cm，深 20cm。

(3) 按设计深度钻锚杆孔，孔深应大于设计锚杆长度 5～10cm，孔径不小于 ϕ42mm，当钻孔设备受限制时，构成每根锚杆的两股钢丝绳分别锚入两个孔径不小于 ϕ35mm 的锚杆孔内，形成人字形锚杆，两股钢丝绳间的夹角为 15°～30°，以达到同样的效果。当局部孔位处因地层松散或破碎而不能成孔时，可以采用断面尺寸不小于 0.4m×0.4m 的 C15 混凝土基础置换不能成孔的岩土段。

(4) 用压力水或用风将孔内的碎石、淤泥等杂物清除。

(5) 采用标号不低于 M20 的水泥砂浆封孔，孔内浆液注满之后，立即插入锚杆，插杆方向和孔向一致，插入时要适当旋转。插入速度要均匀、缓慢，尽量避免敲击安插。养护 3 天以上。

(6) 安装纵横向支撑绳，张拉紧后两端各用 2～4 个绳卡和锚杆外露套环固定连接。

(7) 从上向下铺挂格栅网，格栅网间重叠宽度不小于 5mm，两张格栅网间以及必要时格栅网与支撑绳间用 ϕ1.5mm 铁丝进行扎接。当坡度小于 45°时，扎接点间距一般不得大于 1m。

(8) 从上向下铺设钢绳网并缝合，每张钢绳网均用一根长缝合绳与四周支撑绳进行缝合，并进行预张拉，缝合绳两端各用两个绳卡进行固定连接。

2. 浆砌石护坡及浆砌石挡墙

(1) 清除边坡松动石头及植被，测量放样，控制护坡位置，保证护坡厚度（底端 1.2m，上端 1m)。

(2) 开挖护坡或挡墙基础尺寸为 1.2～2m，清除基底松散土石，并进行洒水，在基底平整、密实后即可进行砂垫层的铺设。砂垫层铺设厚度为 15cm，铺设平整、密实。

(3) 砌筑前将砌块浇水湿润，表面清洗干净，石块厚度 20～30cm。

（4）施工时须挂线砌筑，并经常对其复核，以保证线型平顺、砌体平整。

（5）砌体与坡面紧密结合，砌筑片石咬口紧密、错缝砂浆饱满，不得有通缝、叠砌、贴砌和浮塞，砌体勾缝要牢固美观。

（6）所有石料均应按层砌筑。当砌体相当长时，应分为几段。砌筑时相邻段高差不大于 1.2m，段与段间设伸缩缝或沉降缝，各段水平砌缝应一致。

（7）如果石块松动或砌缝开裂，应将石块提起，将垫层砂浆与砌缝砂浆清扫干净，然后将石块重铺砌在新砂浆上。

（8）砌筑时预埋 PVC 排水管。

（9）在砂浆凝固前应将外露缝勾好，勾缝深度不小于 20mm。如条件不允许时，应在砂浆凝固前，将砌缝砂浆括深不小于 20mm，为以后勾缝做准备。

（10）勾好缝或灌好浆的砌体在完工后，视水泥种类及天气情况，在 7～14 天内应加强养护。

（11）所有灰缝应满填砂浆，砌体表面平整，直顺圆滑，勾缝平顺，无脱落现象。

现场支护处理后如图 5-6-2 所示。

(a)　　　　　　(b)

图 5-6-2　现场支护处理后

（a）浆砌石挡墙支护；（b）柔性防护网支护

此次对易发生滑坡、落石、塌方的高边坡安装柔性防护网、砌筑浆砌石护坡及挡墙等进行综合治理，上下库连接道路交通安全得到了有效保证，消除了安全隐患，为电站正常生产及行人通行提供了安全保障。

四、案例点评

由本案例可见，针对高边坡滑坡落石等问题，采取根据地质条件在基建期内进行针对性支护处理的措施，必要时预埋监测仪器进行实时监测，工程完工后进行定期巡视检查和地质灾害隐患排查，采用自动化监测与人工巡视相结合方式，对地质条件较差的部位加密巡检，在雨季或冰雪消融期应加大巡视力度，发现边坡异常情况立即采取相关措施进行处理。此外，加强水情测报系统运行维护，提高水情气象预报精度，对于防范地质灾害意义重大。

案例 5-7　某抽水蓄能电站开关站边坡马道裂缝

一、案例概况

某抽水蓄能电站 500kV 开关站位于下水库进出水口上游侧约 200m 的冲沟右侧，高程为 230.0m，场地尺寸 37.0m×152.0m。开关站场地由山体边坡开挖而成，最大边坡高约 55m，共三级边坡，坡比自上而下分别为 1∶0.75～1∶1.2、1∶0.5、直立坡；设两级马道，高程分为 245.0、265.0m。为确保边坡稳定，排水顺畅，马道兼做排水沟，同时设有绿化种植槽。场地开挖线上方及两侧均设有截水沟，水通过两侧冲沟最终排至下库。因开关站边坡约开右 0+20 桩号附近有一凹沟，导致 265.0m 高程马道开挖后未形成连续平台，为便于巡检，采用混凝土回填的方式将两侧边坡马道连成整体。

2015 年 6 月，现场巡查发现开关站 265.0m 高程马道混凝土回填段出现环向裂缝贯穿马道排水沟，缝宽 1～2cm，裂缝贯穿马道排水沟并向下发育一条长约 6m 的裂缝，通过实地查勘，发现混凝土回填段马道与上方凹沟形成一处凹坑，在积水浸泡作用下，地质条件变差，进而导致其上的混凝土马道沿边坡下滑。该电站通过对马道以上冲沟开挖至强风化基岩并回填 C20 素混凝土，混凝土马道外侧增加 3 排预应力锚杆和 3 排排水孔，并增加 2 组锚杆应力计，监测数据表明裂缝发育得到显著控制并已稳定。该项处理措施可以为类似边坡问题处理提供一定的参考。开关站 265.0m 高程马道布置情况如下：

根据 1∶500 实测地形图，500kV 开关站边坡 265.0m 高程马道，仅在约开右 0+37 桩号以右以及开左 0−13～开左 0+32 范围能够开挖成型，故在设计时并未将 265.0m 高程马道连通。500kV 开关站边坡开挖支护平面图如图 5-7-1 所示。

由于地形图比例尺相对较大，并且该边坡覆盖良好，植被茂密，地形图与实际地面线有一定差距，导致设计开挖线和实际开挖线有变化。实际开挖出 265.0m 高程以上边坡形成了除中部凹沟外的连续边坡，马道也开挖成型，故在边坡开挖完成后，根据实际开挖情况，考虑便于巡检，采用混凝土回填的方式将凹沟两侧马道连成整体。开关站 265.0m 马道连接处理断面如图 5-7-2 所示，开关站实际开挖边坡如图 5-7-3 所示。

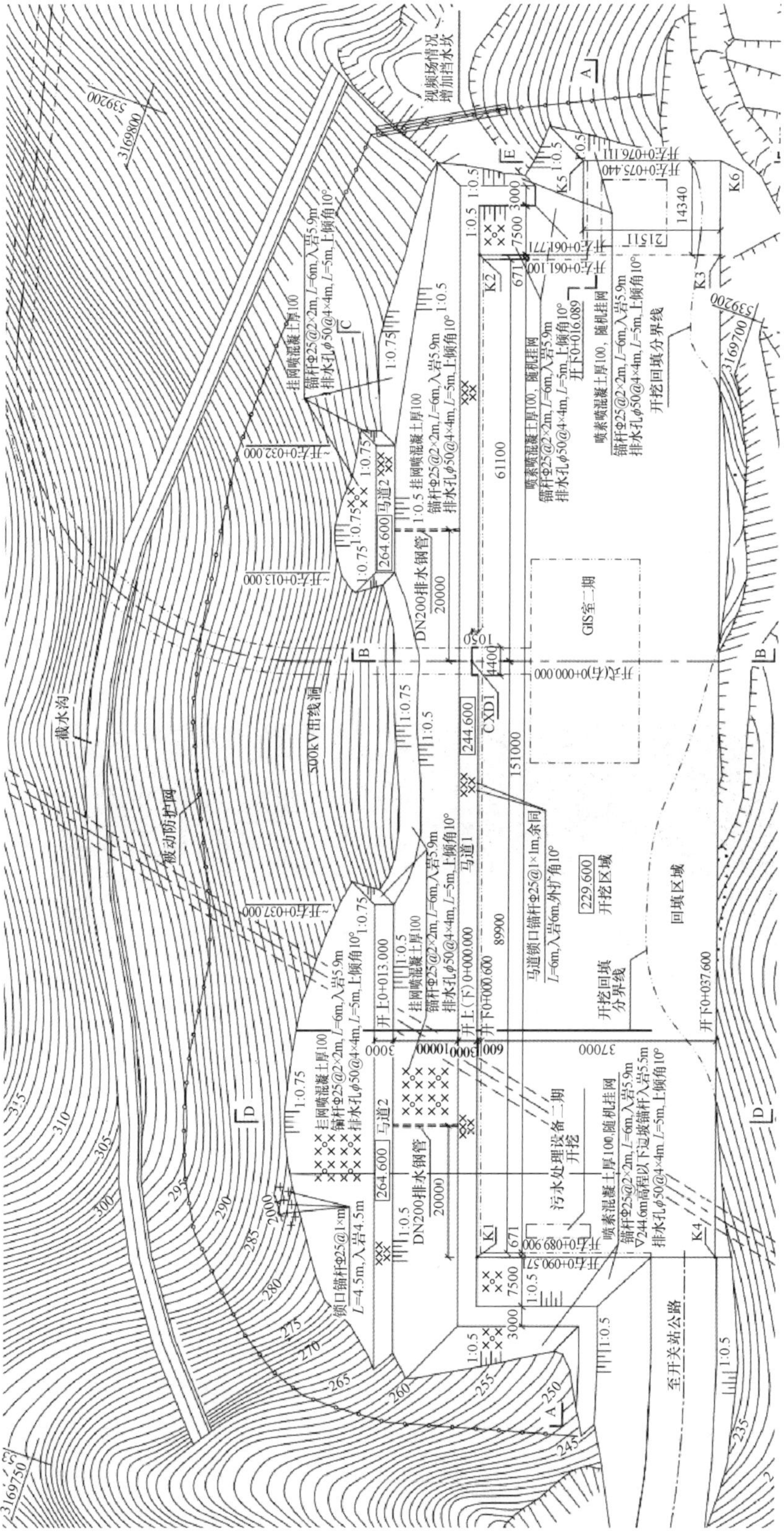

图 5-7-1 500kV开关站边坡开挖支护平面图

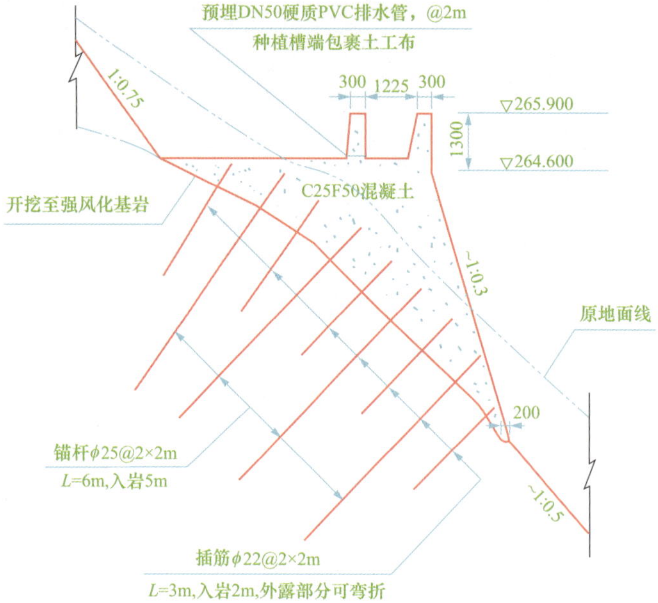

图 5-7-2　开关站 265.0m 马道连接处理断面图

图 5-7-3　500kV 开关站边坡全貌

二、原因分析

经过现场查勘，发现回填段马道与上方凹沟形成一处凹坑，雨季坑内有积水。结合地质资料进行分析，该凹沟覆盖层较厚，下部岩体较破碎，在积水浸泡作用下，使得地质条件进一步恶化，造成不均匀沉降，并且有变形的可能，进而导致其上的混凝土马道沿边坡下滑，导致混凝土拉裂。如图 5-7-4～图 5-7-6 所示为开关站 265.0m 马道裂缝图，如图 5-7-7 所示为开关站 265.0m 马道水泥横条观测裂缝发展。

图 5-7-4　开关站 265.0m 马道裂缝图

图 5-7-5　开关站 265.0m 马道裂缝图

图 5-7-6　开关站 265.0m 马道裂缝图

图 5-7-7　开关站 265.0m 马道水泥横条观测裂缝发展

三、处理方案及过程

根据检查结果和原因分析，主要进行两次处理，具体处理方案及过程如下：

1. 第一次处理方案

（1）桩号开右 0＋45～开右 0＋25 段 264.6m 高程马道种植槽里侧沟谷清表完成后采用 C25 混凝土进行封闭，并沿边坡设 C25 混凝土截水沟，引边坡冲沟水至 264.6m 高程马道上的排水沟内。

（2）为便于种植槽排水，在种植槽与排水沟间侧壁每 15m 刻一条溢流槽，宽 20cm，深 10cm。

（3）为便于观测裂缝发育情况，在开右 0+20、开右 0+45 的排水沟两侧裂缝各刷 2 道水泥砂浆条（宽 10cm，长 30cm），每月（雨季半月）观测一次水泥横条裂缝发展情况，并拍照记录。

2. 第二次处理方案

经过约 2 个月的观察，确认裂缝仍在继续开展，随后进行二次加固处理，具体措施如下：

（1）马道混凝土外侧裂缝处布置一支单向测缝计，观测施工期裂缝开度变化情况，该仪器不作为永久监测项目，不接入自动化监测。

（2）已施工混凝土马道外侧增加 3 排 $\phi36@2\times2m$、$L=12m$、$T=120kN$ 预应力锚杆，杆体材料采用 HRB400 钢筋；并增加 2 组两点式锚杆应力计，该项目作为永久监测项目需就近接入观测集线箱，并纳入自动化监测，电缆牵引需穿镀锌钢管保护。

（3）马道以上冲沟内清理植被及覆盖层，开挖至强风化基岩，回填 C20 素混凝土，回填混凝土与边坡相交处应开挖至基岩。

（4）已施工混凝土马道及其下方增加 3 排 $\phi50@4\times4m$、$L=5m$ 排水孔，与已施工排水孔错开布置。

3. 处理效果

500kV 开关站边坡裂缝处理于 2016 年 6 月完成施工，经现场巡查未发现异常，裂缝发育得到显著控制，监测数据表明处理后混凝土马道已稳定。

（1）锚杆应力计。锚杆应力计观测图如图 5-7-8 所示。两套锚杆应力计共计 4 个测点，量程为 400MPa。目前最大应力 5.88MPa，最小应力-11.34MPa。测点 Rkg-1-2 在 2016 年 4 月 23 日，相对于其他测点有较大变幅，当日测值-22.75MPa。考虑到其受到的为压应力，测值变化不大，可能原因为混凝土收缩导致。目前测值稳定，无突变情况。

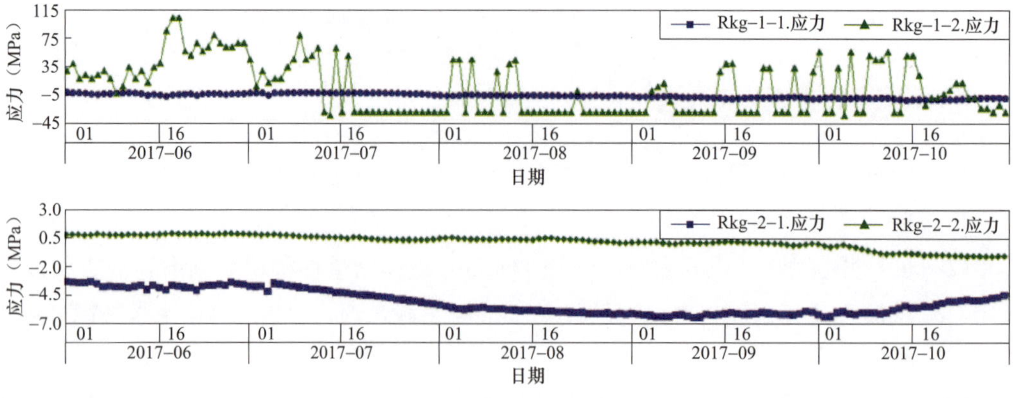

图 5-7-8　锚杆应力计观测图

（2）测缝计。测缝计为二向测缝计，Jkgz-1-1 为监测裂缝左右开合度，Jkgz-1-2 为监测裂缝错缝变形，最大值 0.11mm，变形较小。

四、案例点评

该抽水蓄能电站开关站 265.0m 高程混凝土回填段边坡凹沟覆盖层较厚，下部岩体较破碎，该电站对开关站后边坡前后进行两次处理后，监测数据表明，处理后混凝土马道已基本稳定。

（1）通过在顶部沿边坡设 C25 混凝土截水沟，引边坡冲沟水至 264.6m 高程马道上的排水沟内，有效拦截上游来水。

（2）通过对马道以上冲沟开挖至强风化基岩并回填 C20 素混凝土，混凝土马道外侧增加 3 排预应力锚杆和 3 排排水孔等处理方式，使回填混凝土下滑产生的裂缝得到显著控制。

（3）通过设置马道水泥横条观测及设置预应力锚杆计并接入自动化系统，更直观方便进行边坡裂缝发展情况监测。

案例 5-8 某抽水蓄能电站上水库安全监测自动化系统雷击损坏

一、案例概况

某抽水蓄能电站在 2002 年 5 月实现上水库安全监测的自动化，运行过程中发现 2004～2009 年上水库安全监测自动化系统频繁出现故障，电站对 2004～2009 年故障发生原因进行分类，对由雷击引起的系统故障、模块元器件老化引起的系统故障、系统电源及通信总线引起的故障、软件引起的系统故障等造成故障进行了统计，具体见表 5-8-1。

表 5-8-1　　2004～2009 年上水库安全监测自动化系统故障情况统计

序号	引起故障的原因	频次	累计频次	累计频率（%）
1	雷击	49	49	90.70
2	模块元器件老化	2	51	94.40
3	系统电源及通信	1	52	96.30
4	软件	1	53	98.10
5	其他	1	54	100
合计		54	—	—

注　累计频次、累计频率为上表所列原因从上到下的累积次数、频率。

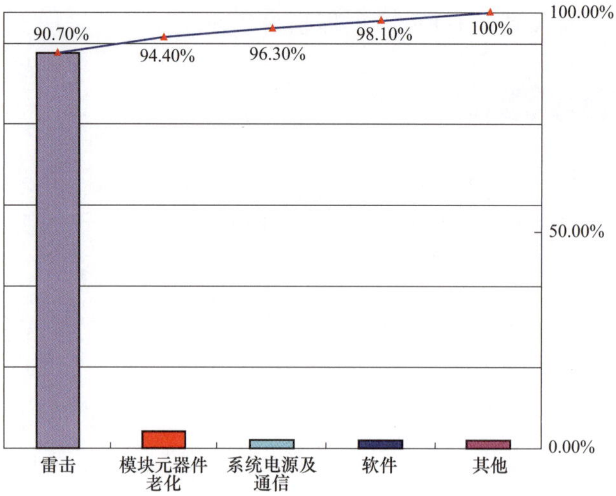

图 5-8-1 2004～2009 年上水库安全监测自动化系统故障排列图

从图 5-8-1 可以看出，2004～2009 年上水库安全监测自动化系统频繁出现故障的主要原因为雷击，应采取针对性措施加以解决。

二、原因分析

电站上水库周围地势空旷，监测自动化系统有大量沿水工建筑物表面敷设的电源电缆、通信电缆及传感器信号电缆，分布范围广、传输距离长，监测自动化设计未考虑防雷功能，导致原有的仪器电缆没有采取任何防护措施，所以在这些电缆上会产生很强的感应电压，从而对监测系统设备造成破坏。经现场检查，发现系统设备的电源、通信和传感器都有遭受雷击的现象。

三、处理方案及过程

为了较好地解决雷击问题，需要增强上水库安全监测自动化系统电源、通信和传感器的防雷性能，减少雷击对系统设备的影响。根据上水库安全监测自动化系统实际运行情况，处理方案为：①在每个测控装置处，新设置 B、C 级防雷器（电源防雷器）、电源隔离变压器后，再接入测控装置；②在原有通信网络结构基础上，增加通信防雷器和耦合器；③在测量模块的入口处设置传感器信号耦合器（防雷器），对每支仪器的每根电缆进行滤波处理，保证测量模块不被雷击损坏。具体实施方案如下：

上水库安全监测自动化系统电源防雷处理：在上水库安全监测自动化系统中增加电源防雷器（参数见表 5-8-2）及隔离变压器各 18 台，分别装于 1、2、3、4、5、6、7、8、11、12、13、16、17、18、19、20、22、23 号测控装置处，并在上水库自动化控制室增加 1500W 隔离变压器 1 台，电源防雷器及隔离变压器串联于系统供电线路中，电源线路由监控机房经上水库电缆沟引进，通过B、C级防雷器、电源隔离变压器后，再通过熔丝给系统供电，具体如图5-8-2所示。

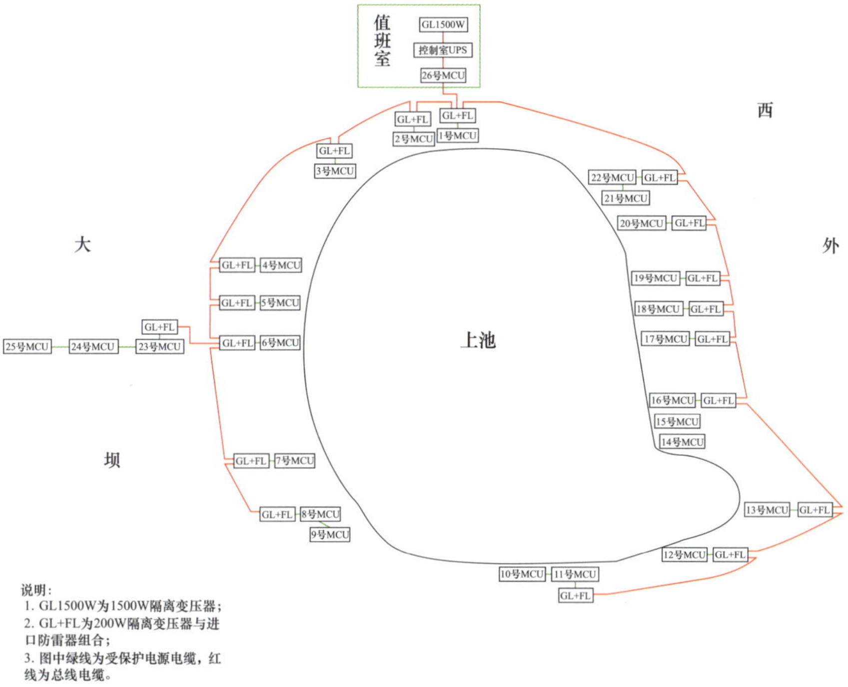

图5-8-2 上水库安全监测自动化系统电源防雷处理布置图

B、C级防雷器防雷功效：第一级为气体放电器，一般充有惰性气体，通常构造的这类放电器可以排放20kA、8/20 μs以内的瞬变电流或者2.5kA、10/350 μs以内的瞬变电流；第二级一般采用压敏电阻，压敏电阻不能像气体放电器那样排放很大的电流，但可进一步降低线路中的残压，且在毫微秒时间范围内具有更快的响应时间，不会产生后续电流的问题；第三级一般为反应灵敏的抑制二极管，它们的响应时间可达微微秒级。

表5-8-2　　B、C级防雷器（电源防雷器）参数

型号	防雷等级	额定电压 U_N	防雷器额定电压 U_C(L-N)	防雷器额定电压 U_C(N-PE)	额定放电电流 I_n (8/20) μs(L-N)	额定放电电流 I_n (8/20) μs (N-PE)
FLT-CP-1S-350	Ⅲ-Ⅳ/50kA (TT，TN-C-S)	240V AC (230 V AC～240V AC)	350V AC	350V AC	25kA	100kA

上水库安全监测自动化系统通信及传感器防雷处理：在上水库安全监测自动化系统中增加通信防雷器（参数见表5-8-3）20台，对每一台MCU增加传感器防雷器（参数见表5-8-4），通信防雷器分别装于2、3、4、5、6、7、8、9、10、11、12、14、15、

16、17、18、19、20、21、23号测控装置处，并在每个MCU通信线路中串入一个磁环，具体如图5-8-3所示。通信防雷器串联于通信线路与模块之间，把模块和通信线路断开，起到对模块通信电路防雷保护作用，抑制电路中经常出现的异常过电压，雷电通过通信线路电缆传输，防雷器在此起到一个隔断的作用。T10M防雷器串联于传感器与模块之间，把模块和传感器断开，起到对模块的防雷保护作用，抑制电路中经常出现的异常过电压，瞬态吸收电压尖峰，如果雷电通过传感器的信号电缆传输，防雷器在此起到一个隔断的作用。

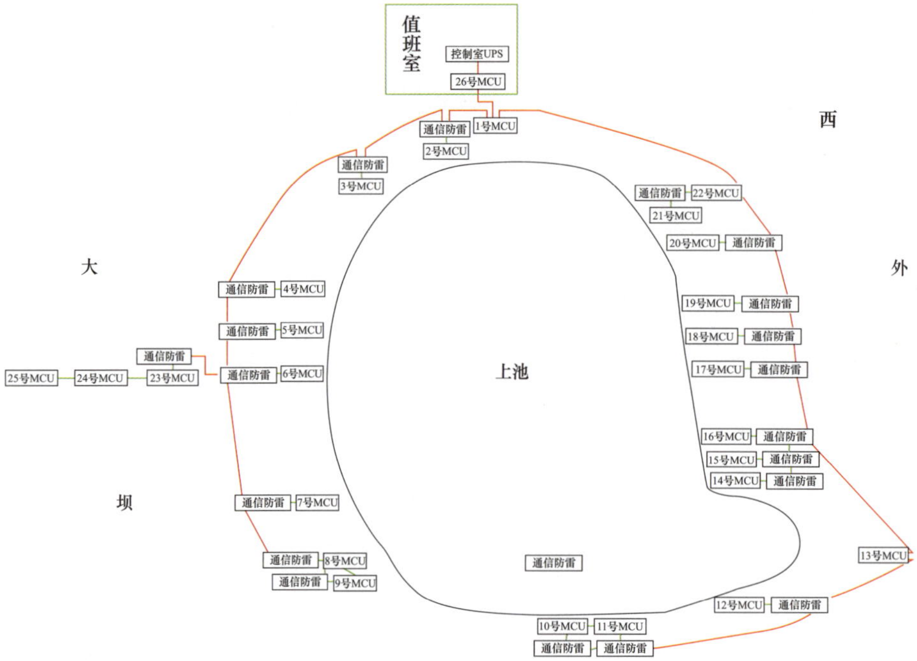

图5-8-3　上水库安全监测自动化系统通信防雷处理布置图

表5-8-3　　通信防雷器参数

型号	额定电压 U_N	最大持续电压 U_C（线芯—线芯）	最大持续电压 U_C（线芯—接地）	额定电流 I_N	标称放电电流 I_n (8/20)μs（线—线）	额定放电电流 I_n (8/20)μs（线芯—地）	最大放电电流 I_{max} (8/20)μs 最大（线芯—线芯）	最大放电电流 I_{max} (8/20)μs 最大（线芯—地）
PT3-HF-12DC-ST	12V DC	14V DC	14V DC	450mA（45℃）	10kA	10kA	10kA	10kA

表5-8-4　　T10M防雷器参数

型号	用途	额定工作电压 U_n	最大工作电压 U_{max}	最大过电流 I_{max}
T10M	12V控制信号的防雷保护	12V	±15V DC	450mA

电站上水库安全监测自动化系统防雷击处理后，系统故障发生频次明显减少，系统

运行的稳定性得到了显著提高，保证了监测数据的连续性、完整性。

四、案例点评

由本案例可见，监测自动化系统设计功能的全面可靠性对运行单位日常运维工作的开展至关重要，系统设计阶段应根据工程特点，全面考虑设备运行环境的影响。设计缺陷的危害性极大，一般很难提前防范，因此，建立并严格执行一套完善的责任追究制度，强化设计各个阶段的责任追究是必要的。自动化防雷问题是很多单位的共性问题，该项目的实施，为以后同类抽水蓄能电站设计及运维提供了素材，也为同类水工建筑物的类似工程缺陷处理提供了经验参考。